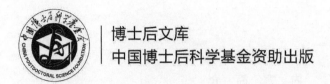

博士后文库
中国博士后科学基金资助出版

低温液氧晃动热力耦合特性研究

刘 展 著

U0178588

科学出版社

北 京

内 容 简 介

本书命题源于工程实际问题,即低温推进剂的大幅晃动造成航天低温贮箱内部严重的热力学不平衡现象,以此问题为导向,系统研究了低温液氧晃动热力耦合过程,摸清了外部晃动激励对低温液氧箱体内部流体晃动热力耦合特性的影响规律。全书共7章,主要介绍流体晃动基本数学描述与理论模型、流体晃动热力耦合数值模型、流体晃动热力耦合特性、流体晃动热力过程影响因素分析等内容。全书力求深入浅出,注重基本理论与实际问题相结合,强调分析和解决流体晃动问题的思路与方法,反映了流体晃动热力耦合特性的最新研究成果。

本书可作为高等院校能源动力类、航空航天类、海洋工程类、流体水利类、化工机械类专业的研究生、教师及有关科技人员的参考书。

图书在版编目(CIP)数据

低温液氧晃动热力耦合特性研究 / 刘展著 . —北京:科学出版社,2022.6
(博士后文库)
ISBN 978-7-03-072451-9

Ⅰ.①低… Ⅱ.①刘… Ⅲ.①液氧-低温箱-热力学-耦合-研究
Ⅳ.①TB657.3

中国版本图书馆 CIP 数据核字(2022)第 097168 号

责任编辑:梁广平 乔丽维 / 责任校对:任苗苗
责任印制:吴兆东 / 封面设计:陈 敬

科 学 出 版 社 出版
北京东黄城根北街 16 号
邮政编码:100717
http://www.sciencep.com

北京中石油彩色印刷有限责任公司 印刷
科学出版社发行 各地新华书店经销
*
2022 年 6 月第 一 版 开本:720×1000 1/16
2022 年 6 月第一次印刷 印张:17 1/4
字数:320 000
定价:128.00 元
(如有印装质量问题,我社负责调换)

"博士后文库"编委会

"博士后文库"序言

　　1985 年，在李政道先生的倡议和邓小平同志的亲自关怀下，我国建立了博士后制度，同时设立了博士后科学基金。30 多年来，在党和国家的高度重视下，在社会各方面的关心和支持下，博士后制度为我国培养了一大批青年高层次创新人才。在这一过程中，博士后科学基金发挥了不可替代的独特作用。

　　博士后科学基金是中国特色博士后制度的重要组成部分，专门用于资助博士后研究人员开展创新探索。博士后科学基金的资助，对正处于独立科研生涯起步阶段的博士后研究人员来说，适逢其时，有利于培养他们独立的科研人格、在选题方面的竞争意识以及负责的精神，是他们独立从事科研工作的"第一桶金"。尽管博士后科学基金资助金额不大，但对博士后青年创新人才的培养和激励作用不可估量。四两拨千斤，博士后科学基金有效地推动了博士后研究人员迅速成长为高水平的研究人才，"小基金发挥了大作用"。

　　在博士后科学基金的资助下，博士后研究人员的优秀学术成果不断涌现。2013 年，为提高博士后科学基金的资助效益，中国博士后科学基金会联合科学出版社开展了博士后优秀学术专著出版资助工作，通过专家评审遴选出优秀的博士后学术著作，收入"博士后文库"，由博士后科学基金资助、科学出版社出版。我们希望，借此打造专属于博士后学术创新的旗舰图书品牌，激励博士后研究人员潜心科研，扎实治学，提升博士后优秀学术成果的社会影响力。

　　2015 年，国务院办公厅印发了《关于改革完善博士后制度的意见》（国办发〔2015〕87 号），将"实施自然科学、人文社会科学优秀博士后论著出版支持计划"作为"十三五"期间博士后工作的重要内容和提升博士后研究人员培养质量的重要手段，这更加凸显了出版资助工作的意义。我相信，我们提供的这个出版资助平台将对博士后研究人员激发创新智慧、凝聚创新力量发挥独特的作用，促使博士后研究人员的创新成果更好地服务于创新驱动发展战略和创新型国家的建设。

　　祝愿广大博士后研究人员在博士后科学基金的资助下早日成长为栋梁之才，为实现中华民族伟大复兴的中国梦做出更大的贡献。

中国博士后科学基金会理事长

序

    低温推进剂凭借优异的比冲和推力性能在航空航天领域得到了广泛应用,并被各航天大国作为未来深空探测的首选推进剂。然而,低温推进剂储存温度低,受热易蒸发,很容易造成低温贮箱超压。另外,由于低温推进剂运动黏度小,外部微小扰动可能会引起贮箱内部流体大幅波动。流体波动增加了过冷液相与过热气相之间的接触面积,促进了气液相间换热,导致过热气体的快速冷凝以及贮箱压力降低。严重情况下,甚至会引起低温推进剂贮箱失压挤爆。低温推进剂的低储存温度与易流动性给低温贮箱带来一系列不安全、不稳定的影响,增加了低温推进剂热管理的难度与复杂性。随着低温推进剂在航空航天领域的大规模应用,有关低温推进剂贮箱热力不平衡问题日益凸显。

    作者将低温流体晃动力学特性与热力特性有机结合,通过构建数值模型对低温流体晃动引起的热力耦合问题进行了深入系统的剖析,撰写了《低温液氧晃动热力耦合特性研究》一书。这是一本专业性很强的著作,内容涉及流体晃动研究现状、流体晃动基本理论、流体晃动数值模型构建、数值模型实验验证、典型工况液氧晃动力学与热力特性研究、不同因素对液氧晃动热力特性的影响规律等,书中最后给出了主要研究结论及工作展望。该书可帮助研究人员加深对低温流体晃动热力耦合特性的系统认识,亦可为技术人员解决低温流体晃动热力耦合问题提供技术参考。

    该书内容组织合理、逻辑清晰、写作认真,反映了国内外该领域科学技术的最新研究成果,并兼顾了科学性和实用性。作者能够将实际工程问题科学化,重视基本理论联系工程实践,强调系统科学解决问题的研究思路,充分反映了作者在低温流体晃动热力特性方面的理论水平和学术造诣。

    该书作者致力于低温流体流动传热与低温推进剂热管理的研究,在国家自然科学基金、中国博士后科学基金等项目的资助下,将研究工作及时总结、整理成册,形成系统的专著,实属不易。相信读者在阅读过程中一定会大受裨益。

教授

2021 年 6 月

前　　言

　　流体晃动是自然界最常见的物理现象之一,在日常生活及工业生产中极为普遍。随着低温推进剂在国内外航天事业中的广泛应用,流体晃动问题日益凸显。由流体晃动造成的航天发射任务终止、动力控制系统失衡、科学任务推迟等事故在国内外航天史上屡见不鲜,产生了恶劣影响与严重后果,给低温推进剂的长期安全储存与空间科学任务的顺利开展带来了极大挑战。

　　在低温推进剂大规模使用过程中,由外部环境漏热引起的低温贮箱内部热力学不平衡现象变得愈发严重。当流体晃动与箱内气液相间换热相结合时,相关研究将变得异常复杂。流体晃动换热过程是涉及气液界面波动传递与两相流热质交换相耦合的基础性问题。晃动过程外部环境漏热对箱内气液相热力平衡的动态影响、稳定晃动与非稳定晃动工况下气液界面动态波动特征以及晃动激励对气液相间热质传递的内在影响规律等内容均有待深入开展。

　　本书基于前人研究,聚焦于航天领域低温推进燃料晃动热力耦合问题,对实际工程问题科学化,通过系统深入研究,旨在摸清晃动激励对低温推进贮箱内部流体晃动热力耦合特性的影响机理。全书共7章,第1章主要介绍相关研究背景与流体晃动基本现象,并分别从理论分析、实验研究与数值模拟三方面对流体晃动发展脉络进行梳理;第2章详细介绍流体晃动基本理论,内容涉及流体晃动响应、流体晃动数学模型、不同形状箱体内部流体晃动数学描述与解析等;第3章介绍流体晃动热力耦合过程数值模型构建方法与数值模型实验验证,内容包括湍流模型、气液相变模型、计算设置、初始设置与边界条件、数值模型实验验证、湍流模型对比筛选、设置参数优化与计算网格独立性验证等;第4章介绍典型工况下低温液氧贮箱内部流体晃动热力耦合特性,内容涉及流体晃动力、晃动力矩、热力特性、气液界面动态波动等;第5章论述外部环境漏热、初始液体温度、初始液体充注率、晃动激励振幅等因素对低温液氧晃动热力耦合特性的影响规律;第6章着重介绍间歇晃动激励与连续晃动激励下液氧贮箱内部热力参数的差异,并对比分析不同间歇激励形式对低温液氧晃动热力过程的影响规律;第7章对所做工作进行总结,提炼有价值的结论,并指出今后的研究方向。

　　本书在内容表述上力求严密准确、重点突出、层次清晰,既包含数学表达式的推演分析,又注意把数学描述与流体晃动过程有机结合起来。同时,本书命题源于航天领域所遇到的实际技术难题,密切联系工程实践,重视流体晃动问题的科学建模方法,强调了分析问题与解决问题相结合的研究思路,反映了国内外该领域科学技术的最新研究成果。

　　本书在国家自然科学基金(51806235)与中国博士后科学基金(2018M630625)的资助下完成,研究成果的应用范围不局限于能源动力与航空航天领域,可拓展到海洋输运、油气开采运输、石油化工、流体水利以及其他工程领域,具有广阔的应用前景。

　　鉴于作者水平有限,书中不足之处在所难免,敬请读者批评指正,并就相关内容进行深入讨论。

2021 年 5 月

目　录

第1章 绪 论

近年来,在世界各国深空探测任务的驱动下,采用航天器开展空间探测等科学任务的需求在全球范围内激增[1]。为满足从近地轨道到深空探测的任务需求,各国正在制造并发射不同功能及用途的航天器。发射到近地轨道的航天器主要充当空间站维护以及近地探测卫星的运输工具,还有部分发射任务是出于商业运营的需求。对于深空探测[2],目前正初步探索在月球和火星上建立基地,并计划发射以探索太阳系内其他行星和外行星为目的的航天器。目前空间探测的一个共同点是:由于逃离地球大气层的成本仍十分昂贵,为降低发射成本,需要一次发射并完成多个空间任务,这就需要大型运载火箭、航天探测器和空间探测卫星。为完成不同空间任务,航天器需要装载不同的探测设备与装置,这就增加了航天器的尺寸与重量,因此每次发射任务所采用的空间运载火箭、探测器和探测卫星体型都非常大。另外,现今空间运行的航天器主要通过消耗自身携带与储存的燃料来获得动力,为完成远距离空间探测任务,在长时间内执行更多空间科学任务,航天器需要携带更多的动力燃料。

低温液体燃料,如液氢、液氧以及液态甲烷,具有高比冲、环境友好、容易获得等优异特性,在美国、俄罗斯、中国以及欧盟等国家和地区的空间探测任务中得到了广泛应用[3]。液氢+液氧的组合已被美国国家航空航天局(National Aeronautics and Space Administration,NASA)当作未来深空探测的首选推进剂。然而,低温推进燃料储存温度低,受热易蒸发。例如,在一个大气压下,液氢储存温度为 20.4K,液氧储存温度为 91.5K,外部环境漏热很容易引起燃料贮箱内部低温流体的温度升高,造成严重的流体热分层现象。热分层的产生将进一步促进箱内流体相变蒸发,进而造成箱体压力的迅速升高,给低温推进剂贮箱的空间在轨运行带来严重安全隐患。另外,低温流体黏度低、流动性强,外部微小的干扰即可引起箱内流体大幅波动晃动。与固体燃料不同,低温燃料在航天推进贮箱中极易出现明显的热分层以及严重的流体晃动等现象[4,5]。

对于发射升空过程中的运载火箭,箭体将受到剧烈的气动冲刷。由于火箭飞行与来流气体呈一定攻角,来流气体作用在箭体上的力与箭体中心线呈一定的角度 β,具体如图 1-1 所示。该气动冲刷力 F 可以分解为沿箭体中心线的轴向力 F_y 以及垂直于箭体方向的水平力 F_x。轴向力 F_y 往往只用于增加箭体的飞行荷载,使箭体在飞行过程中处于超重状态;水平力 F_x 则会对箭体产生严重的水平剪切效应以及挠力,并促使箭体内部流体摇摆晃动[5,6]。当对箭体受力进行三维分解时,还有一沿箭体表面法线方向的分力 F_z,其主要使箭体产生一定的旋转扭矩,详细内容可参考相关文献。当把低温贮箱等价为一具有质量的钟摆时,该晃动过程类似于钟摆在 $[-\phi,+\phi]$ 范围内做摆动运动(图 1-1)。当该作用力较大时,由流体摆动形成的波还会沿箭体轴向传递,形成严重的压力波动,即压力波[7-11],造成箭体飞行的不稳定性。另外,晃动的液体来回撞击箱体壁面(图 1-2),对贮箱产生明显的附加力与附加力矩,给航空航天用燃料贮箱稳定运行带来严重的安全隐患。

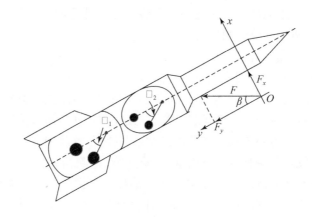

图 1-1　升空过程箭体所受气动冲刷力

图 1-2　低温燃料贮箱内部流体晃动现象

凭借优异的特性,低温推进燃料在航空航天领域得到了大规模应用。然而,低储存温度以及易流动性对低温燃料的长期安全储存带来了严峻挑战。由于低温燃料占火箭或航天器总发射质量的比重较大(以我国长征 5 号运载火箭为例,其总发射质量达 800 多吨,而低温液氢、液氧的总质量就有 730 多吨,占总发射质量的90%以上),有必要对低温推进剂贮箱内部流体晃动运动与精确控制开展深入研究。低温推进剂的有效储存、安全管理与高效传输对增加低温燃料贮箱的安全性、降低发射成本、增加发射有效载荷具有重要意义。

1.1 研究背景

当外部瞬态或稳态力作用于部分装有液体的容器或储罐时,容器内部液体所处的平衡状态被打破。在该情况下,容器内部自由界面开始波动变化,液体撞击罐体壁面并造成飞溅,这种现象称为流体晃动。流体晃动通常由运动罐体激发产生,它是罐体内部液体受外部振荡作用引起的受迫振动,其主频率接近罐体内部液体的固有频率。晃动过程中液体自由表面的运动可以是平面的、非平面的、旋转的、非旋转的、对称的、非对称的、准周期的,甚至是混沌的。事实上,在许多工业、能源、机械、车辆运输、海洋工程、航空航天和结构工程应用等领域都存在流体晃动现象。除空间探测用航天器外,液化天然气(liquefied nature gas,LNG)储罐船舶运输舱、工业油罐、核电站核反应堆、运载各种液体的储罐车以及装载大量液体的运输车辆(包括汽车油箱、洒水车等)均涉及流体晃动过程。因此,流体晃动现象不仅存在于航空航天工程,也出现在市政绿化、建筑工程、能源工程以及化学工程(如化工液体汽车运输、铁路槽车运输以及 LNG 槽船海洋运输过程等),涉及流体晃动的运输工具如图 1-3 所示。无论哪种情况,运输过程中的流体晃动现象均需给予足够的重视,否则都将酿成严重的安全事故与灾难。

(a)航空航天

(b)洒水车

(c)铁路槽车

(d)公路槽车

(e)LNG槽船

图 1-3 涉及流体晃动的运输工具

当储罐内液体充灌量低于其最大容量时,液体在储罐内出现相对运动,并产生流体晃动现象。流体晃动可分为三类,即横向晃动、纵向晃动与竖向晃动,而每个方向上的晃动又可分为沿该方向上的平移晃动与旋转晃动,也就是说,流体晃动具有六个基本的单自由度晃动运动。最常见的流体晃动是海上平台和浮式生产储油船的运动,其受风力、波浪和洋流的影响较大,相应的流体晃动现象也十分复杂。这里以 LNG 储运船舶为例来说明不同的晃动形式,具体如图 1-4 所示。通常将 LNG 船舱晃动简化为六个稳定的周期运动,即 x、y、z 三个方向的平移运动,包括纵荡(surge)、横摇(sway)和垂荡(heave),以及 x、y、z 三个方向的旋转运动,包括纵向滚动(roll)、横向俯仰(pitch)和竖向垂摇(yaw)[12-15]。LNG 船舶在运输过程中常见的三种晃动形式为纵向滚动、横向俯仰和垂荡。

图 1-4　船舶晃动形式

除 LNG 运输船外,对于运载液体燃料储罐的车辆,在使用制动器的过程中,储罐内部流体也会出现纵向晃动,该晃动可能导致制动器失效。另外,车道改变、方向改变以及罐体内部液体通过侧向位移产生的响应都会引起罐体横向加速度,并迫使罐体内部流体发生横向晃动。对于完全装满的油轮、货车储罐等,发生翻车的概率较小,但在装有部分液体的储罐中,由于流体重心(center of gravity,CG)的动态移动以及制动操作引起的附加力和力矩,运载车辆翻车的概率大大增加。尽管由于卡车的长度大于其宽度,纵向晃动比横向晃动更严重,但是流体横向晃动却是引起车体侧翻的主要原因。

对于许多液体散装运输工具(如公路罐车、铁路罐车等)、远洋运输船舶和航天运输工具[16-19]的运行性能、方向稳定性、安全性和结构可靠性,部分填充的容器内,流体晃动是影响其安全性能的最重要因素。在接近共振的情况下,流体晃动将产生高度集中的附加力与力矩,并导致运载系统结构的不稳定性,严重情况可产生灾难性事故。对于部分填充的车辆油箱,某些机动过程中,结构/流体相互作用被认为是道路灾难发生的重要原因[20,21]。此外,在地震激励下,部分填充水平放置的圆柱形储罐和工业容器中的流体晃动产生的晃动力和力矩对箱体结构的完整性具有巨大的破坏性[22-24]。在地震这一垂直波的影响下,部分填充的油罐以及工业罐体中自由界面将出现显著的晃动振荡。当表面波围绕罐体中心轴旋转时,在罐体内部会发生轴对称的流体晃动[25]。类似地,低温运载火箭和部分航天器燃料贮箱往往装有大量的液体推进剂,在进行轨道变换或慢旋自转时,这些大型燃料贮箱中也常常出现旋转晃动现象。在载人航天以及空间探测任务中,流体的剧烈晃动会严重干扰航天器控制系统的性能和精度[26],给相关科学任务带来极大威胁与挑战。

据调查显示,采用重型卡车运输的化学危险品运输量约占公路运输总量的10%[27]。此类货物在运输过程中发生的任何事故都可能造成巨大的经济损失,严重时将危及人员生命健康和环境安全。当运输的化学液体具有易燃特性时,流体晃动带来的安全隐患将更大。例如,在西班牙圣卡洛斯-德拉拉皮塔和德国赫尔伯恩[28,29]等地均出现类似的灾难性事件,对事故进行统计分析的结果表明,由流体晃动造成的车辆侧翻是这类事故的主要原因。

在铁路运输方面,对于部分填充的油罐车,当车辆启停与转弯时,流体晃动会导致罐体形状和重心位置发生变化,并产生随时间变化的惯性力,这些瞬态惯性力将会对轮轨接触产生重大影响。对于运输危险液体的车辆,外部干扰引起的附加力与力矩可能导致严重的交通事故。部分火车脱轨事故就与流体晃动有关。在加拿大魁北克省的 Lac-Mégantic 地区,一列由 72 节油箱组成的火车脱离了轨道,最终造成 15 人死亡,60 人失踪,30 座建筑物被毁,影响十分恶劣[30]。美国国家公路交通安全管理局记录了每年超过 16000 起涉及重型商用车的翻车事故[31-33],其中大部分事故与流体晃动有关。同时,美国交通运输部公布的统计数据[34]显示,2007 年危险品事故造成的总财产损失高达 2520 万美元,在 2000~2010 年期间,每年平均损失 1260 万美元。因此,对车辆运输中可能出现的流体晃动现象需给予足够重视。一方面需采取较好的流体晃动抑制措施;另一方面需要提高货车的稳定性、安全裕度和液体承载能力,实现车辆的安全行驶与液体燃料的高效运输[35]。

随着海洋工程的发展、海洋资源的开发和对清洁能源的需求,LNG 的运输和储存变得越来越重要。受工业快速发展和能源结构调整的影响,全球范围内天然气消耗量急剧增加。众所周知,天然气通常分布在非工业区或人口稀少的海湾和浅海地区。因此,天然气储运是近海天然气开发中亟待解决的重要问题。人们对天然气需求的日益增长,导致许多国家将天然气的开采从陆地转移到海洋[36]。浮式液化天然气(floating liquefied nature gas,FLNG)已逐渐成为海上天然气收集、储存和运输的重要方式[37,38]。另外,LNG 运输船运载力的增加及其运营模式的改变,使得海上 LNG 运输的比重越来越大,这也重新激起了人们对 LNG 运输的研究热情与兴致。部分充液与不充液的船舶运动特性不同,带舱船舶的运动受外部激励和内流的共同影响。也就是说,船舶运动会产生流体晃动,而流体晃动产生的力和力矩反过来又会影响到船舶的运动。这种耦合效应对 LNG 储罐结构设计至关重要。对于部分未完全装满的 LNG 储罐以及 FLNG 储罐,在船舶运动过程中,往往会造成罐体内部流体运动以及自由表面的波动变化。晃动的流体撞击罐体壁面会产生晃动力,并引起额外的液舱加速度,进而导致液舱货船的不稳定和液舱结构的失效。当外部晃动频率接近船舶运动频率时,尤其是当外部频率与部分装满的液舱耦合时,会对舱体内部结构造成较大的变形和冲击。储罐壁面上的动态冲击压力,特别是其局部时间峰值,可能比相应的静压力高出一个数量级,在储罐结构的安全评估中起着重要作用。由于冲击载荷对船舶运动中的晃动激励非常敏感,需对储罐的冲击载荷进行综合评价与分析。对于船舶运动,由于流固耦合效应的影响,对其动态特性的预测和描述变得十分复杂。为降低流体晃动带来的一系列副作用,常采用防晃挡板来减小晃动运动强度、降低巨大的压力峰值,并通过增加阻尼来降低这种不稳定性的强度(如采用减摇水舱来减弱船舶的横摇运动)[39]。因此,在 LNG 储罐设计过程中,需对晃动载荷进行精确计算,对储罐晃动进行合理评估,将流体晃动引起的安全隐患降到最低[40-42]。

随着低温动力燃料在航空航天与空间探测工程方面的大规模应用,航天用低温燃料贮箱内部流体晃动现象变得更加显著与严峻,这给航天器稳定运行与航天科学任务顺利开展带来了严重的安全隐患。例如,在 1969 年美国阿波罗 11 号第一次登月的最后几秒钟,通过视频画面清楚观察到,登月舱内部剩余的推进剂突然发生剧烈的振荡运动,流体振荡产生的附加力与力矩使得登月航天器着陆点偏离原计划设定位置,最终不得不通过重启助推器使着陆器移动到指定位置,给登月任务带来了一定影响[43]。1998 年,近地小行星交会(near-earth asteroid rendezvous, NEAR)探测器在进行轨道修正过程中,航天器内推进燃料突然发生了意外晃动,造成卫星控制系统进入安全保护模式,导致厄洛斯小行星交会探测任务向后推迟了一年之久[44]。同样,美国 Delta Ⅳ 运载火箭二级低温推进剂贮箱也曾出现剧烈的流体晃动现象。在外部晃动干扰的影响下,低温液氢没有处于箱体底部,而是在外力作用下直接冲击到箱体顶部与排气阀处,给低温燃料贮箱带来了严重的纵向、横向等不规则、方向可变的力矩与挠力,最终使得燃料贮箱控制系统失衡。由于二级箭体内流体晃动对发射系统的严重影响,美国 Delta Ⅳ 运载火箭发射任务被迫终止,直到流体晃动对箭体的影响消除之后才重启发射任务[45]。2013 年,嫦娥三号探测器月球软着陆悬停避障过程中,着陆器在接近月球[46]时,基本保持垂直姿态,并做水平来回移动。重复的加速—减速过程引起了液体推进剂的横向晃动,所幸最后并没有产生严重的事故。需要说明的是,航天器内流体晃动不同于传统的流体晃动现象。因为空间运行的航天器处于微重力状态,在没有重力或加速度的情况下,只能通过轨道变换、姿态控制来进行制动。在微重力情况下发生的流体晃动不同于常重力情况下发生的晃动运动[47-50],由于此时毛细力与表面张力的影响逐渐凸显,气液相分布变得十分无规律,传统的等效刚性力学晃动模型将不再适用,相关物理过程变得更加复杂。

在填充部分液体的容器中,由于存在不受限制的自由表面,外部扰动激励将造成容器内部气液自由界面的摇摆晃动。在公路交通运输、铁路船舶运输、能源化工、航空航天、民用、机械、核工程等工程应用中,晃动的液体可能会撞击罐顶,引起波浪破碎,并与储罐内气体混合,产生灾难性后果。当晃动频率在系统固有频率附近时,流体晃动对罐体结构的稳定性产生的危害最大。晃动产生的振荡能量来自于潜在的流体运动或压力波动[5]。考虑到了解和控制流体晃动对航天器和火箭储罐、池式钠冷核反应堆、LNG 罐车、船舶货运油轮、海上浮式平台上的油气分离器等实际工程的稳定运行与安全生产具有深远影响[39],有必要对流体晃动现象开展深入系统的研究,掌握流体晃动的基本特性,提高液体储罐的稳定性与安全性。

1.2 流体晃动现象

对于部分充满液体的储罐,即使在平移/旋转等规则波动激励下,罐体内部流体晃动仍是一种高度非线性的自由表面运动。表面波模式及其叠加形式取决于液体深度、储罐几何形状和晃动波激励振幅。由位势理论可以确定部分填充储罐的固有频率。其中,第 n 模[5]的液体共振晃动频率的线性近似值为

$$f_n = \frac{1}{2\pi}\sqrt{\frac{n\pi g}{l}\tanh\left(\frac{n\pi h_s}{l}\right)}, \quad n=1,2,3,\cdots \tag{1-1}$$

式中,l 为储罐长度;h_s 为静态液体深度;n 为模式数。

相应地,储罐罐体振动频率 ω_n 为[51,52]

$$\omega_n = \sqrt{\frac{n\pi g}{l}\tanh\left(\frac{n\pi h}{l}\right)}, \quad n=1,2,3,\cdots \tag{1-2}$$

其单位为 s^{-1}。式中,h 为气液界面距罐体底部的高度,m。其中,最低线性振型 ω_1 对罐内流体晃动具有重要意义。当储罐固有频率和激励频率重合时,将发生最严重的流体晃动现象[53,54]。

图 1-5 展示了在临界深度(即液体填充比约为 0.3368)的填充水平下,矩形容器中作用在非线性晃动流体上的力[55],图中流体晃动表现为驻波。流体从其静止位置的错位引起压力梯度和随之而来的恢复力。壁面剪切力和涡流将阻碍流体运

动,其与晃动阻尼效应有关。当流体接近箱体顶部时,空气位移以及由此产生的边界层和涡流会引入额外阻尼。一旦流体撞击到箱体壁面,合力就阻止了流体的进一步运动,起到附加恢复力的作用。除上述作用力外,表面张力也作用在晃动流上,但它的影响取决于表面流体特性。在常重力下,表面张力的影响通常可以忽略不计;但在微重力或低重力情况下,表面张力的影响将不容忽视。

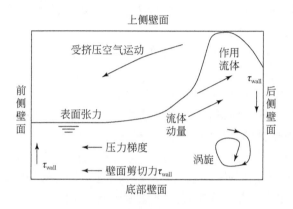

图 1-5　晃动流体上的作用力

在大多数情况下,由于重力或类似的加速度作用于运载体,在对常重力工况进行分析时,流体晃动通常可以假设为钟摆运动[5,56]。基于此,部分研究者曾提出一种基于钟摆方法构建第一晃动模态的等效模型来研究流体晃动现象。采用钟摆来描述罐体质量重心的圆周路径,无强迫阻尼钟摆的数学描述如 Duffing 公式所示:

$$\ddot{\theta} = -\delta\dot{\theta} - \frac{g}{l}\sin(\theta) \tag{1-3}$$

式中,δ 为阻尼系数;g 为重力加速度;l 为摆长;θ 为角位移。

另外,现象学建模在概念上采用一个等效的数学系统或机械系统来代替晃动的流体。Okhotsimskii[57]发现,晃动动力学可以采用弹簧—质量系统或具有自由振荡质量的钟摆等机械模型来表示。Dodge[6]建议,当采用线性钟摆方程时,可以使用潜在的流动结果或实验测量来确定晃动参数。晃动流的共振特性通过调整钟摆模型中的有效摆长,使钟摆模型的共振频率与晃动液体的共振频率相匹配。钟摆的共振频率 ω_n 可以通过对晃动方程进行线性化获得。

$$\omega_n = \sqrt{\frac{g}{l}} \tag{1-4}$$

将 $\frac{g}{l}\sin(\theta)$ 近似为 $\omega_n^2\theta + \beta\theta^3$,并引入振幅为 A、频率为 ω 的周期性力 $A\cos(\omega t)$,那么 Duffing 公式可表示为

$$\ddot{\theta} + \delta\dot{\theta} + \omega_n^2\theta + \beta\theta^3 = A\cos(\omega t) \tag{1-5}$$

基于上述方程就有可能在一个等效的力学模型中复现流体晃动的失谐特性[58,59]。当 $\beta > 0$ 时,基于 Duffing 方程,流体晃动响应被描述为硬弹簧,这种行为对应于液体填充比低于临界深度 $h/L = 0.3368$ 的流体晃动。对于临界深度以上的填充水平,$\beta < 0$,此时流体晃动被视为软弹簧行为。然而,这仅适用于小幅晃动工况[58]。当 $\beta = 0$ 时,Duffing 方程将恢复为线性钟摆方程。

对于封闭箱体内部的流体晃动现象,晃动气液界面形状将受到不同结构形式的影响[56,60]。同时,自由界面形状还与晃动过程中产生的波数 m 与模数 n 有关。一般来说,典型的两种晃动模式为对称模式与非对称模式,具体如图 1-6 所示。从图中可以看出,外部激励引发了图 1-6(a)中箱体内部流体运动,并产生了对箱体的水平剪切力与扭矩,气液界面波形为非对称分布结构。另外,从图 1-6(a)还可以看出,当波数为 1 时,外部激励引起的质心偏移量比其他两种波数更大,相应地,箱体所受到的剪切力与扭矩也较大。这意味着当波数为 1 时,箱体承受着更恶劣的受

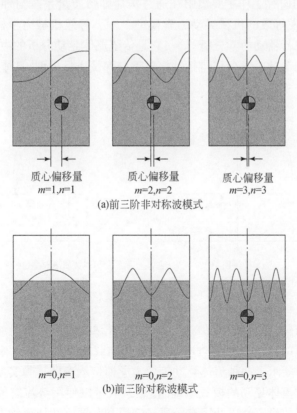

图 1-6　界面晃动波

力工况,这会对燃料的有效储存与运输产生较大的安全隐患。图 1-6(b)所示的对称模式中,在波数相同的情况下,其波频率往往会比非对称波形要高。然而,由于对称模式中没有流体水平位移,沿箱体轴向的力会自动抵消,因此对称波模式对箱体内部流体晃动行为不会产生明显影响。

1.3　流体晃动理论研究现状

由于流体晃动现象在公路铁路、海洋船舶、航天飞机、液体运载火箭等的液体储罐运输过程中十分常见,长期以来,研究人员对流体晃动现象的理论分析一直保持着较高的研究兴趣与研究热度。

1.3.1　流体晃动理论模型

为了预测部分充液储罐流体晃动动态响应,研究人员提出了不同等效力学模型[61-63]。早期的研究工作主要集中在通过构建弹簧质量系统与钟摆(有文献称为摆锤)系统来开发等效的机械晃动力学模型[64-66]。等效机械力学模型主要用于航天器设计[6]和飞行器动力学分析[67-69],它是传统流体晃动分析的主要替代方法[5]。目前应用较多的等效力学模型包括钟摆模型与弹簧质量模型,具体如图 1-7 所示。

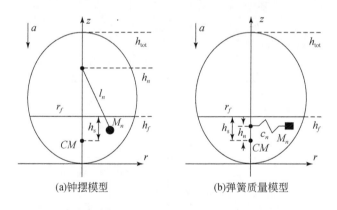

(a)钟摆模型　　　　　　　　(b)弹簧质量模型

图 1-7　等效力学模型[64-66]

钟摆模型与弹簧质量模型在对流体晃动进行处理时,将箱内液体的运动转化为具有一定质量的钟摆往复运动,或是简化为加载到弹簧上的一定质量物体的来回摆动。图 1-7 展示了两种流体晃动等效力学模型示意图。弹簧质量或钟摆系统近似反映了每种流体晃动的模式响应,模型系数可以使用势流解或实验测量来确定[6]。钟摆方程的稳定性以及固有的质量守恒和共振特性使得钟摆方程成为构造晃动模型的最佳选择。由于弹簧质量模型与钟摆模型均进行了线性简化,两模型均不能有效考虑能量耗散快速变化的影响。因此,为考虑非线性运动的影响,研究人员又开发出新的包含缓冲器元件的详细力学模型[70]。一般来说,对于线性平面液体运动,如在柱状或球形低温燃料贮箱中的流体晃动现象,可以通过一系列质量－弹簧－缓冲器系统或一组简单的弹簧质量模型与钟摆模型对流体晃动现象进行预测;而当考虑非线性流体晃动时,相关过程将变得十分复杂。为求解该复杂过程,可以采用表示旋转和混沌晃动的球形或复合摆建立等效力学模型对流体晃动进行预测。如果对晃动全场进行预测,则需对整个晃动过程进行数学物理过程建模,求解流体运动与受力、转矩等耦合方程。此时一般需借助商用预测软件来对整个流体晃动过程进行耦合求解。

1876 年,Rayleigh[71]采用等效钟摆力学模型预测了流体晃动的动力学效应,得到了与流体固有频率相匹配的等效钟摆的摆臂长度。基于等效流体晃动力学模型,Faltinsen 等[59]发现,在非周期性晃动响应的一段时间内,流体质心遵循特定的路径变化。图 1-8 描述了非周期性晃动期间流体质心位置的变化。由于在晃动流发展过程中,自由界面存在扰动,垂直方向上流体质心不会回到其初始位置。虽然有散射,但是质心位移基本沿着圆弧指定的路径变化,具体如图 1-8 中实线所示。

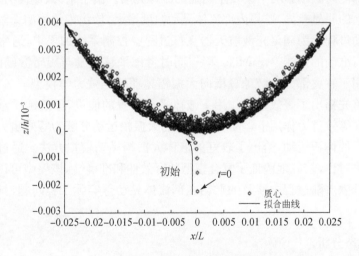

图 1-8　晃动过程中流体质心位置变化[55]

针对公路运输中卧式圆柱形储罐内出现的流体晃动现象,Aliabadi 等[72]采用钟摆模型的二阶求解方案对其进行了预测分析。对于线性晃动,采用钟摆模型获得的计算解与低充注率水平下计算流体动力学计算得到的结果显示出良好的一致性。而在较高充注率水平下,采用钟摆模型获得的力学参数变化与计算流体动力学的解决方案并不同步,两方法计算出的流体晃动力参数存在一定差异。Schlee

等[73]开发了一个基于 MATLAB 的分析模型,并根据实验测试数据确定了钟摆晃动模型的共振特性。Godderidge 等[55]采用基于钟摆晃动方程的现象学建模方法,开发了一种用以快速评估流体晃动的数学模型。根据对晃动流体质心轨迹的观察发现,晃动流体位移引起的不平衡力与钟摆方程中的恢复力有关。计算中使用一阶和三阶阻尼模型复制阻尼特性,并使用修正的冲击势;采用变阶 Adams-Bashforth-Moulton 格式来求解方程,并通过反转时间推进的方向来建立数值格式的误差容限。Cooker 在由两根缆绳悬吊一个装有部分液体的容器中开展了流体晃动实验,该实验是研究流体晃动与容器运动之间动态耦合的一个物理原型。基于 Cooker 晃动实验,Ardakani 等[74]以非线性方程组为出发点,导出了船舶运动的受迫非线性摆锤方程,然后将方程线性化并研究其固有频率。这种耦合计算必须求解晃动频率的高度非线性超越特征方程。研究人员给出了特征方程的两种推导方法,一种基于余弦函数展开,另一种基于一类垂直特征函数求解。将两个特征方程的解与文献中已有结果进行比较发现,虽然这两种推导方法推导出的特征方程形式迥异,但在求解中两方程是等价的。

低重力条件下,如着陆器在月球软着陆过程中的悬停和避障过程,航天器燃料贮箱在外部侧向激励影响下会发生明显的流体晃动。由于重力、侧向力、空间力等在数量级上的明显差异,贮箱内部流体晃动幅度增大,传统等效模型无法准确计算该剧烈扰动过程。为满足充液航天器飞行过程中控制系统的要求,通常需要对液体行为进行准确的预测[75]。Miao 等[76]同时考虑平移激励与旋转激励的影响,建立了一种用于解决部分充液球罐横向大振幅晃动的等效力学模型——复合模型。研究人员首先提出了等效重力作用下液体平衡位置的假设,即摆锤质量块和刚体质量块均在等效重力作用下运动。将液体的大振幅运动分解为等效重力和附加小振幅晃动后的体积运动,给出了较好的液体大振幅晃动模拟方法。通过与传统模型计算结果对比,较好地验证了复合模型的有效性和准确性,该模型可用于低重力条件下月球软着陆过程中涉及的贮箱内部流体晃动等实际工程问题,具有一定的实用价值。

1.3.2 模态分析

除等效力学模型外,研究人员还对流体晃动过程进行了多模态分析,并给出了相应的解析解与半解析解。Faltinsen 等[59,77]将多模态分析应用于求解流体晃动问题,将速度势和自由表面形状通过一组自然模态在广义傅里叶级数中展开并进行求解。该方法对传统的全场解决方法做出了重大改进。然而,该理论仅限于非倾覆波和中等水深晃动工况。Faltinsen 和 Timokha[78]将多模态系统扩展到较低的填充水平,并成功地模拟了在充注率为 $h/L=0.173$(h 为填充高度,L 为储罐长度)时平移位移引起的流体晃动波动。之后,Faltinsen 和 Timokha[79]进一步讨论了低填充水平 $h/L=0.1$ 时的流体晃动过程。然而,多模态系统在 $h/L<0.05$ 时会出现计算收敛性问题。研究人员发现,其收敛性的关键取决于阻尼系数是否正确估计。Kolaei 等[80]采用变分方法开发了一个多模态流体晃动框架,用于计算包括圆形、椭圆形与 Reuleaux 三角形等不同截面几何形状的水平放置容器中的非稳定横向晃动载荷和翻转力矩。

对于圆柱形容器中的非线性晃动现象,研究人员一直关注纵向简谐强迫作用(强迫频率接近最低自然晃动频率)下的稳态波型分类问题。对于这种强迫运动,非线性理论建立了平面稳态驻波和旋转波模式(方位推进波);同时还可以检测驻波与旋转波状态的稳定性,并预测出现不规则混沌波的频率范围。利用非线性渐近 Narimanov-Moiseev 多模态理论得到的稳态波型、波动幅度和水动力的有效频率范围的理论结果与实验数据[81,82]吻合较好。通过对纵向力的稳态波晃动进行量化,Faltinsen 等[83]指出 Narimanov-Moiseev 多模态理论可用于对激励引起的椭圆形贮箱内部波形变换进行分类。然而,文献[83]既没有与实际应用建立联系,也没有通过实验数据验证其理论模型的合理性,所以 Faltinsen 等的研究结果仍有待证实。

1.3.3 流体晃动二维理论分析

在过去的几十年里,许多研究人员开展了水平圆柱形容器中流体晃动过程分析[84,85]。对部分填充储罐中流体晃动过程,研究人员提出了充注率为 50% 的水平圆柱中流体晃动的解析解[86-89],但有关任意填充水平下圆柱形容器中二维液体运动的解析解或半解析解的研究仍较少。

Budiansky[90]使用适当的空间变换以及 Galerkin-form 积分方程(伽辽金函数)求解方法来计算横向激励下部分填充刚性水平圆柱形容器的二维流体晃动频率、反对称模式以及流体动力特性。McIver[91]采用双极坐标系将所得的特征值问题转化为积分方程,并计算了部分填充水平圆柱形容器中的二维流体晃动频率。Patkas 和 Karamanos[92]提出了一种基于势函数 Galerkin 离散化的半解析变分方法,用于计算任何形式的横向地震激励下部分填充水平圆柱形容器中的线性二维晃动特征参数变化(包括晃动特征频率、晃动模式、晃动质量和流体晃动力等)。Faltinsen 与 Timokha[93]提出了一种基于改进的 Trefftz 变分法的多模态晃动解析解,以便系统地研究圆柱形容器中二维流体横向晃动特性。Hasheminejad 等[84]利用连续坐标变换,给出了三种部分填充水平圆柱形储罐受迫液体横向晃动特性的精确二维流体动力学分析。在 McIver[91]研究工作的基础上,Kolaei 等[94]提出了一个理论模型来研究部分填充水平圆柱形容器在均匀横向加速度作用下的非平稳横向晃动特性和翻转稳定性。

2014 年，Faltinsen 与 Timokha[95] 构造了二维自然晃动问题的近似 Trefftz 解，提出了一种用于快速计算自然晃动频率的新方法。该近似解是调和多项式及其推广的线性组合。调和多项式是各种数值方法的基础，多项式在星形区域中构成了一个完整的调和基[96]。三种不同的投影格式采用 Trefftz 解，可以快速计算相应的自然晃动频率。该方法可用于对 LNG 棱柱形储罐的自然晃动频率进行参数化研究，具有一定的工程应用价值。

1.3.4　流体晃动三维理论分析

众所周知，当圆柱形容器经历稳定转动或突然制动动作时，横向/纵向方向上的作用力对流体晃动起着决定性作用。由于描述三维液体运动十分困难，已发表文献中只有有限数量的（大部分是非分析性的）研究涉及有限长度水平圆柱形容器中三维流体晃动。

Kobayashi 等[97] 提出了一种纵向晃动响应的近似计算方法，即在液面波动较小的情况下，用一个类似的矩形容器代替圆柱形容器。McIver[98] 利用 Ritz 变分方法求出了有限长度圆形截面槽内三维流体晃动频率的上下限，通过与边界元数值解法得到的结果进行对比发现，两者具有很好的一致性。Evans 和 Linton[99] 使用一系列非正交有界调和空间函数，为充注率为 50% 的有限长度水平圆柱形容器中流体晃动提供了半解析解。利用 Evans 与 Linton[99] 提出的半解析解，Papaspyrou 等[100] 研究了半填充不可变形水平圆柱形储罐在纵向地震波情况下的三维非平稳晃动响应。Xu[101] 提出了一种基于连续坐标映射方法和有限差分技术的半解析方法，用于研究正常操作机动下部分填充水平圆柱形容器的三维非定常液体运动。Karamanos 等[102] 开发了一种基于液体容器运动的"冲击/对流"分裂的统一模态方法，来研究部分填充、有限长度水平圆柱形容器中流体晃动动态响应以及等效矩形容器的晃动响应。

Hasheminejad 和 Soleimani[103] 基于线性水波理论、变量分离和修正的圆柱贝塞尔函数的格拉夫关系加法定理[104]，提出了一种严格的分析方法，用于研究有限跨度的部分填充刚性水平圆柱形容器内流体三维自由晃动问题。在计算过程中，与自由液面振荡的对称/反对称模式相关的势首先被解析展开为一系列具有未知模式系数的有界空间函数，然后加上刚性端板的不可穿透条件以及自由界面动态运动边界条件。研究中，创新性地使用改进的圆柱贝塞尔函数的格拉夫平移加法定理来对横向储罐边界的零法向速度进行处理。采用数值方法求出自然晃动本征频率和自由表面振荡模式，前 36 个纵向/横向反对称/对称无量纲晃动频率数据适用于大范围的液体填充深度和容器跨度半径比。计算结果表明，容器长度和液体填充深度对晃动频率具有强烈的影响。研究还发现，具有相同横模数的频率分支形成一个簇,随着罐跨比的增加,该簇在储罐填充深度极限内逐渐合并在一起。另外,当储罐长度显著减小时,在某些液体填充深度,不同频率群之间的"频率交叉"数量显著增加。此外,与其他近似方法相比,该方法具有明显的优势。通过与现有数据比较,证明了该分析方法的准确性和可靠性。Hasheminejad 和 Soleimani[103]创新性地提出了有限长度部分填充水平圆柱形容器中三维流体晃动的第一个已知解析解;对定量/定性问题解决方案进行了简单的参数敏感性分析,以加深对液体—储罐相互作用影响的认识;迈出了预测部分填充移动圆柱形货运罐以及地震激励下水平放置的圆柱形仓库集装箱和工业容器[105]所受晃动力和晃动力矩(稳定性分析)的第一步,所做工作可为数值解[106,107]的验证和性能增强提供有用的基准。尽管它们对于复杂的液体区域(即不规则几何形状的储罐)具有优越的鲁棒性与灵活性优势,但需要进行多次迭代才能接近真实解,甚至可能在较高频率范围内失效或具有狭窄的收敛区域,最终得到计算稳定、计算成本相对较低且精确较高的收敛解仍受舍入误差和截断误差的限制。

通过对流体晃动理论研究进行整理很容易发现:在众多流体晃动研究中,流体动力学对运载车辆运动的影响一直是大量学者关注的热点问题。部分研究人员开发了具有离散惯性的流体模型,包括简单的平面钟摆模型[108-112],来预测流体晃动现象。虽然许多此类研究的主要焦点是流体对车辆动力学的影响,但先前研究中开发的简化模型未能捕捉到由于流体形状变化而产生的流体分布惯性的影响。过去研究的主要目标不是开发一个捕捉湍流和其他非线性效应的精确流体模型,而是开发一个简化的流体模型,以便研究流体晃动对系统动力学的影响。已提出的很多简化流体晃动模型在许多工程领域(包括空间科学、能源化工、公路交通、铁路船舶运输等方面)都发挥出很大的实用价值。另外,在海洋工程和航天技术应用中,寻找自然晃动频率和晃动振型是一项十分重要的任务,它直接关系到流体晃动所产生的一系列响应。相应的谱边界问题的解析解和有限元或边界元方法一样,都是传统求解方法。线性和非线性流体晃动问题的分析方法对近似自然晃动模式提出了特殊要求。尽管自然晃动模态在平均液相域中被正式定义,但非线性多模态方法需要解析地表示连续可微调和自然晃动模态,这些模态在平均液相域上连续展开。因此,有关流体晃动现象仍需要开展全面、系统、深入的理论研究。

1.4 流体晃动实验研究现状

在人们意识到流体晃动所造成的负面影响时,研究人员就已着手开展有关流体晃动方面的实验研究。研究初期,科研人员主要采用常温工质对流体晃动进行实验测试。随着空间科学任务的迫切需求以及低温燃料的大规模使用,低温流体晃动实验才逐步展开。

1966 年,Abramson[65]回顾并总结了美国 NASA 在流体晃动方面所开展的实验测试工作。他们发现:一阶振动模式对部分充液的燃料储罐至关重要。由于部分填充储罐中流体晃动会影响车辆的结构和侧翻稳定性,相关研究工作主要集中在减少流体晃动以及增强液体振荡阻尼等内容上。

1989 年,Kobayashi 等[97]开展了流体晃动的实验研究。他们发现在纵向激励下,有限长度水平圆柱形容器在小波流体晃动和大波流体晃动下的三维液体共振晃动频率与净晃动力之间的关系。为了确定最大的晃动力,研究人员开展了不同储罐长宽比、液位和激励振幅的实验研究。结果表明,纵向和横向获得的最大晃动力分别约为液舱总液体重量的 28% 和 16%。

1994 年,Moran 等[113]在容积为 1750L 的球形储罐中开展了地面工况全尺寸流体晃动实验,实验测试介质为低温液氢,分别研究了晃动激励频率、晃动激励振幅与箱体初始充注率对流体晃动的影响。结果表明,晃动激励频率和振幅的变化对储罐热力学响应具有显著影响。当晃动频率处在第一固有频率附近时,箱体内部将产生极其严重的热力学不平衡现象,流体晃动可导致箱体压力的迅速降低。当箱体初始压力为 140kPa 时,箱体压降速率为 2.7~0.48kPa/s;而当箱体初始压力为 250kPa 时,对应的箱体压降速率为 17.6~0.55kPa/s。

为研究晃动激励下气液界面动态波动变化,研究人员主要通过一系列电容探针来测试晃动过程界面波幅变化以及波面数据,并以此获得晃动气液界面形状[114]。在对波幅以及波面数据进行测试时,部分研究人员还曾采用超声波技术[115]来评价超声声源与液面间的距离。

非线性晃动常常给低温推进剂供给系统带来诸多负面影响,为深入了解流体晃动现象并提出合理的晃动抑制措施,Aoki 等[116]在 2007 年开展了非线性流体晃动实验研究,实验测试装置如图 1-9 所示。研究人员共开展了不同液位高度、不同

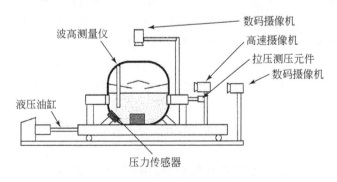

图 1-9　非线性流体晃动实验测试装置[116]

加速度形式、不同防晃板设置等 33 种工况实验,实验中观察了很多意想不到的现象。同时实验测试了不同形式防晃板对流体晃动的抑制效果。实验测试结果可为相关数值模型验证提供关键数据,部分重要结论也可为防晃板工程设计提供参考借鉴。

2007 年,Himeno 等[117]对运载火箭推进剂贮箱内流体晃动现象进行了初步实验研究,实验装置如图 1-10 所示。研究人员利用小尺度模型对液体推进剂在飞行器飞行过程中的动力学行为进行了实验再现。实验中采用机械激振器提供横向加速度,用高速摄像机记录容器内液体表面的运动,成功地实现了机械激振器驱动的模型储罐内部液体表面动态运动的可视化。根据相似准则,采用无量纲弗劳德数将观测到的流场转化为真实的箱体内部流体晃动。结果表明,罐内设置的防晃挡板对大幅流体晃动起到了良好的抑制效果。即使在垂直加速度与横向加速度相当恶劣的环境下,该防晃设置也能防止气体吸入等灾难性事故的发生。

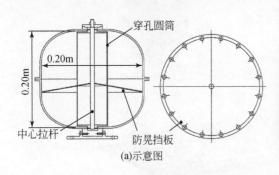

(a)示意图 (b)实物图

图 1-10 实验模型箱体[117]示意图与实物图

2009 年,Lacapere 等[118]实验研究了外部水平激励对液氮箱体以及液氧箱体内部热力特性的影响。由于所施加的外部激励处于非稳态晃动区,箱体内部产生了严重的混沌(chaotic)晃动,液氧箱体以及液氮箱体的压降速率分别为 14kPa/s 与 10kPa/s。同时,Lacapere 等也发现箱内气相的冷凝是造成箱体压力降低的主要原因。同年,Das 和 Hopfinger[119]采用挥发性流体 FC-72 与氟化醚 HFE7000 为测试介质,实验研究了轴向激励对箱体内部流体晃动的内在影响机理。结果表明,在稳定晃动区,外部激励强度大小直接影响箱体压力的动态变化。而在非稳定晃动区,混沌晃动十分剧烈,导致更大的箱体压力降低。箱体压降速率为 4.2~0.25kPa/s,对应的箱体压降为 88~18kPa。另外,研究人员再次验证了箱体压力降低主要是由箱内气相冷凝所致。

由于欧洲阿里安 5 运载火箭新型上面级采用了低温推进剂作为动力燃料,这促使研究人员开展低温流体晃动的相关研究。Arndt 等[120]采用液氮替代液氢在半径为 0.145m、高度为 0.29m 的圆柱形储罐内开展了地面流体晃动研究,测试装置示意图如图 1-11 所示。研究人员分别实验研究了外部漏热下箱体自增压过程、采用氮气增压低温液氮贮箱以及采用氦气增压低温液氮贮箱等不同增压方式对箱体内部热力过程的影响规律。实验过程中外部晃动激励将促进气液相间换热,引起箱体内部明显的热力学不平衡现象。由蒸气冷凝引起的贮箱压降被再次观察到。实验结果还表明,不凝性氦气的存在阻碍了气相的冷凝,以致箱体压力降低速率变缓。也就是说,增压氦气在一定程度上减缓了箱体压力的降低。

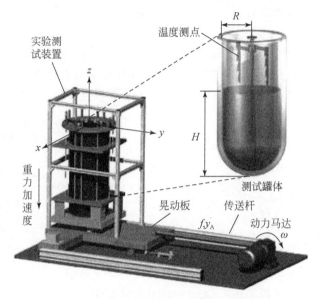

图 1-11　低温液氮晃动测试装置示意图[120]

在流体晃动动力学行为方面,研究人员已经开展了大量研究工作;然而有关晃动所造成的箱内气液相间热质交换等晃动热力学行为的研究则较少,有些现象甚至不能被完全理解。2010～2011 年,van Foreest 等[121,122]通过实验测试对现有的预测方法进行了分析研究。van Foreest 等[122]采用液氮为测试工质,着重研究了柱状低温箱体内部流体晃动过程气液相间热质交换过程。实验结果表明,在晃动激励下,低温流体热分层是造成箱体压降的主要原因。他们指出,在对流体晃动压降进行分析时应首先摸清楚箱体内部流体热分层的发展过程。

2010～2012 年,顾妍等[123-125]针对船舶晃动对 FLNG 储罐内部流体晃动过程的影响开展了有关实验研究。通过对俯仰运动中的低温 LNG 进行测试,得到了影响流体动态特性的主要因素。研究结果表明,俯仰管道中流体流动的压力随时间波动变化。俯仰角对压力波动具有显著影响,俯仰管道内流体流动的压力波动幅度随着流速的增大而增大。

为预测可重复使用运载火箭推进剂贮箱内部流体传热与晃动耦合过程，Himeno 等[126]于 2011 年对传热引起的压降和液体在小尺度容器中的动态运动进行了实验观测，实验装置示意图与实物图如图 1-12 所示。通过开展多工况实验测试，证实了箱体压降与液体运动的关系。在此基础上，研究人员讨论了晃动强化传热的理论机理。结果表明，封闭容器内液体剧烈运动引起的飞溅和界面波动是造成箱体压力损失的主要原因，晃动过程中两相间换热热流密度的大小与液滴和波状表面的出现密切相关。此外，研究人员还成功观察到液氮和液氢非等温晃动现象，并讨论了箱体压降随增压气体种类的变化。

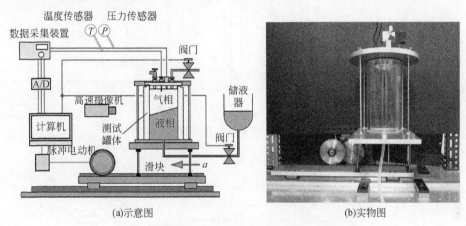

(a)示意图　　　　　　　　　　　　　　　　(b)实物图

图 1-12　流体晃动测试装置[126]示意图与实物图

为更好地理解低温燃料箱体压降与晃动激励之间的关系，Ludwig 等[127,128]分别于 2013、2014 年在半径为 0.148m 的圆柱形容器中开展了液氮晃动的详细测试。箱体内部液体容积为 43L，占总容量的 69%。图 1-13 展示了测试罐体结构示意图与测点分布图。Ludwig 等共开展了六种不同周期性侧向激励下的箱体晃动实验。通过对相同的热力工况进行系统分析，建立了对流体晃动具有重要影响的努塞特数与晃动压降之间的函数关系。结果表明，研究人员所提出的无量纲晃动雷诺数可以用来预测不同激励参数下的储罐压降。

为研究椭圆形容器内流体晃动与箱体结构之间的相互作用关系，Brar 和 Singh[129]于 2014 年搭建了图 1-14 所示的流体晃动实验装置，并结合数值模拟研究了椭圆形容器内流体晃动现象，获得了一定时间内流体晃动对储罐内壁所产生的作用压力。同时，他们还研究了不同挡板结构对晃动载荷的影响。研究结果表明，当采用一个垂直折流板和两个水平折流板对流体晃动进行抑制时，容器壁上的流体作用力分别降低了 8.65% 和 5.06%。水平和垂直折流板的组合比垂直折流板更能有效地抑制流体晃动。

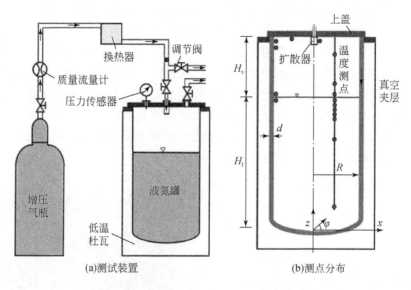

(a)测试装置　　　　　　　　　(b)测点分布

图 1-13　液氮晃动实验测试装置与测点分布图[127,128]

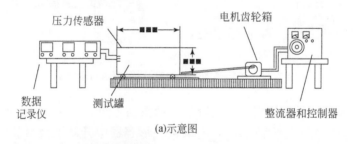

(a)示意图

(b)实物图

图 1-14　实验装置[129]示意图与实物图

准确地预测推进剂贮箱内部流体动力与热力行为对低温推进系统的增压设计与控制具有重要意义。2016 年，Konopka 等[130]采用液氮为工质，在 711L 的液氮罐中进行了等温晃动和非等温晃动的实验测试，分别研究了不同充注率条件下，流体晃动及其阻尼效应对箱体内部热力过程的影响。同时，实验测试了采用氦气增压低温液氮储罐对晃动激励下箱体内部压力、流体温度分层等热力参数的影响。研究发现，当采用 Flow-3D 和 DLR Theta 代码对流体晃动过程进行数值预测时，贮箱内流体晃动处于完全湍流状态，晃动激励大大促进了气液相间热质交换。非等温流体晃动实验再次验证了低温储罐压降主要是由气相冷凝所致。

当航天器中低温液体燃料质量比较高时，了解、预测和控制流体晃动动力学行为对提高航天任务的安全性能至关重要。基于此，Storey 等[131]于 2015 年搭建了地面流体晃动测试实验装置。他们采用水和低温液氮在直径为 30cm 的球形储罐内进行了流体晃动实验研究，分析流体晃动阻尼效应，测试晃动模态频率和晃动力变化。同时，他们还开展了相应的数值模拟研究。通过与实验结果对比发现，实验测试结果与数值预测结果之间具有较好的一致性。尽管如此，他们表示今后的工作仍需重新开展流体晃动阻尼实验，并且重点放在除第一横向振型外的非强激励振型上。研究人员还表示可以尝试在新的阻尼实验中分离线性和非线性晃动两种情况，这两种方法都应该减少对数递减中的方差。新的阻尼数据集将与相关数据进行比较，以尝试设定模型适用范围。之后，Storey 等[132-134]又在原球形储罐内采用水和低温液氮开展了流体晃动地面实验研究，分析了球罐阻尼、晃动模态频率和晃动力的变化规律。另外，在前人研究的基础上，他们建立了晃动模态、晃动力和挡板阻尼的解析模型，利用商业软件对部分实验进行了数值模拟，并将数值结果与实验结果进行了比较，以验证和改进数值预测模型。

为研究缠绕式换热器在 FLNG 海洋平台上的运行可靠性，朱建鲁等[135,136]搭建了混合制冷实验装置和六自由度晃动平台，具体如图 1-15 所示。在不同的晃动角度、晃动周期和晃动振幅下，实验分析了偏航、俯仰、升沉和喘振等晃动模式对水

图 1-15　六自由度晃动测试平台[135,136]

下航行器压降特性的影响。实验结果表明,与原料气和液相混合工质相比,气相混合工质的压降特性受外部晃动激励的影响更大。在相同条件下,升沉和俯仰运动对管侧压降特性的影响比喘振和偏航运动大。研究人员所开展的模型测试实验对了解缠绕式换热器管侧在偏航、俯仰、升沉和喘振条件下的压降特性具有重要意义。

为了解水的晃动与旋涡之间的关系,Saito 和 Sawada[137]研究了在竖直、旋转、横向振动的圆柱形容器中水的动态压力变化,实验装置如图 1-16 所示。研究人员通过在圆柱形容器的横向振动中加入旋转运动来抑制水的晃动。通过对比圆柱形容器强迫频率和旋转频率来确定旋转的方向。实验结果表明,当强迫频率较低时,旋转圆柱形容器的方向与旋转容器相反;而当强迫频率大幅增加时,自由表面的波峰与旋转圆柱形容器的旋转方向相同。当旋转方向改变时,会出现不稳定旋转,但随着旋转频率的增加,不稳定旋转将逐渐消失。

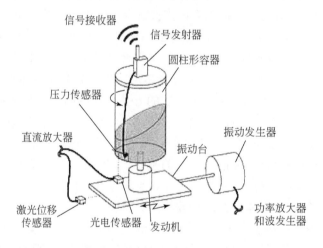

图 1-16　圆柱形容器水动压测试装置[137]

2017～2018 年,Grotle 等[138]以液氮为实验工质对船用 LNG 储罐进行了晃动激励下箱体压力特性和流体温度变化的实验研究。结果表明,初始晃动类型和低温液体的过冷度对储罐压力的变化具有显著影响。同时,Grotle 等[139,140]实验研究了矩形容器中较低液位深度下流体的晃动特性,实验箱体如图 1-17 所示。通过对某充液工况下流体晃动开展实验测试发现,共振区内自由界面波动模拟结果与实验结果吻合较好。由于部分重叠波的存在,在分岔点以上的频率具有较大偏差。此外,由于罐底与底层发生复杂的相互作用,用现有的理论来预测水跃现象存在一定偏差。为研究晃动工况 LNG 燃料贮箱中的热力学响应,Grotle 和 Æsøy[141]采用 OpenFOAM 软件提供的求解器构建了一个晃动数值模型。由于界面面积是在不同晃动状态下估算得到的,该模型中所预测的界面面积和冷凝质量流量特别适用于大幅晃动工况。之后,为有效预测 LNG 燃料储罐的快速压力降低过程,Grotle 和 Æsøy[142] 构建了完善的理论模型对该非稳态热力过程进行预测。他们发现,过冷液体与饱和液体的界面混合对箱体内部热力响应有着较大影响。

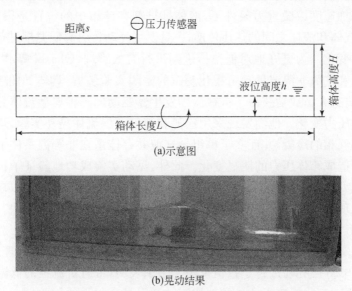

(a)示意图

(b)晃动结果

图 1-17　晃动装置示意图与部分流体晃动结果[138-140]

Cavalagli 等[143] 采用实验手段研究了矩形调谐阻尼器中的流体晃动现象,研究人员着重关注决定迟滞阻尼开始减小时箱体结构响应的物理机制。他们以水为测试工质,采用电动扭振伺服电机驱动滚珠丝杠传动装置,在尺寸为 40cm×20cm 的矩形罐内进行实验测试,具体如图 1-18 所示。实验研究了激励振幅、激励频率

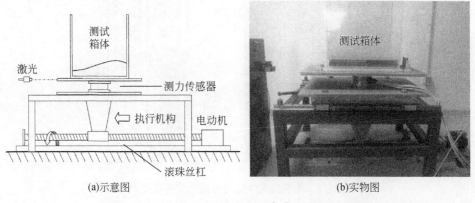

(a)示意图

(b)实物图

图 1-18　流体晃动实验测试装置[143]示意图与实物图

和液体深度对槽内谐波位移的影响。为了确定与滞后力—位移循环相关的能量耗散,通过测力元件测量容器与移动基座之间的剪切力,得到了液体运动产生的晃动力。谐波运动下的实验结果表明,当谐波输入调谐到振荡频率时,不会发生最大的能量耗散。然而,在湍流起主要作用的高频率下,将出现较大的能量耗散。

在动态加速度或微重力条件下,液体推进剂在储罐中的位置是很难控制的。此外,由于气体和液体之间的热质传递,一旦发生晃动将引起低温推进剂贮箱内部明显的压力变化。为更好地对低温推进剂进行有效管理,Ohashi 等[144]搭建了用于测试液氮和气氮非等温晃动可视化测试的密闭实验装置,具体如图 1-19 所示。通过实验,研究人员成功获得了机械激励发生器驱动的三种典型流体晃动运动所引起的箱体压力变化。他们发现采用液氮和液氢开展流体晃动实验,均可视化地观察到低温气相的冷凝,并证实了单组分气液共存体系在非等温条件下更容易因剧烈晃动而造成箱体压力的明显变化。此外,晃动实验成功地验证了折流板作为低温流体动力学阻尼装置在抑制流体大幅晃动方面的有效性。然而,在实验中研究人员还发现,有时有挡板的储罐压降比没有挡板的裸储罐压降更快。初步分析指出,在环形挡板边缘处涡的诱导和对液体热分层的扰动引起的相变造成了箱体压力的快速降低。为了进一步了解低温燃料箱体内部气液相变热物理过程,研究人员对低温非等温晃动进行了数值模拟。结果表明,带有折流板的低温贮箱压降确实更大,再次表明折流板诱导的剪切流动和涡具有很强的相关性。考虑到不可

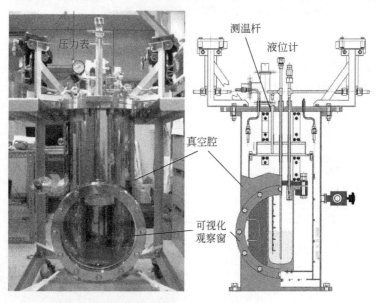

图 1-19　非等温流体晃动可视化实验装置[144]

预期的压降会引起涡轮泵进口处流体的空化,为提高低温推进系统的可靠性和降低操作风险,不仅要定量地评估低温流体的晃动力学性能,还要定量地评估晃动过程所产生的热力响应。

在携有液体推进燃料的运载火箭上,其动力上升或弹道飞行过程中的动态加速度时常会造成液体推进剂的晃动,流体晃动增加了气液相间接触面积,促进了气液相间热量传递,造成了罐体压力与流体温度的剧烈波动变化,使得贮箱内部温度场和箱体压力的控制变得十分困难。为预测可重复使用运载火箭推进剂贮箱内部的晃动传热现象,Himeno 等[145]对流体晃动引起的箱体压降和燃料贮箱内部的流体动态运动过程开展了实验研究。研究人员通过建立非等温可视化实验装置,研究了液氢和液氮对储罐压降的影响。实验中不仅成功地观察到液氮的运动,还观察到液氮的冷凝现象,证实了箱体压降与液体动态波动的相关性。研究结果表明,液体剧烈运动引起的飞溅和波状自由界面是造成密闭容器压力下降的主要原因。通过对比实验测试结果与数值模拟结果,证实了非等温条件下单组分气液共存体系中,剧烈的流体晃动更容易改变密闭罐体的压力。另外,他们还成功地观察了液氮和液氢的非等温晃动,得出热分层初始厚度对压力变化的鲁棒性具有敏感性这一重要结论。从推进剂贮箱压力控制的角度来看,压力控制的关键是掌握流体温度分布,并对液体运动进行有效管理。

冷却水箱是核岛建筑被动安全壳冷却系统的重要组成部分。水箱中流体晃动频率远小于基础结构的晃动频率,在地震纵波作用下很容易发生较大幅度的流体晃动,因此在对核岛建筑进行动力响应分析时,应详细考虑水箱内部晃动动力学与流固耦合效应。Li 等[146]设计了 1/16 比例模型,并进行了相应的振动实验。他们利用孔隙水压力传感器和摄像机记录了水动力压力的时间历程和波高的衰减数据;在所获实验数据的基础上,利用流体动力压力时间历程的快速傅里叶变换识别出振动频率,采用对数减量法计算出第一晃动阻尼比;并利用 ADINA 软件对数值模型进行了模态分析和时程分析。通过对比晃动频率和水动力压力等数据,证明了实验方法的合理性,并证明了电位基流体单元公式可以用于模拟核岛建造中所涉及的流固耦合作用(fluid-structure interaction,FSI)。

随着能源结构的调整以及对 LNG 需求的激增,可用于近海天然气勘探的 FLNG 平台得到了快速发展[147]。低温换热器是 FLNG 平台的关键部件,它影响着天然气液化过程,决定着 LNG 的生产能力[148,149]。板翅式换热器因换热效率高、结构紧凑、多流道布置等优点被广泛使用[150-152];然而,气液混合物的不均匀分布严重影响了板翅式换热器的传热特性,制约了其在 FLNG 领域的发展[153,154]。Zheng 等[155]搭建了气液分配系统的实验装置,以空气和水为测试介质,研究了板翅式换热器在晃动条件下的流体分布特性,以流量比和标准差为分布指标,讨论了晃动激励模式、晃动激励幅度和晃动周期对低温换热器内部气液相分布的影响。测试结果表明,在实验条件下,随着晃动幅度的增大,两相混合物在稳态条件下的不均匀性增加了 1.25%～18.03%,并且不均匀性随晃动周期的增加而减小。在稳态条件下,混合晃动条件下两相均匀性的变化范围为 14.8%～27.9%。

对以上文献整理可知,随着低温燃料的大规模使用,有关流体晃动的研究逐步从常温流体转变为低温流体。然而,部分流体晃动实验仍主要关注流体晃动力学特性,有关流体晃动引起的热力学特性方面的研究仍需深入展开。另外,在考虑箱体内部气液相间换热时,流体晃动会造成箱体压力的降低,这已成为众多研究者的共识。然而,众多的实验研究均局限于表观现象上,并没有深层次考虑晃动工况气液两相流体换热机制。流体晃动促进了气液相间换热,使得箱体压力降低,那么如何来对该换热过程进行数学描述与计算求解呢?目前现有的低温推进剂贮箱内部气液相间换热关联式仅适用于静止工况,有关晃动工况自由界面波动条件下气液相间换热方程仍有待开发。相关的流体晃动热力实验测试仍需深入系统全面地展开。

1.5　流体晃动数值模拟研究现状

流体晃动(部分文献称为流体晃荡)是一种非线性自由表面运动,通常涉及破碎波、自由表面翻转和液体飞溅等复杂现象。流体晃动引起的冲击压力会破坏液舱结构,影响货船与波浪相互作用时的安全稳定。因此,准确预测流体晃动引起的冲击压力在海洋工程、航天工程、能源化工、交通运输以及土木工程中具有重要意义。

由于晃动问题直接关系到船舶和海洋结构的安全性和耐久性,近年来国内外造船界和海洋工程界对流体晃动日益关注。目前,研究流体晃动的方法可分为实验测试、理论分析和数值模拟。这些研究的共同点是研究自由表面运动和由晃动波产生的冲击载荷。至今,模型实验仍然是评估晃动荷载的一种流行且具有成效的方法。然而,该方法很难涉及所有缩比物理量并将模型实验测量扩展到全尺寸预测。理论分析的应用主要局限于对倾斜自由表面的矩形容器内流体晃动不能给予较好的解释。当流体飞溅并运动到箱体顶部时,很难用理论方法对其进行处理[156]。对于实际情况下的流体晃动,尤其是在充注率水平小于 21%时[5],晃动波可能会破碎,破碎波与结构之间的相互作用可能会导致非常复杂的三维湍流流场。最具戏剧性的破裂形式出现在下沉式破碎中,波浪倾覆使得一部分移动的液体在波峰前方一定距离处坠落,在侵入的射流周围形成一个大气穴和小气泡。因此,流体晃动理论方法在工程实践中具有一定的局限性。目前,研究人员主要通过大量实验研究来讨论与分析复杂的倾翻破碎过程和多相晃动流的形成与发展原因[157]。

　　鉴于流体晃动的强非线性,采用数值方法比理论模型更能有效预测流体晃动过程。常规流体晃动预测是对其进行三维分析(图 1-20),求解 Navier-Stokes 控制方程,对流体晃动进行全场数值预测。然而,通过求解 Navier-Stokes 方程对流体晃动进行预测对计算资源与计算设置具有较高要求,这在一定程度上限制了数值模拟的应用。虽然多模态分析等方法比实时计算速度快,但它们仅限于线性和一些弱非线性流体晃动工况。因此,有关流体晃动的数值预测至今仍是研究人员关注的热点与难点。为此,本节将对有关流体晃动的数值模拟预测方法与计算设置进行简要整理,对比不同流体晃动预测方法的优劣与适用范围,相关研究对深入理解流体晃动现象及流体晃动数值预测模型选择具有重要意义。

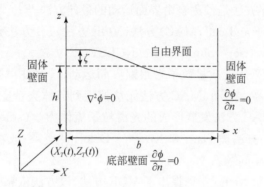

图 1-20　矩形水槽内流体晃动三维分析模型

1.5.1　无网格计算方法

　　在预测流体晃动时,商业计算流体力学(computational fluid dynamics,CFD)软件所采用的方法一般可分为基于网格的计算方法和无网格计算方法。在基于网格的计算框架下,对控制方程进行离散化,通常用随时间步长更新的附加函数来描述自由表面的形状变化,最常用的计算方法包括流体体积(volume of fluid,VOF)方法[158-161]和水平集(level set,LS)[162,163]方法。无网格计算方法则不需要对计算区域进行网格划分,该方法中流体由一组相互作用的粒子表示,这些粒子具有质量、动量、能量等物理性质,粒子运动采用拉格朗日方法来描述。基于无网格特性和拉格朗日方法,无网格计算方法有两大优点:①由于颗粒之间没有固定的拓扑关系,可以直接计算流体的破碎和聚并;②在对流项离散化过程中,利用控制方程中的实质导数消除数值扩散。然而,无网格方法计算量大,常出现非物理压力振荡。Zhang 等[164]对比研究了无网格运动粒子半隐式(moving particle semi-implicit,MPS)

方法和基于网格的 LS 方法在流体晃动模拟中的应用。通过对冲击压力和自由表面变形进行对比发现,数值模拟结果与实验数据吻合较好。计算结果表明,MPS 方法和 LS 方法均能够较好地模拟剧烈的晃动流变化,而 MPS 方法比 LS 方法能更好地捕捉到自由表面的二次压力峰值以及自由界面破裂和流体飞溅等现象。

1.5.2　界面捕捉方法

考虑到自由界面波形变化在晃动动力学中十分重要,研究人员曾提出许多方法来描述高度扭曲自由表面的快速演化。界面捕捉和界面跟踪方法常用来预测流体晃动界面形状变化,这两种技术的主要区别在于界面捕捉方法是欧拉式,而界面跟踪方法是拉格朗日式。虽然这两种方法都可以用于流体晃动预测,但研究人员普遍认为,界面捕捉方法是预测自由界面运动的最佳方法[165]。界面捕捉方法包括标记和单元(marker and cell,MAC)方法、VOF 方法、LS 方法和耦合水平集和流体体积(coupled level-set/volume-of-fluid,CLSVOF)方法。

MAC 方法[166]采用无质量粒子来跟踪界面运动。计算中只需考虑液相,因此该方法计算效率较高。然而,MAC 方法无法捕捉到流体夹带空气、界面破碎等剧烈晃动现象。由 MAC 方法发展形成的光滑粒子流体力学(smoothed particle hydrodynamics,SPH)方法被 Nam 和 Kim[167]、Delorme 等[168]成功用于解决二维箱体内部剧烈流体晃动问题。

1981 年,Hirt 和 Nichols[169]提出了 VOF 方法,该方法依靠标量指示函数来区分不同流体相。由于该方法可以跟踪和计算每个单元中特定相的体积分数,其具有良好的质量守恒特性。VOF 方法具有较高的计算精度和良好的数值稳定性,常被认为是流体晃动预测的首选方法。然而,由于 VOF 方法中指示函数是一个阶跃函数,其不能通过界面提供平滑的物理性质;该方法的另一个主要缺陷为,由于界面附近体积分数的空间导数的不连续性,其缺乏直接计算曲率和法向量的能力。

LS 方法最初由 Osher 和 Sethian[170]开发,并由 Sussman 等[171]应用于多相流模型构建。其基本思想是考虑一个连续的有符号距离函数,该函数在一个相位上为正值,在另一个相位上为负值。LS 方法使用连续标量场来识别两个相。这些相位之间的界面(或一个自由表面)由标量函数的值来表示。界面运动由标量场的平流方程进行控制。在求解此类方程时,为了避免数值解的质量损失,必须在界面环境对标量场进行重整化。与 VOF 方法相比,利用光滑连续的距离函数可以准确、方便地计算曲率和法向量,因此 LS 方法计算更迅速、更易实现。然而,LS 方法所涉及的各阶段体积变化是一个已知问题,其质量守恒性较差,经常导致界面位置偏差[172],并使得长期模拟计算结果失真。当波浪冲击或液体飞溅发生时,LS 方法计算结果与实验结果偏差较大。目前,研究人员已经提出了几种方法来维持 LS 方法中每个阶段的体积[173]。此外,为了保持双流体流动模拟中的流体质量守恒[174],部分保守的 LS 方法也已提出。例如,Ausas 等[175] 提出的局部质量校正来保证质量守恒策略就可作为参考。Battaglia 等[176] 则使用改进的重整化 LS 技术来分析三维流体晃动问题。特别地,他们提出了一种带连续惩罚的有界重整化(bounded renormalization with continuous penalization,BRCP)技术,通过改进质量保持算法,将该模型应用于三维自由和受迫晃动的预测。

为克服 VOF 方法和 LS 方法的不足之处,Sussman 和 Puckett[177] 在两方法的基础上提出了一种耦合 LS 与 VOF 的方法,即 CLSVOF 方法。该方法利用 VOF 函数的平流来实现质量守恒,并通过 LS 函数计算曲率和法向量来平滑捕捉自由界面。这种方法采用分段线性界面构造格式重建界面,然后根据重建的界面重新确定 LS 距离函数,有效整合了两方法的优势,并克服了各自的缺陷。Wang 等[178] 进行了俯冲波在水下凸块上破碎过程的模拟,以评估 CLSVOF 方法的预测性能。实验数据和计算结果对比表明,CLSVOF 方法能够捕捉到常见的空气-水相互作用下剧烈的自由表面波动现象。针对 LNG 储罐,Zhao 和 Chen[179] 采用 CLSVOF 方法对罐内流体晃动产生的冲击压力进行了预测,将预测结果与实验数据对比发现,CLSVOF 方法能够准确地预测由诱导晃动引起的压力冲击,并能捕捉到波浪破裂、射流形成、气体夹持和液气相互作用等剧烈晃动现象,反映了 CLSVOF 方法在局部稳定质量守恒方面的突出优势。

1.5.3 SPH 数值预测方法

为研究流体晃动自由曲面问题,研究人员开发出不同的描述移动界面的有效算法。除所提出的 VOF 方法[180]、LS 方法[181]、欧拉-拉格朗日[182] 和变形域[183] 方法外,SPH 方法[184]、质点有限元[185] 和边界元素[186] 等方法也已被开发并成功应用于解决自由表面流动问题。

SPH 方法是通过求解偏微分方程的完全拉格朗日粒子方法。它对跟随流体流动的粒子进行离散化,并且在每个粒子位置计算相关属性。SPH 方法的起源可追溯到文献[187]。它最初是为模拟天体物理问题而开发的,之后该方法用于预测诸如自由表面和多相流等类型的流体流动过程。Monaghan[188] 介绍了 SPH 方法在自由表面流动中的首次应用。由于无需任何特殊处理,SPH 方法能够捕捉到非线性晃动行为和不连续性自由表面波动,原则上,SPH 方法完全适用于模拟部分填充储罐中流体晃动现象。

由于 SPH 方法独特的自适应性,其在解决船舶舱体内部流体晃动中的大变形问题上具有很大优势。例如,Cao 等[189] 研究了 SPH 方法的边界处理与核函数的准确性和稳定性等核心问题。首先,他们对常见的 SPH 核函数的精度和计算稳定性进行了简单研究;其次,考虑边界运动区域的虚拟粒子及其边界处理应用,得出在不同激振频率和激振角下的二维容器中流体晃动冲击压力变化规律;最后,研究了三维水舱的摇摆与喘振耦合运动,旨在为深入研究摇摆载荷对船舶实际运动的影响奠定基础。

针对部分填充液体的航天器,于强和王天舒[190]提出了一种流出流量可控的出口边界处理方法,采用 SPH 方法计算了变质量流体晃动对航天器产生的作用力与力矩。通过与 Flow-3D 软件计算的结果进行对比,验证了变质量流体晃动动力特性分析方法的有效性,使航天器系统动力学的闭环仿真成为可能。

1.5.4　湍流模型

目前,研究流体晃动的数值方法都是基于势流理论或 Navier-Stokes 方程。数值预测中,湍流模型的选择是研究流体晃动的一个关键问题。势流理论在对线性或非线性的无破碎晃动过程进行预测过程中具有足够的预测精度。对于具有破碎波和冲击波的剧烈晃动问题,流场变得高湍流、不连续和不均匀,已超出势流理论的预测范围,需要对晃动动力学进行详细描述。目前,直接数值模拟(direct numerical simulations,DNS)还不能解决高雷诺数流动问题,雷诺平均纳维-斯托克斯(Reynolds-averaged Navier-Stokes,RANS)方法是一种兼顾计算精度和效率的方法[191,192]。然而,对于是否应将湍流模型包括在 Navier-Stokes 方程中,至今仍没有达成一致的意见[193]。

由于层流模型具有良好的数值稳定性和较低的计算成本,Price 和 Chen[194]、Yan 和 Rakheja[195]均采用层流假设对流体晃动进行数值预测。此外,Craig 等[196]将层流模型得到的流体冲击压力和自由表面形状与 RANS 湍流模型预测结果进行了比较,他们发现,液体湍流对慢波模式与冲击压力的影响较小。

然而,von Bergheim 和 Thiagarajan[197]在晃动模拟中观察到层流模型与RANS 湍流模型之间的显著差别。他们指出,在数值模拟中应特别考虑湍流脉动的影响。在 Rhee[198]和 Godderidge[199]的敏感性研究中也观察到了类似的现象。其他研究人员,包括 Ueda 等[200]、Liu 和 Lin[201]、Xue 和 Lin[202]认为,RANS 模拟无法捕捉到剧烈晃动运动引起的湍流不稳定效应,需要采用大涡模拟(large eddy simulation,LES)方法来提供适当的晃动流动解决方案。因此,他们采用经典的 Smagorinsky 亚网格尺度(sub-grid scale,SGS)模型[203]来捕捉剧烈晃动波运动引起的强湍流特征。此外,Pirker 等[204]分别采用 RANS 与 LES 方法对剧烈流体晃动进行预测。通过对比发现,LES 方法在预测剧烈流体晃动时具有较高的预测精度。然而,不同于 RANS 方法,LES 方法对数值建模要求较高,常常需要消耗大量的计算资源。此外,空间滤波方程和滤波尺寸的使用将不可避免地导致计算网格不均匀引起的交换误差以及 SGS 模型与滤波函数的不一致性[205]。从根本上来说,获得一个独立于网格的 LES 解决方案是十分困难的[206]。这些局限极大地限制了 LES 方法在流体晃动预测中的应用。因此,LES 方法在实际工程模拟中的应用仍十分有限。

湍流模型对模拟剧烈流体晃动具有重要意义。为了克服 RANS 方法和 LES 方法的明显不足,Liu 等[207]开发了一种新的混合 RANS/LES 方法,该混合模型与经典 LES 模型具有相似的性能。他们首次将此混合模型应用于部分充液矩形槽内流体晃动过程预测。通过将数值自由表面轮廓、速度场和冲击压力与实验测量结果对比发现,混合模型的预测精度优于其他模型。之后,Liu 等[208]采用 VOF 和 CLSVOF 两种界面捕捉方法,结合层流假设、RANS k-ε 模型、非常大涡模拟(very large eddy simulation,VLES)和 LES 方法四种湍流模拟策略,对矩形容器内流体晃动进行了数值模拟。结果表明,CLSVOF 方法和 LES 方法能准确地预测冲击波破碎、波浪对罐壁和罐顶的冲击现象。将 VOF 方法和 CLSVOF 方法得到的数值结果与实验结果对比发现,这两种方法均具有很好的预测性能,并且 VOF 方法和 CLSVOF 方法在非剧烈晃动流预测中没有明显的差别。然而,CLSVOF 方法比 VOF 方法能更准确地预测冲击波的多相特性和相应的冲击压力。

合适的湍流模型对精确预测流体晃动过程具有显著影响。为提高流体速度场、自由界面波动变化和波浪诱导压力的预测精度,常常需要对湍流模拟策略进行改进,这就不可避免地增加湍流方程的复杂程度[205]。具体而言,VLES 模型和 LES 模型能够提供精确的模拟结果;而层流假设和 RANS 模型不能充分反映流体晃动过程中的能量耗散,从而导致流体晃动预测的不准确性。

1.5.5 其他数值计算方法

除以上研究方法以及湍流模型外,研究人员还提出其他计算方法对流体晃动进行数值预测。Wang 等[209]提出了一种基于浮置参考系 FFR 公式的低阶三维流体晃动模型。他们采用有限元方法和模态分析技术,建立了降阶流体模型,所提出的流体晃动模型与 MBS 铁路车辆模型相结合,采用允许轮轨分离的三维弹性接触公式来描述轨道/车轮相互作用,研究了液体分布惯性对铁道车辆运动的影响;提出的低阶流体晃动预测模型可用于研究流体位移模式对车辆动力学的影响,能够对事故模式进行识别,并且可以系统地集成到大多数商用 MBS 计算机程序中。

针对船舶激励下 LNG 储罐内的流体晃动现象,Bai 等[210]采用双移动坐标系下的有限差分近似方法求解二维三自由度 Navier-Stokes 方程,对液体和气体同时进行模拟,利用液位法跟踪自由表面的剧烈波动。通过将模拟结果与实验数据进行比较,验证了数值方法的正确性。Xiao[211]采用 OpenFOAM 软件研究了二维自由衰减横摇晃动对矩形水箱的阻尼效应。研究人员采用 inter-DyMFoam 求解器来模拟晃动现象并对数据进行处理,将得到的仿真晃动力矩与准静态力矩进行了比较,并将箱体实验图像与仿真动画进行了对比,验证了该数值模型的准确性。

Lee 等[212]提出了一般的二阶系统晃动模型来模拟不同特性对输入加速度的滞后响应。采用粒子群优化方法构建了合适的流体晃动模型,并对所提出的流体晃动模型的设计变量进行了合理选择。基于优化设计变量与内部流体质量之间的关系,建立了一个能够预测箱体内部流体质量响应的晃动模型。为预测包括剧烈非线性晃动在内的飞行包线的晃动载荷,Sykes 等[213]假设飞行包线可以映射到每个运动方向(垂直、横向或纵向)的加速度频率与振幅,提出了一种新的代理降阶模型(reduced-order model,ROM),通过执行极限状态的 CFD 矩阵来描述由各种频率和振幅产生的晃动荷载振幅。Raynovskyy 与 Timokha[214]利用非线性Narimanov-Moiseev 多模态方程,研究了圆形容器罐内流体在水平旋转激励下产生的旋转共振晃动,他们构造了一个渐近稳态解,并分析了响应振幅曲线,证明了在有限液体深度下的硬弹簧型行为。

对流体晃动计算方法进行分类整理可知,研究人员在流体晃动数值模拟方面开展了大量研究工作,提出了不同数值预测方法,主要结论如下:①由于不需要计算网格,无网格计算方法运行效率较高,能够对诸如流体晃动破碎、聚并等复杂过程进行预测;②欧拉式的 MAC 方法只考虑液相区,计算效率相对较高,但其对流体破碎等复杂晃动过程的预测能力较差,改进后的 SPH 方法成功解决了 MAC 方法的缺陷;③VOF 方法常被认为是流体晃动预测的首选方法,但是该方法中指示函数为阶跃函数,而且不能计算界面曲率与法向量;④LS 方法使用连续标量场来识别相,并利用光滑连续的距离函数来准确计算曲率和法向量,但是该方法质量守恒性较差,在预测自由表面复杂运动时精度较低;⑤CLSVOF 方法有效整合了VOF 方法与 LS 方法的优势,克服了两方法的不足,在复杂晃动过程数值计算中表现出较高的预测能力;⑥SPH 方法使用跟随流体流动的粒子进行离散化,该方法自适应性较强,能够自然捕捉高度非线性的流体流动行为和自由表面的不连续性,可用于预测船舶舱体内部流体大幅晃动。

除计算方法外,研究人员在流体晃动湍流模型方面也开展了长期的论证分析,具体如下:①直接数值模拟对计算设置以及运行成本要求较高,对常规流体运动具有一定的预测能力,但不能解决高雷诺数流动问题。实际工程中,常采用 RANS方法对流体晃动进行预测;②LES 方法可用于剧烈流体晃动的预测,但需要较多计算资源,并且会造成一定的计算误差;③混合 RANS/LES 方法在一定程度上优于其他模型,能够对剧烈流体晃动运动进行预测;④CLSVOF 方法和 LES 方法均能准确地预测流体晃动破碎现象,但 CLSVOF 方法预测范围更广、预测能力更强;⑤层流假设和 RANS 模型均不能充分反映流体晃动中的能量耗散,而 VLES 模型和 LES 模型能够提供精确的模拟结果。总之,适当的湍流模型对预测剧烈流体晃动具有重要影响,在数值计算时需合理选择。当然,研究人员还采用其他计算模型与算法对流体晃动现象进行数值预测,一定程度上验证了所构建模型的有效性。

受限于流体晃动过程的复杂性以及控制方程求解的不封闭性,为方便计算求解,在数值计算过程中常做相应假设,以至于不同预测模型均存在一定的局限性,每种模型均不能实现对所有流体晃动过程的全面准确预测。有关流体晃动方面的数值研究仍有很长的路要走。例如,大型液化天然气槽船舱体内部流体与船体耦合晃动长时间精确预测、航天器飞行过程中非稳态变质量流体晃动预测模型构建、空间微小重力下航天推进剂贮箱内部流体晃动预测、复杂流体晃动过程瞬态波和水动力载荷预测等诸多关键技术难题仍亟待解决。

1.6 本书研究内容

从理论分析、实验测试以及数值模拟三方面对流体晃动研究现状进行整理可知,在 1954 年以后的 30 年间内,各航天大国主要以常温推进剂作为动力燃料,该阶段相关研究主要集中在流体晃动动力特征研究上,具体包括流体晃动所产生的晃动力与晃动力矩[215]、自由界面形状变化[216]、界面波动传递[189]、气液相分布特性[107]、流体晃动稳定性[217]、流体晃动阻尼效应[218]等内容;20 世纪 80 年代开始,低温推进剂(如液氧/煤油、液氢/液氧、液态甲烷/液氧等组合)在航空航天领域得到了广泛应用,低温流体晃动研究逐步开展。由于低温推进剂储存温度较低,受热极易蒸发,常常造成严重的箱体内部热力学不平衡现象[219-223],给低温推进剂长期储存带来了严重安全隐患。在该方面,研究人员主要开展了低温贮箱压力控制以及流体热分层方面的研究[224-235],有关燃料箱体内部热力学与流体晃动动力学耦合的研究则较少。也就是说,目前大部分流体晃动研究仍主要集中在箱体内部流体单纯晃动动力特征上;在涉及非等温流体晃动预测方面,箱体压降仍是众多研究人员关注的主要参数,其他热力参数则较少涉及。

低温流体的低运动黏度使其具有较强的流动性,相比于常温航天动力燃料,低温推进剂流体晃动现象将更加严重;相比于外部漏热下静止箱体热力增压过程,流体晃动造成的低温推进剂贮箱内部非稳态热力过程也更加复杂。在航天任务与空间探测过程中,航天器时常进行姿态调整以及轨道变换,此时外部振动、晃动等激励将对低温贮箱内部流体状态产生显著的影响。在外部激励与扰动的作用下,箱体内部气液界面形状将发生明显变化。当低温推进剂液体与高温箱体壁面接触时,一方面高温的壁面加热低温流体,同时低温流体也冷却箱体壁面。由于流体晃动造成流体的大幅波动,箱体内部气液相接触面积增加,气相中夹杂着液滴,液相中裹挟着气泡,气液相间进行剧烈的热质交换,给低温贮箱的压力特性以及低温流体的分层特性产生显著影响。例如,在晃动过程中,如果低温流体能够对箱内气相以及箱体壁面进行良好的冷却,那么此时将造成箱体压力的降低。由于吸收了大量的气相传热,液相温度升高,流体热分层加剧。随着时间的持续,当箱体内部流体晃动充分时,低温流体不能将箱内气体较好地冷却下来,此时过热的气相将促进更多液体的蒸发相变,箱体压力不仅不会降低,反而会迅速升高。因此,在低温流体晃动过程中,需对箱体的压力特性以及流体热分层进行综合考量。然而,无论液滴蒸发还是气泡冷凝,均涉及空间气液两相流换热问题,这些都增加了低温流体空间热管理的难度与复杂性。鉴于流体晃动给低温燃料贮箱带来一系列不安全、不稳定的影响,有必要对外部晃动激励下箱体内部流体晃动动力学行为与箱内气液两相流热质耦合过程进行充分理解与深入研究,以期掌握有效的晃动控制策略,实现低温推进剂长期在轨空间管理。

本书以实现低温推进贮箱安全运行与低温燃料有效热管理为目的,对低温流体晃动热力耦合过程进行综合分析。本书结构框架如图 1-21 所示,首先,对流体晃动进行理论分析;其次,对流体晃动热力耦合过程进行数值模型构建、数值模型优化设置与实验验证;再次,对典型外部正弦晃动激励下低温液氧贮箱内部流体晃动动力特征与热力性能进行综合分析,研究不同因素对低温液氧贮箱流体晃动热力耦合特性的影响规律,对比间歇晃动激励与连续晃动激励对流体晃动热力耦合性能的差异;最后,基于变工况数值模拟分析,总结出有价值的结论,并指出后续研究工作内容与方向。

本文主要研究工作如下:

(1)对流体晃动进行理论分析,建立完整的流体晃动数学描述,结合边界条件对流体晃动进行分析求解;对 x、y、z 三方向的晃动过程进行理论分析;分析晃动方程的特征值、边界条件、固有频率、界面波动形状等参数;总结并对比不同形状结构的液体储罐内部流体晃动数学模型与相应的晃动参数解,加深研究人员对流体晃动基本过程的理解与认识。

(2)详细考虑外部环境漏热与箱内气液界面热质交换现象,构建用于预测流体晃动热力耦合过程的数值模型,筛选合适的地面流体晃动实验结果对所构建数值预测模型进行实验验证,筛选出合适的湍流预测模型,并开展计算网格敏感性验证;对所构建数值模型中气液界面相变质量传递因子与数值模拟计算时间步长进行优化筛选,以提高数值计算精度与计算效率。

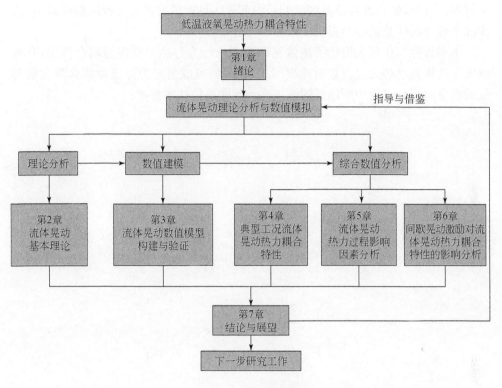

图 1-21　本书结构框架

（3）针对低温液氧贮箱，基于实验验证的数值预测模型与计算参数设置，采用合适的湍流预测模型，结合 VOF 方法与滑移网格（mesh motion）处理，对外部正弦晃动激励作用下低温贮箱内部流体晃动热力耦合过程进行综合预测。研究外部正弦激励下，箱内流体晃动力学参数（如流体晃动力、晃动力矩、气液界面动态波动响应等）与热力参数（如流体压力、测点温度、流体热分层、气相冷凝量等）的变化规律。

（4）基于所完善的数值预测模型，在考虑典型工况外部正弦激励下液氧箱体内部热力耦合特性的基础上，对比分析不同因素（如外部环境漏热、初始液体温度、初始液位高度与初始晃动激励振幅等）对流体晃动力与晃动力矩参数变化、流体压力变化、流体温度不均匀分布以及气液界面波动响应的影响规律，摸清不同影响参数对流体晃动热力耦合过程的内在机理。

（5）为使计算结果更具工程实用价值，着重分析间歇晃动激励对低温液氧贮箱内部流体晃动力学参数与热力参数的影响，综合对比间歇晃动激励与连续晃动激励对低温液氧贮箱内部热力耦合过程的差异；通过对 5 种不同间歇晃动激励形式进行深入分析,研究其对低温液氧贮箱内部流体晃动热力耦合过程的影响机制,为实际工程中流体晃动抑制提供技术参考。

本书研究工作深入揭示了流体晃动动力学行为与热力特性的耦合机理,有效解决了流体晃动热力过程数值建模问题,相关研究成果可为低温运载火箭发射与航天器空间运行过程中所涉及的流体晃动问题提供技术参考。

第 2 章 流体晃动基本理论

如前所述,流体晃动现象常见于洒水车启停、重卡油罐车启停、LNG 槽车槽船运输、航天器空间运行中的轨道变换以及姿态调整等过程。由于流体晃动会引起一系列不稳定问题与安全隐患,本章将对流体晃动这一物理现象进行深入解释,对流体晃动基本理论进行简要剖析。

2.1　流体晃动响应

图 2-1 给出了流体晃动波示意图。该图展示了装有部分液体的容器在外部横向激励下箱内流体晃动过程。可以看出液体表面形成了驻波,驻波在箱体一侧向上移动,在箱体另一侧向下移动;然后上半波向下移动,下半波向上移动,依次进行周期性波动变化。波浪运动有一个固有频率,它取决于箱体形状和当地重力加速度或箱体的轴向加速度(其适用于大推力下的运载系统、航天器等)。

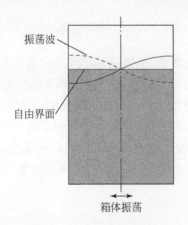

图 2-1　流体晃动波示意图

2.1.1　流体晃动等效力学模型

横向晃动的主要动力效应是液体质心相对于贮箱做水平振荡运动,可采用等效的晃动力学模型来表示该晃动效应。图 2-2 展示了两种晃动等效力学模型[6]。左边模型采用钟摆摆动表示流体晃动波动,右边模型采用弹簧上一定质量物体的往复运动表示流体波动。两种等效力学模型所给出的力和力矩是相同的,差别在于:钟摆模型的优点在于其固有频率$\sqrt{g/L}$随着加速度 g 的变化而变化,液体的晃动频率也随加速度 g 发生相应的变化[236];对于弹簧质量模型,当加速度 g 发生变化时,必须改变相应的弹簧常数才能满足计算要求。

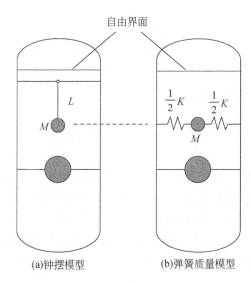

(a)钟摆模型   (b)弹簧质量模型

图 2-2　流体晃动等效力学模型

　　两种等效力学模型都表明,储罐的水平或横向运动会导致液体的晃动波动,即造成钟摆或弹簧上一定质量的物体相对于储罐发生振荡变化。两种模型还表明,储罐的轴向(垂直)振动通常不会引起液体大规模运动。

　　一般来说,当轴向振动频率接近晃动固有频率的一半时,液体表面将变得很不稳定,并激发出晃动波。钟摆模型也显示出同样的不稳定性。只有当强迫频率正好是晃动固有频率的一半时才会产生强烈的不稳定性,因此“垂直”晃动在实际应用中并不多见。

2.1.2　高阶晃动响应

　　图 2-1 显示了包含一个波峰和一个波谷(实际上只有一个完整驻波的一半)的晃动波。很容易看出,这是基本的反对称波,它具有最低的固有频率,对于出现两个或多个波峰或波谷的波往往具有较高的固有频率。具体地,可通过在图 2-2 所示的两种等效力学模型中加入额外的摆锤质量或簧载质量来表示这些高阶波。与基本振型相比,这些振型的摆锤或弹簧承载的质量均较小,因此高阶振型通常不太受关注。但对于非轴对称储罐,横截面的每个主轴都有一个基本振型,且这些振型

的质量都可以进行对比。

2.2　数学模型

为更清楚地解释流体晃动基本理论,本节将详细讨论刚性容器和无黏性理想液体水平横向晃动的数学描述。在使用经典势流理论进行分析前,需做相应的假设。例如,假定波运动为线性。在不同情况下,线性运动或线性响应意味着不同的意思,这里意味着波浪和液体运动的振幅与被施加箱体运动的振幅成线性比例;而晃动波的固有频率不是波振幅的函数。广义线性理论在 Fox 和 Kuttler[237] 的研究中得到了全面的解析。

为简化计算,假设箱体做谐波运动,其位移随时间变化,可表示为 $e^{i\Omega t}$,其中 Ω 是运动频率。复杂的箱体时变运动可以采用傅里叶级数或傅里叶积分来考虑。

2.2.1　基本微分方程和边界条件

对于应用于空间科学任务中的轴对称箱体,研究人员通常倾向于采用笛卡儿坐标系来清楚地表示箱体在水平晃动下的基本微分方程与晃动边界条件。因此,本节主要使用笛卡儿坐标系来对箱体横向运动过程进行数学描述。一般情况下,箱体沿 x 轴和 y 轴进行水平平移振动,x 轴和 y 轴方向上分别对应俯仰和偏航振荡,z 轴方向上则对应侧倾振动。为清楚展示,图 2-3 只显示了一个角振动激励 α_y 和一个横摇激励 α_z。这里需要说明的是,$oxyz$ 坐标系固定在箱体上并随箱体一起运动,而 $OXYZ$ 惯性坐标系是静止的。

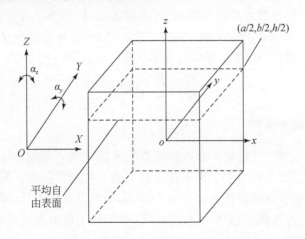

图 2-3　推导基本晃动方程的坐标系

2.2.2　速度势

假设液体是无黏性的,并且假定运动是无涡量的,则可以从速度势 Φ 中导出晃动速度分布。速度在 x、y、z 三方向上的分量 u、v、w 可由速度势的空间导数计算得到,即

$$u=\frac{\partial \Phi}{\partial x} \qquad v=\frac{\partial \Phi}{\partial y} \qquad w=\frac{\partial \Phi}{\partial z} \tag{2-1}$$

在液体体积的任何一处,速度势都必须满足如下条件:液体的不可压缩性。其基本微分方程可表述为

$$\frac{\partial u}{\partial x}+\frac{\partial v}{\partial y}+\frac{\partial w}{\partial z}=0 \quad 或 \quad \frac{\partial^2 \Phi}{\partial x^2}+\frac{\partial^2 \Phi}{\partial y^2}+\frac{\partial^2 \Phi}{\partial z^2}=0 \quad 或 \quad \nabla^2 \Phi=0 \tag{2-2}$$

该方程的最后一种形式是矢量表达式,其适用于任何坐标系。

2.2.3　运动方程

对于不含涡量的势流,可以直接对运动流体动力学方程进行积分,以得到非定常形式的伯努利方程。

$$\frac{\partial \Phi}{\partial t}+\frac{p}{\rho}+gz+\frac{1}{2}(u^2+v^2+w^2)=f(t) \tag{2-3}$$

式中,p 为流体压力;ρ 为流体密度;g 是指沿 $-z$ 方向的有效重力(在实验室中等于重力,但对于空间飞行器,其等于轴向加速度的负值)。

假设 x、y、z 三个方向的速度分量 u、v、w 很小,与线性项相比,它们的平方项和更高的幂项是可以忽略的,那么就可以对流体晃动基本方程进行线性化处理。由于只有势函数的导数才具有物理意义[参阅式(2-1)],为了方便,可以将常数或时间的偶函数添加到 Φ 的定义中。这使得式(2-3)中的积分常数 $f(t)$ 被吸收到 Φ 的定义表述中。因此,式(2-3)的线性化形式为

$$\frac{\partial \Phi}{\partial t}+\frac{p}{\rho}+gz=0 \tag{2-4}$$

2.2.4　自由面边界条件

方程(2-2)的解的任何数学函数必须专门处理才能满足箱体壁面和自由表面的边界条件。方程(2-4)为用于推导自由表面的一个边界条件。箱内气液界面是自由运动的,如果气体密度比液体小很多,其影响可以忽略不计,那么气液界面处的压力等于其上方气体的静压力 p_0。因此,对于处于自由表面的液体,非定常伯努利方程可表述为

$$\frac{\partial \Phi(x,y,z,t)}{\partial t}+g\delta(x,y,t)=-\frac{p_0}{\rho}, \quad z=h/2 \tag{2-5}$$

式中，$\delta(x,y,t)$ 是自由界面偏离未扰动时水平界面 $z=h/2$ 的小幅位移变化。方程 (2-5)如果没有线性化，则必须在气液界面的实际位移位置 $z=h/2+\delta$ 处进行计算，而不是在平衡位置 $z=h/2$ 处进行计算。这两个工况($z=h/2$ 和 $z=h/2+\delta$)之间的差异是界面的小幅位移 δ，而 δ 是一个高阶项，在计算过程中是可以忽略的。

需要说明的是[6]，当 g 较小时，式(2-5)中必须考虑表面张力的影响。气体压力仍然是 p_0，但是表面一侧的液体和表面另一侧的气体之间将存在压力差，该差值取决于表面张力和表面曲率。这种"低 g"流体晃动现象在空间运行的航天器燃料储罐中较为普遍。

方程(2-5)是自由表面的"动态"条件。需要一个"运动学"条件来将表面位移 δ 与表面液体速度的垂直分量联系起来。在线性化形式中，该条件可简化为

$$\frac{\partial \delta}{\partial t}=w=\frac{\partial \Phi}{\partial z}, \quad z=h/2 \tag{2-6}$$

方程(2-5)和方程(2-6)可以组合成一个完全以 Φ(或 δ)表示的方程，具体方法是将方程(2-5)对 t 进行微分处理，将方程(2-6)对 z 求导，并将两个方程合并以消除 δ(或 Φ)。

$$\frac{\partial^2 \Phi}{\partial t^2}+g\frac{\partial \Phi}{\partial z}=0, \quad z=h/2 \tag{2-7}$$

最终，Φ 的时间导数将包含晃动的固有频率。从式(2-7)可以看出，这些频率与施加的重力场是直接相关的，这与前面介绍的内容是一致的。

2.2.5　箱体壁面边界条件

由于流体黏度和黏性应力被假定为可以忽略不计的无穷小值，施加在罐体壁面上的唯一条件是：垂直于罐壁平面的液体速度必须等于垂直于其自身的罐壁速度 V_n。这里 n 代表法向或垂直方向。通常的"无滑移"条件不能施加在罐体壁面，一般的解决方案是允许沿平行于罐体壁面方向的滑移。

如果容器是静止的，那么箱体壁面处的边界条件为：垂直于壁面方向的液体速度分量为零，这个条件产生了一个标准类型的边值问题。然而，这里假设贮箱是前后摆动的，这导致了一个非标准的边值问题。这种非标准边值问题可以采用傅里叶级数来求解，将在下面的例子给予解释说明。

对于某些类型的箱体运动，为了将非标准问题转化为标准问题，可通过数学转化将液体运动划分为两部分来表示：与箱体运动相同的类刚体运动和相对于刚体运动的液体运动。此变换与动力学中用于表示相对于坐标系运动的粒子运动变换是相同的。该转换可以以速度势的形式来表示，即 $\Phi=\varphi_c+\varphi$，其中 φ_c 是储罐刚体运动的势。之后，罐壁处 Φ 的边界条件缩减为 $\partial\varphi_c/\partial n=V_n$，且 $\partial\varphi/\partial n=0$。然而，由于箱体运动速度势具有非零的旋转速度，这种数学转换不能用于旋转箱体运动

工况。

由于晃动问题是线性的,可以考虑一系列单独的问题。针对所研究的每种类型的箱体运动,将计算结果叠加即可得到整个运动的速度势。因此,接下来将依次考虑各种简单的箱体运动。

1. 平行于 x 轴的水平晃动

这种情况下,箱体位移可以表示为 $X(t)=-\mathrm{i}X_0\exp(\mathrm{i}\Omega t)$。该处理使箱体实际位移等于 $X_0\sin(\Omega t)$。箱体壁面的速度分量为 $v=w=0, u=\mathrm{i}X_0\Omega\exp(\mathrm{i}\Omega t)$。因此,储罐湿表面的边界条件可表示为

$$\boldsymbol{n} \cdot \nabla\Phi = \mathrm{i}X_0\Omega \mathrm{e}^{\mathrm{i}\Omega t} \tag{2-8}$$

式中,$\boldsymbol{n}$ 是垂直于湿润表面的单位矢量。对于垂直于 y 轴的垂直壁面,$\boldsymbol{n} \cdot \nabla\Phi$ 将缩减为 $\dfrac{\partial\Phi}{\partial x}$,式(2-8)仅说明壁面液体在 x 方向的速度必须等于施加在储罐上的 x 方向的速度。

2. 沿 y 轴的纵向摇荡

该情况下,箱体壁面的角振动表示为 $\alpha_y(t)=-\mathrm{i}\alpha_0\exp(\mathrm{i}\Omega t)$。罐体壁面上垂直于罐壁的任何点的位移与该点距摇荡轴 y 轴的轴向距离成正比,表示为 $X(t)=z\alpha_0\exp(\mathrm{i}\Omega t)$。箱体底部各点的 z 向位移与距俯仰轴 x 轴的距离成正比,表示为 $Z(t)=-x\alpha_0\exp(\mathrm{i}\Omega t)$。这些条件可组合成湿润表面的单一矢量边界条件,表示为

$$\boldsymbol{n} \cdot \nabla\Phi = (z\boldsymbol{e}_x - x\boldsymbol{e}_z)\alpha_0\Omega \mathrm{e}^{\mathrm{i}\Omega t} \tag{2-9}$$

式中,$\boldsymbol{e}_x$ 为 x 方向的单位向量;$\boldsymbol{e}_z$ 为 z 方向的单位向量。

3. 绕 z 轴的旋转垂荡

如果储罐有内壁或是非轴对称的,围绕 z 轴的垂直振荡 $\alpha_z=-\mathrm{i}\gamma_0\exp(\mathrm{i}\Omega t)$ 将导致液体振荡并产生晃动波。一般来说,箱体垂荡对飞机的影响比对导弹或航天器的影响更重要。在湿壁面处合适的矢量边界条件为

$$\boldsymbol{n} \cdot \nabla\Phi = (x\boldsymbol{e}_y - y\boldsymbol{e}_x)\gamma_0\Omega \mathrm{e}^{\mathrm{i}\Omega t} \tag{2-10}$$

对于没有内壁的轴对称储罐,由于无黏性液体无法承受壁面与液体之间的剪切应力,储罐的垂直晃动将在液体周围“滑动”,而不产生任何液体运动。对于具有黏性的实际液体,旋转垂荡会在壁面附近的薄边界层中引起一些液体运动,但这种运动在自由表面上几乎不会产生波动。

2.3　矩形箱体方程组求解

矩形容器比较适合采用图 2-3 所示的 $oxyz$ 坐标系来表示并加以描述。由于式(2-2)的解是常见的三角正弦函数和余弦函数,它常常被当成详细示例来说明边界条件是如何确定流体晃动运动的[6,64]。最初,箱体被认为是静止的,这种情况下

的解通常称为问题的本征函数。

2.3.1　$\nabla^2 \Phi = 0$ 的特征函数

假定有用的势解在时间上是调和的，即 $\exp(\mathrm{i}\omega t)$。在大多数讨论中，Φ 对时间的依赖性可以忽略，但是当需要对时间进行求导时，可以通过对势乘以 $\mathrm{i}\omega$ 来考虑时间的影响。本节采用分离变量法求解 $\Phi(x,y,z)$ 的本征函数，其中 $\Phi(x,y,z)$ 是三个独立函数 $\xi(x)$、$\psi(y)$ 与 $\zeta(z)$ 的乘积。将此假设代入式(2-2)，整个方程除以 $\Phi(x,y,z)=\xi(x)\psi(y)\zeta(z)$，可得

$$\frac{1}{\xi}\frac{\mathrm{d}^2\xi}{\mathrm{d}x^2}+\frac{1}{\psi}\frac{\mathrm{d}^2\psi}{\mathrm{d}y^2}+\frac{1}{\zeta}\frac{\mathrm{d}^2\zeta}{\mathrm{d}z^2}=0 \tag{2-11}$$

由于 ξ 只是 x 的函数，ψ 只是 y 的函数，ζ 只是 z 的函数，式(2-11)中的每个比值必须独立于任何坐标，且必须等于常数。解的形式主要取决于常数被假定为正数还是负数。首先，这两个迹象都是假设的。因此，当 ξ 和 ψ 给定为负常数，而 ζ 给定为正常数时，第一组特征函数为

$$\frac{1}{\xi}\frac{\mathrm{d}^2\xi}{\mathrm{d}x^2}=-\lambda^2 \quad \Rightarrow \xi(x)=A\sin(\lambda x)+B\cos(\lambda x) \tag{2-12a}$$

$$\frac{1}{\psi}\frac{\mathrm{d}^2\psi}{\mathrm{d}y^2}=-\beta^2 \quad \Rightarrow \psi(y)=C\sin(\beta y)+D\cos(\beta y) \tag{2-12b}$$

$$\frac{1}{\zeta}\frac{\mathrm{d}^2\zeta}{\mathrm{d}z^2}=\lambda^2+\beta^2 \quad \Rightarrow \zeta(z)=E\sinh(\sqrt{\lambda^2+\beta^2}\,z)+F\cosh(\sqrt{\lambda^2+\beta^2}\,z) \tag{2-12c}$$

式中，λ 和 β 为常数。

通过改变符号，可得到第二组特征函数。

$$\frac{1}{\xi}\frac{\mathrm{d}^2\xi}{\mathrm{d}x^2}=\lambda^2 \quad \Rightarrow \xi(x)=A\sinh(\lambda x)+B\cosh(\lambda x) \tag{2-13a}$$

$$\frac{1}{\psi}\frac{\mathrm{d}^2\psi}{\mathrm{d}y^2}=\beta^2 \quad \Rightarrow \psi(y)=C\sinh(\beta y)+D\cosh(\beta y) \tag{2-13b}$$

$$\frac{1}{\zeta}\frac{\mathrm{d}^2\zeta}{\mathrm{d}z^2}=-(\lambda^2+\beta^2) \quad \Rightarrow \zeta(z)=E\sin(\sqrt{\lambda^2+\beta^2}\,z)+F\cos(\sqrt{\lambda^2+\beta^2}\,z) \tag{2-13c}$$

很明显，通过其他方式混合正负常数也有其他的特征函数表达式。例如，以下简单的求解方式

$$\Phi(x,y,z)=Gx+Hy+Kz+Lxy+Mxz+Nyz \tag{2-14}$$

也是另一种特征函数表述。所有这些解都需要满足特定情况下的边界条件。

2.3.2　特征值

常数 λ 和 β 的某些值能够自然满足标准边值问题的边界条件，这些值称为特征值。在这种情况下，晃动工况的固有频率由特征值决定。由于后面的介绍中涉

及固有频率这一概念,在计算箱体运动情况下的解之前,需要先计算箱体的固有频率。

1. 箱体壁面状况

如图 2-3 所示,罐体壁面位于 $x=\pm a/2$ 和 $y=\pm b/2$ 处。垂直于 x 轴的两个壁面的单位法向量为 $e_x=\pm 1,e_y=0$;垂直于 y 轴的两个壁面的单位法向量为 $e_x=0,e_y=\pm 1$。因此,对于 $x=\pm a/2$,壁面边界条件变为 $\dfrac{\partial \Phi}{\partial x}=0$;对于 $y=\pm b/2$,壁面边界条件变为 $\dfrac{\partial \Phi}{\partial y}=0$。通过对比研究式(2-12)、式(2-13)和式(2-14),可以看出式(2-12)满足以上边界条件。然而,由于缺少使所有积分常数相等于零的条件,式(2-13)和式(2-14)不能满足上述边界要求。

对于 $x=\pm a/2$,使 $\dfrac{\partial \Phi}{\partial x}=0$ 的相关可能性为

$$A=0 \quad 与 \quad \lambda=2n\pi/a \quad 或 \quad B=0 \quad 与 \quad \lambda=(2n-1)\pi/a, \quad n=1,2,3,4,\cdots$$
$$(2\text{-}15a)$$

同样,对于 $y=\pm b/2$,使 $\dfrac{\partial \Phi}{\partial y}=0$ 的相关可能性为

$$C=0 \quad 与 \quad \beta=2n\pi/b \quad 或 \quad D=0 \quad 与 \quad \beta=(2n-1)\pi/b, \quad n=1,2,3,4,\cdots$$
$$(2\text{-}15b)$$

它们给出了求和 $\sqrt{\lambda^2+\beta^2}$ 的几种选择,即 $2n\pi/a$、$2n\pi/b$、$(2n-1)\pi/a$、$(2n-1)\pi/b$、$[(2n\pi/a)^2+(2n\pi/b)^2]^{0.5}$、$[(2n\pi/a)^2+(2n-1)^2(\pi/b)^2]^{0.5}$ 等。

通过对方程(2-12c)计算求解,可获得满足罐底 $z=-h/2,\dfrac{\partial \Phi}{\partial z}=0$ 要求的 λ 和 β 的所有值。

$$E=F\tanh[\sqrt{\lambda^2+\beta^2}\,(h/2)] \qquad (2\text{-}15c)$$

考虑到最初的二维波,通过组合特征值和本征函数,势函数 $\Phi=\xi\psi\zeta$ 具有以下可能的解:

$$\Phi_1(x,z)=(AF)\cos[2n\pi(x/a)]\times\{\cosh[2n\pi(z/a)]+$$
$$\tanh[n\pi(h/a)]\sinh[2n\pi(z/a)]\} \qquad (2\text{-}16a)$$

$$\Phi_2(x,z)=(BF)\sin[(2n-1)\pi(x/a)]\times\{\cosh[(2n-1)\pi(z/a)]+$$
$$\tanh[2(n-1)\pi(h/a)]\sinh[(2n-1)\pi(z/a)]\} \qquad (2\text{-}16b)$$

$$\Phi_3(y,z)=(CF)\cos[2n\pi(y/b)]\times\{\cosh[2n\pi(z/b)]+$$
$$\tanh[n\pi(h/b)]\sinh[2n\pi(z/b)]\} \qquad (2\text{-}16c)$$

$$\Phi_4(y,z)=(DF)\sin[(2n-1)\pi(y/b)]\times\{\cosh[(2n-1)\pi(z/b)]+$$

$$\tanh[2(n-1)\pi(h/b)]\sinh[(2n-1)\pi(z/b)]\} \tag{2-16d}$$

当然,还有各种不同的三维波,下面给出其中一种数学表述:

$$\Phi_5(x,y,z)=(BDF)\sin[(2n-1)\pi(x/a)]\sin[(2m-1)\pi(y/b)]\times$$

$$\{\cosh[\pi\gamma(z/a)]+\tanh[\pi\gamma(h/(2a))]\sinh[\pi\gamma(z/a)]\} \tag{2-17}$$

这里,$\gamma=(2n-1)^2+(2m-1)^2\,(a/b)^2$。

2. 自由表面条件

式(2-7)给出了自由表面的边界条件。将方程中时间导数 $\partial^2\Phi/\partial t^2$ 替换为等效项 $-\omega^2\Phi\exp(i\omega t)$,并取消式(2-7)中乘以这两项的因子 $\exp(i\omega t)$。因此,当 $z=h/2$ 时,将 Φ_2 表示的解代入式(2-7)可得

$$-\omega^2 BF\sin[\kappa(x/a)]\{\cosh[\kappa(h/(2a))]+\tanh[\kappa(h/(2a))]\sinh[\kappa(h/(2a))]\}+$$

$$g(\kappa/a)BF\sin[\kappa(x/a)]\{\sinh[\kappa(h/(2a))]+\tanh[\kappa(h/(2a))]\cosh[\kappa(h/(2a))]\}=0 \tag{2-18}$$

式中,$\kappa=(2n-1)\pi$。

3. 固有频率

在本例中,固有频率可由式(2-18)的根确定。在消除式(2-18)中的共同项 $\sin[\kappa(x/a)]$ 和常数 BF 后,利用各种双曲恒等式对双曲项进行简化,可以得到这些二维波的固有频率的解,即

$$\omega_n^2=\pi(2n-1)\left(\frac{g}{a}\right)\tanh\left[\pi(2n-1)\left(\frac{h}{a}\right)\right] \tag{2-19a}$$

式中,下标 n 表示 ω 依赖的模式数 n。可以看出,固有频率随着深度 h 的减小或槽宽 a 的增加而减小,$n=1$ 的振型固有频率是所有固有频率中最低的。

4. 晃动波形状

通过求解 Φ_2,从式(2-6)中可以获得晃动波形状,即

$$\delta(x,t)=-\frac{2BFi}{a\omega_n}(2n-1)\sinh\left[\pi(2n-1)\left(\frac{h}{a}\right)\right]\sin\left[\pi(2n-1)\left(\frac{x}{a}\right)\right] \tag{2-19b}$$

当 $n=1$ 时,在 $x=0$ 处,波振幅为零,其在箱体一个壁面上达到正的峰值,在另一个壁面上达到负的峰谷,这是基本的反对称波。当 $n>1$ 时,波存在中间峰,且峰的数量随着 n 的增加而增加。图 2-4 显示了前三个波振型的示意图以及每个振型的液体质心偏移量。在引起相同的最大波幅时,$n=1$ 这一基本模式的质心偏移大于其他模式的质心偏移。质心振荡是引起晃动力和力矩的来源,由于具有较大的质心偏移量,模式 $n=1$ 工况对应的波产生的力和力矩比其他任何振型都大。

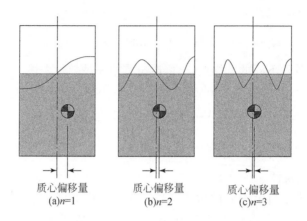

质心偏移量　　　　质心偏移量　　　　质心偏移量
(a)n=1　　　　　(b)n=2　　　　　(c)n=3

图 2-4　矩形水箱前三个反对称 x 模的晃动波形

5. 对称模式

从 $\varPhi_1$ 开始可以发现类似的对称晃动模式。对称模态固有频率均高于相应的反对称模态固有频率，具体由以下关系式给出：

$$\omega_m^2 = 2m\pi\left(\frac{g}{a}\right)\tanh\left[2m\pi\left(\frac{h}{a}\right)\right] \tag{2-20}$$

前 3 个对称波形如图 2-5 所示。由于图中任何一个模态都没有液体质心的横向位移，所以这 3 种工况均不会产生侧向力与扭矩。

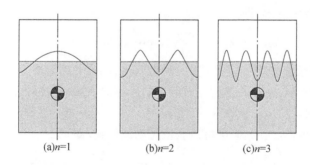

(a)n=1　　　　　(b)n=2　　　　　(c)n=3

图 2-5　矩形水箱前三个对称 x 模式的晃动波形

6. 二维 y 模式

当储罐沿 y 轴有平移振动发生时，将形成二维 y 反对称振型和对称振型，它们的固有频率从 $\varPhi_3$ 和 $\varPhi_4$ 开始，由式(2-19)确定。采用宽度 b 代替宽度 a，其结果与相应的 x 模式结果是相同的。

7. 三维模式

从 $\varPhi_5$ 开始，可以通过类似的处理确定随 x 和 y 变化的模式固有频率，具体结

果可表示为

$$\omega_{m,n}^2 = \left\{\left[\gamma_n^2 + \eta_m^2\left(\frac{a}{b}\right)^2\right]\left(\frac{g}{a}\right)\right\}\tanh\left\{\left[\gamma_n^2 + \eta_m^2\left(\frac{a}{b}\right)^2\right]\left(\frac{h}{a}\right)\right\} \tag{2-21}$$

式中，γ_n 取值为 $2n\pi$ 或 $(2n-1)\pi$，其取决于三维波在 x 方向上是对称的还是反对称的；η_m 取值为 $2m\pi$ 或 $(2m-1)\pi$。波形是二维 x 型和 y 型的组合。

2.3.3　受迫运动

1. 箱体绕 x 轴平移振荡

当箱体做受迫振荡时，自由（本征函数）晃动模式是构造其解的基础。假设箱体沿 x 轴方向进行平移振荡，对于矩形储罐，式(2-8)的边界条件可简化为

$$\begin{cases} \dfrac{\partial \Phi}{\partial x} = \Omega X_0 \exp(\mathrm{i}\Omega t), & x = \pm a/2; \\[2mm] \dfrac{\partial \Phi}{\partial y} = 0, & y = \pm b/2 \end{cases} \tag{2-22}$$

自由表面和底部边界条件与自由振荡工况边界条件是相同的。

在 x 方向上振荡，箱体将产生 x 向反对称波，所以强迫运动求解包含一系列 Φ_2 晃动模式。由于这些模式不满足式(2-22)给出的条件，而在 $x = \pm a/2$ 处满足 $\dfrac{\partial \Phi}{\partial x} = 0$，有必要增加由解式(2-14)给出的势函数在 x 方向变化的部分。试算结果为

$$\Phi = \left\{A_0 x + \sum_{n=1}^{\infty} A_n \sin\left(\lambda_n \frac{x}{a}\right)\left[\cosh\left(\lambda_n \frac{z}{a}\right) + \tanh\left(\lambda_n \frac{h}{2a}\right)\sinh\left(\lambda_n \frac{z}{a}\right)\right]\right\}\exp(\mathrm{i}\Omega t)$$

$$\tag{2-23}$$

出于紧凑性考虑，式(2-23)中$(2n-1)\pi$ 用 λ_n 表示，Φ_2 的积分常数 BF 的乘积被另一个常数 A_n 代替，其中下标 n 表示该常数值取决于所讨论的模式。

这里需要注意的是，$\partial \Phi / \partial y \equiv 0$，同时在箱体底部 $z = -h/2$ 处，$\dfrac{\partial \Phi}{\partial z} = 0$。因此，如果 A_0 等于 ΩX_0，那么 Φ 将满足所有壁面边界条件；而这里研究的是满足自由表面边界的要求。将 Φ 代入自由表面边界条件方程(2-7)可得

$$-\Omega^2\left\{\Omega X_0 x + \sum_{n=1}^{\infty} A_n \sin\left(\lambda_n \frac{x}{a}\right)\left[\cosh\left(\lambda_n \frac{h}{a}\right) + \tanh\left(\lambda_n \frac{h}{2a}\right)\sinh\left(\lambda_n \frac{h}{a}\right)\right]\right\} +$$

$$g\left\{\sum_{n=1}^{\infty} A_n \left(\frac{\lambda_n}{a}\right)\sin\left(\lambda_n \frac{x}{a}\right)\left[\sinh\left(\lambda_n \frac{h}{a}\right) + \tanh\left(\lambda_n \frac{h}{2a}\right)\cosh\left(\lambda_n \frac{h}{a}\right)\right]\right\} = 0$$

$$\tag{2-24}$$

这个等式实际上指定用 X_0 表示积分常数 A_n。因为 $\sin\left(\lambda_n \frac{x}{a}\right)$ 项在区间 $-\dfrac{a}{2} < x < \dfrac{a}{2}$ 是正交的，为了明确地确定相关表达式，式(2-24)第一项中的 x 必须写成傅

里叶级数中 $\sin\left(\lambda_n \dfrac{x}{a}\right)$ 项。此过程可表述为

$$x=\sum_{n=1}^{\infty}\left(\frac{2a^2}{\lambda_n^2}\right)(-1)^{n-1}\sin\left(\lambda_n\frac{x}{a}\right) \tag{2-25}$$

通过将式(2-24)中的 x 项替换为傅里叶级数,可以根据每个 $\sin\left(\lambda_n\dfrac{x}{a}\right)$ 项对 x 项进行分组。同样地,因为 $\sin$ 项是正交的,每一个 A_n 均可以被求解一次。经过部分代数运算,并采用式(2-19a)代替固有频率后,速度势的最终表达式为

$$\Phi(x,z,t)=-Ae^{i\Omega t}\left\{x+\sum_{n=1}^{\infty}\frac{4a\,(-1)^{n-1}}{\pi^2\,(2n-1)^2}\left(\frac{\Omega^2}{\omega_n^2-\Omega^2}\right)\sin\left[(2n-1)\frac{\pi x}{a}\right]\frac{\cosh\left[(2n-1)\pi\left(\dfrac{z+h}{a}+\dfrac{h}{2a}\right)\right]}{\cosh\left[(2n-1)\pi\left(\dfrac{h}{a}\right)\right]}\right\}$$

$$\tag{2-26}$$

在大部分工程应用中,研究人员常常关注晃动固有频率以及晃动流体施加在储罐上的力和扭矩。力和扭矩是通过积分储罐壁面区域上液体压力 p 中的不稳定部分来确定的。线性化的方程(2-3)给出了如何根据速度势确定该压力。x 方向力的微分分量为 $\mathrm{d}F_x=p\mathrm{d}A_x$,其中 $\mathrm{d}A_x$ 是垂直于 x 轴的壁面面积的微分元素。因此,力在 x 方向的分量 F_x 可通过积分获得

$$F_x=\int_{-h/2}^{h/2+\Delta}\int_{-b/2}^{b/2}p\mid_{x=a/2}\mathrm{d}y\mathrm{d}z-\int_{-h/2}^{h/2-\Delta}\int_{-b/2}^{b/2}p\mid_{x=-a/2}\mathrm{d}y\mathrm{d}z=-2\rho b\int_{-h/2}^{h/2}\frac{\partial\Phi}{\partial t}\mid_{x=a/2}\mathrm{d}z$$

$$\tag{2-27}$$

将方程(2-27)中壁面上的非定常压力和波振幅 $\Delta=\delta(x=\pm a/2)$ 线性化,并利用 Φ 的反对称特性整合在壁面上的积分。将式(2-26)中的 Φ 进行替换并积分可得

$$\frac{F_{xo}}{-i\Omega^2 X_o m_{\mathrm{liq}}}=1+8\,\frac{a}{h}\sum_{n=1}^{N}\frac{\tanh\left[(2n-1)\pi h/a\right]}{(2n-1)^3\pi^3}\frac{\Omega^2}{\omega_n^2-\Omega^2} \tag{2-28}$$

这里,F_{xo} 为振荡力的振幅;$m_{\mathrm{liq}}=\rho abh$ 为储罐中液体的质量。

根据式(2-28),当激励频率 Ω 等于任一晃动固有频率 ω_n 时,施加在储罐上的力将变得无限大。这是因为所有黏性效应和其他阻尼源都被忽略了,以至于流体晃动在储罐壁面上产生的力学效应十分明显。由于方程(2-28)分母中的 $(2n-1)^3$ 项,共振力的大小随着晃动模式阶数的增加而减小。因此,当流体晃动考虑阻尼效应时,只有第一个振型或前两个振型会产生较大的力学效应。其他需要注意的特征分述如下。

(1)对于低激励频率(即 $\Omega\rightarrow0$)工况,式(2-28)的总和趋于 0,力只是液体质量和储罐加速度的乘积,即液体的响应就像冻结一样,此时可以采用刚体假设进行计算。

(2)对于高激励频率(即 $\Omega\gg\omega_n$)工况,式(2-28)的求和与 Ω 无关,力又像一个

刚体,质量 $m_{liq}[1-8(a/h\pi^3)\tanh(\pi h/a)]$ 略小于液体质量,这意味着靠近自由表面的一些液体将不会随罐体移动。

(3)力在 z 方向和 y 方向的分量为零。

在获得箱体晃动力之后,需要计算施加在箱体上的扭矩 M。该扭矩是由箱体 x 方向壁面以及箱体底部的流体压力产生的,并作用于 y 轴。当 y 轴穿过液体的质心时,扭矩差分形式表述为 $\mathrm{d}M_y = -zp\mathrm{d}A_x - xp\mathrm{d}A_z$。

因此,总扭矩可通过对扭矩差分形式进行积分获得,即

$$M_y = -2\int_{-h/2}^{h/2+\Delta}\int_{-b/2}^{b/2} zp\mid_{x=a/2}\mathrm{d}y\mathrm{d}z - \int_{-a/2}^{a/2}\int_{-b/2}^{b/2} xp\mid_{z=-h/2}\mathrm{d}y\mathrm{d}x \qquad (2\text{-}29\mathrm{a})$$

通过对式(2-29a)线性化组合可得

$$M_y = 2b\int_{-h/2}^{h/2} z\frac{\partial \Phi}{\partial t}\mid_{x=a/2}\mathrm{d}z - \int_{-a/2}^{a/2} x\frac{\partial \Phi}{\partial t}\mid_{z=-h/2}\mathrm{d}x \qquad (2\text{-}29\mathrm{b})$$

积分后,采用各种代数和双曲变换对其进行简化,为便于与作用力进行比较,通过重新整理发现扭矩可表述为

$$\frac{M_{yo}}{-\mathrm{i}\Omega^2 X_o m_{liq}h} = \frac{1}{12}(a/h)^2 + 8\frac{a}{h}\sum_{n=1}^{\infty}\frac{\tanh[(2n-1)\pi h/a]}{(2n-1)^3\pi^3}\times$$

$$\left\{\frac{1}{2} - \frac{2(a/h)\tanh[(2n-1)(\pi h/(2a))]}{(2n-1)\pi} + \frac{g}{h\omega_n^2}\right\}\frac{\Omega^2}{\omega_n^2 - \Omega^2}$$

$$(2\text{-}30)$$

式(2-30)中,g 项表示振荡的液体质量重心的重力矩。将式(2-30)与式(2-27)进行对比可以得出如下结论:力矩可通过式(2-27)中表示振荡质量的项乘以具有长度尺寸的因子得到。

当共振消失时,即使在很小的激励频率范围内,也存在刚体扭矩。对于一个真正的刚体,在水平加速下,质心是没有力矩的。然而,由于缺少作用于箱体顶部的液体压力以及用于平衡抵消罐体底部的压力,这也会产生液体扭矩,但这种刚体的力矩是很小的。

2. 箱体绕 y 轴俯仰运动

假设水箱围绕 y 轴做俯仰运动,壁面上的边界条件仍由式(2-9)给出,对于矩形罐,相应的边界条件可简化为

$$\frac{\partial \Phi}{\partial x} = \alpha_o \Omega z\exp(\mathrm{i}\Omega t), \quad x = \pm a/2$$

$$(2\text{-}31)$$

$$\frac{\partial \Phi}{\partial z} = -\alpha_o \Omega x\exp(\mathrm{i}\Omega t), \quad z = -h/2$$

正如前面所讨论的,没有一种势可以同时满足上述条件,因此这些条件给势函数的表达带来一定的复杂性。事实上,除前面给出的满足罐底速度为零的势形式

外,还需要其他几种基本微分方程的解。例如,如果需要一个可以将 z 项展开为傅里叶级数以满足式(2-31)的第一部分的势,合适的势可表述为

$$\Phi(x,z) = \sum_{n=1}^{\infty} A_n \sin\left[(2n-1)\pi \frac{z}{h}\right] \sinh\left[(2n-1)\pi \frac{x}{h}\right] \tag{2-32}$$

式(2-32)满足式(2-2)的事实可通过直接替换进行验证。然而,由于自由表面的 $\partial\Phi/\partial z$ 涉及变量 x 中的 sinh 项,而目前已采用的其他势中只涉及变量 x 中的 sin 项。这意味着需要一个傅里叶级数展开来满足自由表面、罐体壁面和底部边界条件。代数描述虽然简单,但表述起来却相当混乱,其最终表述为

$$\Phi(x,z,t) = \alpha_0 h^2 \Omega e^{i\Omega t} \left\{ \sum_{n=1}^{\infty} \frac{4(-1)^n}{(2n-1)^3 \pi^3} \left(\frac{\sin[(2n-1)\pi z/h]\sinh[(2n-1)\pi z/h]}{\cosh[(2n-1)\pi a/(2h)]} + \right. \right.$$

$$\left. \frac{(a/h)^2 \sin[(2n-1)\pi x/a]\cosh[(2n-1)\pi(z/a-h/(2a))]}{\sinh[(2n-1)\pi h/a]} \right) +$$

$$\sum_{n=1}^{\infty} \frac{4(a/h)(-1)^n}{(2n-1)^2 \pi^2} \frac{\Omega^2}{\omega_n^2 - \Omega^2} \left(\frac{1}{2} - \frac{2(a/h)\tanh[(2n-1)\pi h/(2a)]}{(2n-1)\pi} + \frac{g}{h\omega_n^2} \right) \times$$

$$\left. \frac{\sin[(2n-1)\pi x/a]\cosh[(2n-1)\pi(z/a+h/(2a))]}{\cosh[(2n-1)\pi h/a]} \right\} \tag{2-33}$$

该表达式中的第一个求和不包含共振分量,因此它表示类似于刚体的液体绕 y 轴的俯仰振动。

如前所述,通过整合壁面和底部的液体压力分布,可得到施加在储罐上的力在 x 方向的分量。

$$\frac{F_{x0}}{-i\Omega^2 m_{\text{liq}} h\alpha_0} = \frac{1}{12}\left(\frac{a}{h}\right)^2 + 8\frac{a}{h}\sum_{n=1}^{\infty} \frac{\tanh[(2n-1)\pi h/a]}{(2n-1)^3 \pi^3} \times$$
$$\left(\frac{1}{2} - \frac{\tanh[(2n-1)\pi h/(2a)]}{(2n-1)\pi h/(2a)} + \frac{g}{h\omega_n^2} \right) \frac{\Omega^2}{\omega_n^2 - \Omega^2} \tag{2-34}$$

方程(2-34)表明,当平动振幅 X_0 被 $h\alpha_0$ 替代时,俯仰振动的力与横向振动的扭矩相同[见式(2-30)]。施加在箱体上的扭矩可由式(2-35)计算得出。

$$\frac{M_{y0}}{i\Omega^2 \alpha_0 m_{\text{liq}} h^3} = \frac{I_y}{m_{\text{liq}} h^2} + 16\left(\frac{a}{h}\right)\sum_{n=1}^{\infty} \frac{\tanh[(2n-1)\pi h/a]}{(2n-1)^3 \pi^3}\left(\frac{g}{h\omega_n^2}\right)\left(\frac{1}{2} + \frac{g}{h\omega_n^2} + \frac{\tanh[(2n-1)\pi h/(2a)]}{(2n-1)\pi h/(2a)}\right) +$$

$$8\left(\frac{a}{h}\right)\sum_{n=1}^{\infty} \frac{\tanh[(2n-1)\pi h/a]}{(2n-1)^3 \pi^3}\left(\frac{g}{h\omega_n^2}\right)\left\{\frac{1}{2} + \frac{g}{h\omega_n^2} + \frac{\tanh[(2n-1)(\pi h/(2a))]}{(2n-1)\pi h/(2a)}\right\} \times$$

$$\frac{\Omega^2}{\omega_n^2 - \Omega^2} + \frac{1}{12}\left(\frac{a}{h}\right)^2\left(\frac{g}{h\Omega^2}\right) \tag{2-35}$$

式中,惯性矩 I_y 可由式(2-36)得出:

$$I_y = I_{Sy} \left\{ 1 - \frac{4}{1+(h/a)^2} + \frac{768a/h}{\pi^5 [1+(h/a)^2]} \sum_{n=1}^{\infty} \frac{\tanh[(2n-1)\pi h/(2a)]}{(2n-1)^5} \right\} \quad (2\text{-}36)$$

这里，I_y 表示冻结液体相对于液体质量中心的 y 向转动惯量。为导出式(2-35)，许多项进行了重新组合排列。例如，在上述推导过程中就用到式子 $\frac{1}{12} = 8\sum [\pi(2n-1)]^{-4}$。

3. 箱体绕 z 轴垂直振荡

当箱体绕 z 轴翻转时，垂直摇晃振动将产生一个三维运动，波在 x 方向和 y 方向都被激发。因此，方程(2-18)给出的势的形式需要满足方程(2-10)给出的边界条件的其他势。有关 z 轴的总势和力矩可以通过类似的方法导出，这些方法用于绕 y 轴没有净力的俯仰。为了简化，这里只给出最终结果。

$$\begin{aligned}
\frac{\Phi(x,y,z,t)}{\gamma_0 \Omega b^2} = e^{i\Omega t} &\left\{ \sum_{n=1}^{\infty} \frac{4(-1)^n}{(2n-1)^3 \pi^3} \left(\frac{\sin[(2n-1)\pi y/b]\sinh[(2n-1)\pi x/b]}{\cosh[(2n-1)\pi a/(2b)]} + \right.\right. \\
&\left. \frac{(a/b)^2 \sin[(2n-1)\pi x/a]\sinh[(2n-1)\pi y/a]}{\cosh[(2n-1)\pi b/(2a)]} \right) + \sum_{m=1}^{\infty}\sum_{n=1}^{\infty} (-1)^{m+n} \left(\frac{\Omega^2}{\omega_{mn}^2 - \Omega^2} \right) \times \\
&\frac{16(a/b)[(2n-1)^2 - (a/b)^2(2m-1)^2] \operatorname{sech}[\sqrt{(2n-1)^2+(a/b)^2(2m-1)^2}\,\pi b/a]}{(2n-1)^2(2m-1)^2 \pi^2 [(2n-1)^2+(a/b)^2(2m-1)^2]} \times \\
&\sin[(2n-1)\pi x/a]\sin[(2m-1)\pi y/b] \times \\
&\left. \cosh[\sqrt{(2n-1)^2+(a/b)^2(2m-1)^2}\,(z+h/2)\pi a/b] \right\}
\end{aligned}$$
$$(2\text{-}37)$$

固有频率 ω_{mn} 取决于储罐在 x 和 y 方向的尺寸。

$$\omega_{mn} = \frac{\pi g}{a} \sqrt{A_{mn}} \tanh[A_{mn}(\pi h/a)] \quad (2\text{-}38)$$

式中，$A_{mn} = (2n-1)^2 + \left(\frac{a}{b}\right)^2 (2m-1)^2$。

z 方向扭矩为

$$\begin{aligned}
\frac{M_{zo}}{i\Omega^2 \gamma_0 m_{liq} h^3} = &\left\{ -\frac{a^2+b^2}{12h^2} + \sum_{n=1}^{\infty} \frac{32}{(2n-1)^5 \pi^5} \left(\frac{a^3}{bh^2}\tanh\left[(2n-1)\frac{\pi b}{2a}\right] + \right.\right. \\
&\left. \frac{b^3}{ah^2}\tanh\left[(2n-1)\frac{\pi a}{2b}\right] \right) + \sum_{n=1}^{\infty}\sum_{m=1}^{\infty} \left(\frac{\omega_{mn} h}{g} \right) \frac{64 B_{mn}^2}{\pi^8 A_{mn}^2 (2m-1)^4 (2n-1)^4} \frac{\Omega^2}{\omega_{mn}^2 - \Omega^2} \right\}
\end{aligned}$$
$$(2\text{-}39)$$

式中，$B_{mn} = (2n-1)^2 - \left(\frac{a}{b}\right)^2 (2m-1)^2$。

以上给出了几种不同形式箱体晃动的实例，对于特定的水箱形状和激励形式，给出了速度势的导出过程。对于其他形状的箱体，可以采用相似的方式来分析对应的速度势,但势函数将不再是正弦函数和余弦函数。

2.4　圆柱形罐体

由于圆柱形储罐可以十分整齐且方便地包装整合到航天运载系统中,其在航天工程中获得了广泛应用。纵观国内外各航天大国的飞行任务,圆柱形燃料贮箱应用最多。

1. 势和特征值

圆柱形储罐晃动速度势的求解[6,238]可参考 2.2 节和 2.3 节的分析推导过程。其主要区别在于,之前采用的正弦函数和余弦函数被第一类贝塞尔函数 $J_1(r)$ 取代,因为这是方程(2-2)在柱坐标系中的相关解。典型的特征解与特征值分别为

$$\Phi_{mn}(r,z)=J_1\left(\frac{\lambda_{mn}r}{a}\right)\cos(m\theta)\frac{\cosh[\lambda_{mn}(z/a+h/(2a))]}{\cosh(\lambda_n h/a)}$$

$$\omega_{mn}^2=\frac{\lambda_{mn}g}{a}\tanh\left(\frac{\lambda_{mn}h}{a}\right) \tag{2-40}$$

式中,r 和 θ 分别指径向坐标和角坐标;a 为箱体半径;λ_{mn} 为特征值方程 $dJ_1(\lambda r/a)/dr=0$ 在 $r=a$ 时的根。

2. 反对称模

当式(2-40)中 $m=1$ 时,势在角坐标中变化为 $\cos\theta$,因此波在一半圆周上向上,在另一半圆周上向下,类似于图 2-4 所示的波。当 $m>1$ 时,波形在圆周上有几个上下起伏波动。但是只有在 $m=1$ 模式下,箱体上才会产生净力或扭矩,它们是由箱体的横向或俯仰运动所产生的模态。因此,$m=1$ 模式是最主要的模式。$m=1$ 时 λ_{mn} 值可用 ξ_n 表示,ξ_n 的数值为

$$\xi_1=1.841,\quad \xi_2=5.331,\quad \xi_3=8.536,\cdots,\xi_{n+1}\rightarrow\xi_n+\pi$$

反对称自由表面波的形状与 $J_1(\xi_n r/a)$ 成正比。对于 $n=1$,它类似于图 2-4 所示的基本正弦波。当 $n>1$ 时,液面形状类似于相应的高阶正弦波;然而,随着 n 的增加,波峰和波谷越来越集中在储罐侧壁附近[239,240]。

3. 力与扭矩

与上面讨论的矩形水箱一样,可以根据速度势计算出各种储罐在外部激励下的力和扭矩。当采用等效力学模型时,相应的计算求解将变得更加简单。

2.5　环形扇形圆筒形罐体

环形罐的扇形部分是最常见的圆柱形罐的一种,所有其他类型的圆柱形罐都是其特殊形式[238]。图 2-6 展示了该常见储罐形状的横截面。扇形的宽度可根据

扇形的角度占一个完整圆的比例分数 α 确定。环形空间的半径由 b 表示,储罐的半径由 a 表示。圆柱形坐标系三个维度的坐标分别为 r、θ 与 z。

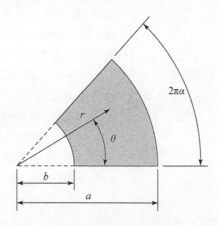

图 2-6　环形扇形罐截面

对于该箱体结构,方程(2-2)的本征解同样涉及贝塞尔函数[238]。由于所研究区域不是一个完整的圆,需要分数阶贝塞尔函数。另外,由于液体区域可能不会一直延伸到 $r=0$,还需要第二类贝塞尔函数 $Y(r)$ 来满足 $r=b$ 和 $r=a$ 处的边界条件。速度势本征解由式(2-41a)给出。

$$\Phi_{mn}(r,\theta,z)=\cos\left(\frac{m\theta}{2\alpha}\right)\frac{\cosh[\lambda_{mn}(z/a+h/(2a))]}{\cosh(\lambda_{mn}r/a)}\chi(\lambda_{mn}r/a) \qquad (2\text{-}41a)$$

式(2-41a)中的 χ 函数可根据贝塞尔函数来定义:

$$\chi(\lambda_{mn}r/a)=J_{m/(2\alpha)}(\lambda_{mn}r/a)Y'_{m/(2\alpha)}\lambda_{mn}-J'_{m/(2\alpha)}\lambda_{mn}Y_{m/(2\alpha)}(\lambda_{mn}h/a) \qquad (2\text{-}41b)$$

其中,素数表示关于 r 的微分。方程(2-41a)的根为特征值 λ_{mn}。对方程(2-41a)求导得

$$J'_{m/(2\alpha)}(\lambda)Y'_{m/(2\alpha)}(\lambda b/a)-J'_{m/(2\alpha)}(\lambda b/a)Y'_{m/(2\alpha)}(\lambda)=0 \qquad (2\text{-}41c)$$

当 $\partial\Phi/\partial r$ 同时满足在 $r=b$ 和 $r=a$ 处的边界条件时,即可推导得出上述表达式。

相应地,固有频率为

$$\omega_{mn}^2=(g\lambda_{mn}/a)\tanh(\lambda_{mn}r/a) \qquad (2\text{-}41d)$$

对于四分之一扇形罐($\alpha=0.5$,$b=0$),前几个根为:$\lambda_{00}=3.832$,$\lambda_{01}=7.016$,$\lambda_{02}=10.173$,$\lambda_{10}=3.054$,$\lambda_{11}=6.706$,$\lambda_{12}=9.969$。

1. 晃动模式

对于扇形储罐(图 2-6 中的 $\alpha<1$,$b=0$),晃动模式可由箱体的横向、俯仰和横

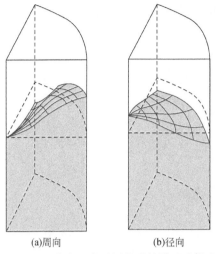

(a)周向　　　　　　　　(b)径向

图 2-7　四分之一扇形圆柱形储罐晃动模式

摇运动产生。图 2-7 展示了两种常见的重要模态,一种具有与半径平行对齐的上下运动,另一种表现为在圆周方向的上下运动。振型最低的固有频率取决于箱体的径向或周向范围是否较大。

对于环形罐(即 $\alpha=1,b>0$),其反对称模式类似于圆柱形储罐中的反对称模式,靠近罐体旋转轴处的波的中间部分存在缺失。可以通过箱体的平移或俯仰来激发这些模式,它们在箱体上产生净力或扭矩。由于环形贮箱是轴对称的,有关箱体晃动可以采用相应的晃动程序代码来计算。

2. 力与扭矩

由于力和力矩的解析表达式相当复杂,对于扇形罐,可以使用有限元计算机代码来计算。对于环形罐,可以用晃动程序来计算并导出等效力学模型的参数,该晃动程序是基于线性有限元分析整理出来的。部分数学描述简述如下。

Everstine[241]在标量场问题的结构类比研究中指出,通过选择合适的弹性常数,由传统有限元结构代码求解的弹性方程适用于包括晃动在内的其他数学物理经典问题。

弹性方程的 x 分量可表示为

$$\frac{\lambda+2\mu}{\mu}\frac{\partial^2 u}{\partial x^2}+\frac{\partial^2 u}{\partial y^2}+\frac{\partial^2 u}{\partial z^2}+\frac{\lambda+\mu}{\mu}\left(\frac{\partial^2 v}{\partial x\partial y}+\frac{\partial^2 w}{\partial x\partial z}\right)+\frac{1}{\mu}F_x=\frac{\rho}{\mu}\frac{\partial^2 u}{\partial t^2} \qquad (2\text{-}42)$$

式中,u、v、w 为 x、y、z 坐标方向上的速度;λ 和 μ 为拉梅弹性常数;F_x 为单位体积力在 x 方向的分量;ρ 为流体密度;t 表示时间。晃动速度势 Φ 的控制方程为

$$\frac{\partial^2 \Phi}{\partial x^2}+\frac{\partial^2 \Phi}{\partial y^2}+\frac{\partial^2 \Phi}{\partial z^2}=0 \qquad (2\text{-}43)$$

这里可采用有限元结构代码来对式(2-43)进行求解。具体方法是:①将 u 识别为 Φ;②抑制 v 和 w 位移;③使 λ 等于 $-\mu$;④将 F_x 和 ρ 设置为零。再者,需要选择使弹性模量 E 和泊松比 ν 比较大的 λ 值。

边界条件必须选择类似于晃动边界条件。广义边界条件为

$$a_1\frac{\partial u}{\partial n}+a_2 u+a_3\frac{\partial u}{\partial t}+a_4\frac{\partial^2 u}{\partial t^2}+a_5=0 \qquad (2\text{-}44)$$

由于 $\frac{\partial u}{\partial n}=T/\mu$,这里 T 是作用于表面元件的单位面积力,必须对晃动问题的每

个表面单元施加类似的力。例如，在 $\dfrac{\partial \Phi}{\partial n}=0$ 的固定壁上，需要设置 $T=0$，这意味着 $a_1=0$, $a_2=a_3=a_4=a_5=0$。

在自由表面，势的边界条件为

$$\frac{1}{g}\frac{\partial^2 \Phi}{\partial t^2}+\frac{\partial \Phi}{\partial n}=0 \tag{2-45}$$

这意味着 $a_1=1$, $a_2=a_3=a_5=0$, $a_4=1/g$。对每个自由表面单元施加一个大小为 μ/g 的虚拟质量，即可以满足这一要求。

通过适当选择方程(2-44)中的参数 a 并选取相应的表面力，也可以在有限元结构程序中模拟所有其他类型的晃动边界条件。

2.6　卧式圆筒形罐体

油罐车、洒水车以及部分化工液体储罐使用的箱体基本上都是卧式的，具体如图 2-8 所示。晃动模式可沿圆柱体长轴或横轴产生。最低固有频率常常在沿长轴方向的晃动模式中获得。除非在液体深度 h 很小的情况下，即使 $L>2a$，横向模式也可能产生最低的固有频率。

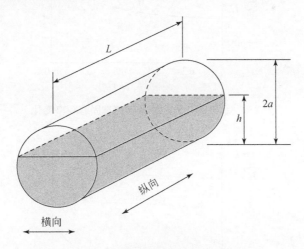

图 2-8　卧式圆筒形罐体示意图

这里需要注意的是，当 $L/(2a)\gg1$ 时，由于驻波在如此长、浅的几何形状中是不稳定的，纵向晃动模式(即驻波)易受行波变换(类似于水力跳跃)的影响。这种不稳定性不是一种非线性现象，行波的特性实际上可以通过线性分析精确地计算出来。为了获得良好的近似值，行波速度定义为，在一个驻波周期内，波前穿过储罐长度所对应的速度。

需要说明的是,作用在罐体两端的力在时间上不是简谐的,而是具有脉冲性的。当波浪撞击壁面时,作用力上升到一个较大的值,之后逐渐降低,在波前被反射回来后作用力几乎为零。由于水平圆柱这一形状不适合任何标准坐标系,无法用先前分析中采用的分离变量法来导出速度势。一般常采用能量最小化原理和变分法来推导横向晃动模式的一些有限结果[90,242]。

1. 固有频率

图 2-9 显示了三个最低频率横向模态无量纲固有频率的变化,图 2-10 显示了纵向振型无量纲固有频率的变化,其是液体深度 $h/(2a)$ 的函数。图中的维度频率 ω_n 以 rad/s 为单位。根据上述理论可计算横向模态固有频率,而很多纵向模态固有频率目前仍没有可用的理论结果,只能通过实验数据拟合出的关联式计算得到。

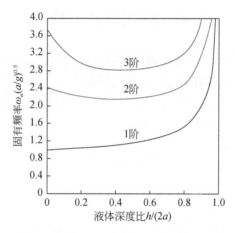

图 2-9　水平圆柱形罐体横向模态固有频率变化

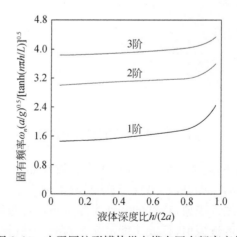

图 2-10　水平圆柱形罐体纵向模态固有频率变化

2. 近似方法

如果罐体内部液体深度不是太浅或太满，可采用近似方法来计算相应的晃动特性。水平圆柱形罐由矩形罐代替，矩形罐的长度 $2b_r = L$，宽度 $2a_r$ 等于实际自由表面的宽度。为使矩形罐的液体体积与圆柱形罐体积相同，液体深度取 $2h_r$。例如，对于充注率为 50% 的圆柱形储罐，矩形储罐的值为 $a_r = a$ 和 $2h_r = \pi a/4$。根据式 (2-20a) 给出的结果，通过上述替换，第一阶横向模态的固有频率参数约为

$$\omega_1 \sqrt{a/g} = [\pi\tanh(\pi^2/16)]^{0.5} = 1.3 \tag{2-46}$$

该值与图 2-9 中所示的 1.18 在数值上略有差异。

对于这种形状的箱体，其力和力矩可以采用等效力学模型来计算。

2.7　球形罐体

由于球形罐体体积重量比高，该类型储罐经常用于卫星航天器，有时也用作运载火箭燃料储存。有关球罐的固有频率、晃动力与扭矩介绍如下。

图 2-11 展示了前两种反对称模式的固有频率预测值，其中 R_0 是球体半径；h 是从储罐底部测量的液体深度。由于涉及数值方法的使用，20 世纪 60 年代初期，计算机发展具有很大的局限性，研究人员仅针对特定充注水平的球形储罐进行晃动分析预测[243-247]。图 2-11 展示了采用晃动代码预测的球罐固有频率的变化。该晃动代码在预测流体晃动特性时不需要考虑液体充注水平的影响。

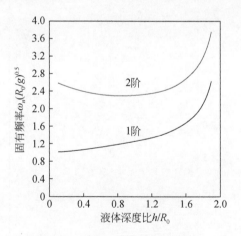

图 2-11　球形罐体固有频率变化

对于高充注率水平，自由表面直径变小，以至于其固有频率变大。对于低充注率水平，自由表面直径也变小，此时应增加 ω_n 值，但较小深度会减小 ω_n 值，这可以从式 (2-19a) 得出。结果表明，当储罐液位接近零时，固有频率趋于非零值。

　　有关的计算力学模型参数可通过晃动程序计算获得,进而可计算相应的力和力矩。需要注意的是,球罐的角振动不会激发出理想的流体晃动。这是因为球罐的运动与罐壁液体界面是相切的,以至于球罐只能在液体周围"滑动"。

2.8　椭球形罐体

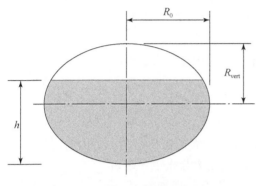

图 2-12　椭球形储罐示意图

椭球形储罐也常在航天任务中用作燃料贮箱,它可以是扁圆形(短轴是对称轴),也可以是长圆形(长轴是对称轴)。图 2-12 给出了扁圆形储罐的几何形状示意图。当沿垂直轴向下看时,水箱的横截面是一个圆。另外,还有其他两种方法可以使球体相对于重力定向。由于其他构型不是轴对称的,此处不予介绍。

　　图 2-13 展示了椭球形罐体晃动固有频率随 h/R_{vert} 的变化。对于扁圆形储罐,$R_{\mathrm{vert}}=R_0/2$;而对于长圆形储罐,$R_{\mathrm{vert}}=2R_0$,具体详见文献[247]和[248]。

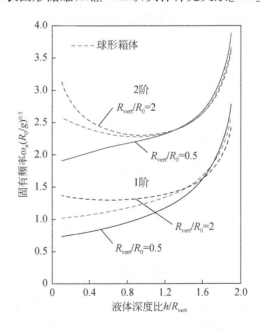

图 2-13　椭球形罐体固有频率随 h/R_{vert} 的变化

为便于比较,图 2-13 也给出了有关球形罐体的计算结果。与球形罐体固有频率相比,椭球形罐体固有频率随液体深度比具有相似的变化曲线。另外,当储罐充注率超过 50％时,椭球体和球体的固有频率几乎相等。

有关流体晃动对椭球形储罐的力和力矩可采用等效力学模型来计算。

2.9　环　形　罐　体

由于环形罐体可以安装在发动机或其他箱体的周围,其也常建议用在部分运载火箭和航天器中。在一些沸水核反应堆中,环形水箱被用作抑制池,以冷凝在失水事故中释放的蒸汽。最初,只有部分经验数据或近似分析用于环形罐中流体晃动预测[242,249]。目前,已开发出较为完善的计算方法对超环面罐体的晃动特性进行准确预测。

1. 固有频率

图 2-14 展示了环形罐体结构,并给出了描述其几何结构的两个半径 R_o 和 R_i 的定义,该图还示意性地说明了两种最低频率晃动模式的形式。在最低频率模式下,储罐一半液体(图 2-14(b)中的右侧)向上移动,另一半液体向下移动,两者交替变换。对于第二个最低频率模式,在箱体的两半部分中液体运动是相似的。这两种振型都围绕油箱圆周以 $\cos\theta$ 的形式变化,并由此产生净力和扭矩。对于某些半径比,第二种晃动模式会产生更大的力,这两种模式之间有相互作用的趋势。

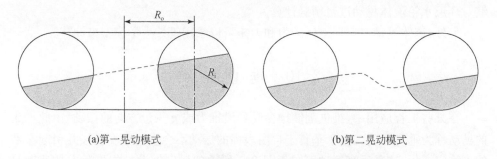

(a)第一晃动模式　　　　　　　　　　　　　　　　(b)第二晃动模式

图 2-14　环形罐体第一和第二晃动模式示意图

当罐体朝向侧面时,也有其他模式可以使 R_o 轴垂直。这些模式也能够产生净力和扭矩。由于这种结构的箱体往往不是轴对称型的,实际应用中较少使用。图 2-15 展示了图 2-14 所示的两种振型无量纲固有频率的变化。可以看出,固有频率是液体深度比 h/R_i 的函数。一般情况下,固有频率随液体深度的减小而减小。在小半径 R_i 不变的情况下,大半径 R_o 的增大也会导致固有频率的降低。

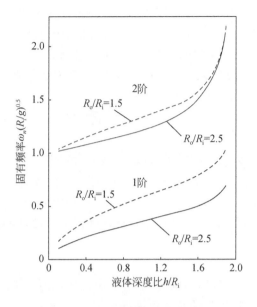

图 2-15　环形储罐固有频率变化

2. 近似方法

为近似计算，可以使用前面介绍的结果将环形罐体近似为环形圆柱形贮箱来研究相应的流体晃动特性。选择到自由表面内外边缘的距离为环形罐的内外半径，同时选择液体深度以复制实际液体体积。相比于这种近似方法，计算机程序能够对环形水箱流体晃动进行精确计算。

另外，流体晃动对环形罐体的力和力矩可以采用等效力学模型来计算。

2.10　垂直晃动

在某些工程应用中，推进剂储罐会受到沿推力或 g 矢量方向的振动，由此产生的晃动称为垂直晃动。由于垂直于自由表面的振动不会直接激发波浪并引起参数的不稳定变化，这种垂直振动不同于图 2-1 所示的横向振动。如果激振加速度足够大，超过推力加速度，水面将抛出水滴和水花，水滴落回并撞击自由表面时，也会通过复杂的相互作用形成流体晃动[250,251]。

此外，液体中夹带着小气泡，垂直振动会使气泡合并成一个或多个大气泡，大气泡会降低液体中的有效声速，使液体发生极大的声学或共振运动[246]。

垂直激励相当于时变轴向推力加速度，因此对于稳定的轴向加速度，方程（2-5）可修改为

$$\frac{\partial \varphi}{\partial z} + (g - X_o \omega^2 \cos(\omega t))\delta = 0 \tag{2-47}$$

式中，X_o 为垂直振动的振幅；ω 为频率。与之前的处理相似，速度势被假定为一系列正常的晃动模式，积分常数用 $A_m(t)$ 表示。如前所述，积分常数必须选择能够满足以下具有非常数系数的微分方程：

$$\frac{\partial^2 A_m}{\partial t^2} + \xi_m(h) \mid g - X_o \omega^2 \cos(\omega t) \mid A_m = 0 \tag{2-48}$$

式中，$\xi_m(h)$ 取决于储罐形状。方程（2-48）是 Mathieu 方程的一种表达形式，它具有稳定（$A_m = 0$）或不稳定解（$A_m > 0$），这主要取决于 X_o 和 ω 的数值。上述解是通过假设 A_m 的谐波级数来计算的，从 $\omega/2$ 开始，随着 $\omega/2$ 的增加而持续[252-254]。

　　结果表明，当激振频率接近基本轴对称模态固有频率的 2 倍时，最容易产生流体晃动，即 1/2 亚谐响应。模态的振幅取决于阻尼，除非 X_o 足够大，否则不会产生运动[251]。计算解还表明，当激励接近谐波响应，或接近 3/2 超谐响应的 2/3，或接近 2 超谐响应的 1/2 时，都会产生流体晃动。由于黏性阻尼的存在，真实液体的激振振幅必须很大，才能为这些振型产生明显的大幅晃动[255]。

2.11　本 章 小 结

　　对于不同形状的液体储罐，对应的流体晃动数学描述不完全相同。目前已有大量的关于横向晃动的实验研究和理论分析。当燃料储罐激励频率与晃动固有频率不完全一致时，相应的实验结果已基本验证了流体晃动理论。而当激励频率与固有频率一致时，晃动波幅可以通过阻尼效应或非线性效应来进行设置。在实际应用中，即使在共振条件下，线性理论仍然适用。本章只针对简单流体晃动进行了基本数学描述，有关流体晃动阻尼效应、水平晃动的非线性描述、流体晃动非线性等效机械模型等内容可参考相关文献。

第3章 流体晃动数值模型构建与验证

计算流体力学(CFD)是借助计算机对不同物理过程进行数值模拟,用于分析流体流动和传热等物理现象的一项技术。CFD 技术可以对不同复杂过程进行模拟预测,利用计算机分析并显示流场中的物理现象与过程,以方便指导实验测试,并为工程设计提供参考与指导。CFD 技术的基本原理是数值求解控制流体流动的微分方程。相较于实验研究,CFD 技术具有计算成本低、运算速度快、资料完备且应用范围广等优点。随着部分实验开展难度的增加、实验周期的增长、实验台搭建成本的提高,数值模拟手段越来越多地用于不同流体流动传热问题的仿真模拟。

3.1 控 制 方 程

一般地,数值模拟计算控制方程需要同时满足质量守恒、动量守恒与能量守恒等基本定律,三种守恒方程表述分别如下。

质量守恒方程为

$$\frac{\partial \rho}{\partial t} + \nabla \cdot (\rho \boldsymbol{v}) = S_m \tag{3-1}$$

该方程是质量守恒方程的一般形式,其对于不可压缩和可压缩流都是适用的。

动量守恒方程为

$$\frac{\partial}{\partial t}(\rho \boldsymbol{v}) + \nabla \cdot (\rho \boldsymbol{v} \boldsymbol{v}) = -\nabla p + \nabla \cdot \boldsymbol{\tau} + \rho \boldsymbol{g} + \boldsymbol{F} \tag{3-2}$$

$$\boldsymbol{\tau} = \mu \left[(\nabla \boldsymbol{v} + \nabla \boldsymbol{v}^{\mathrm{T}}) - \frac{2}{3} \nabla \cdot \boldsymbol{v} \boldsymbol{I} \right] \tag{3-3}$$

式中,p 为静压,Pa;$\boldsymbol{\tau}$ 为应力张量;$\rho \boldsymbol{g}$ 为重力项;$\boldsymbol{F}$ 为体积力项,也可以作为其他数值模拟过程中的源项;μ 为动力黏度;$\boldsymbol{I}$ 为单位张量;$\frac{2}{3} \nabla \cdot \boldsymbol{v} \boldsymbol{I}$ 是体积膨胀的影响。

能量守恒方程为

$$\frac{\partial}{\partial t}(\rho E) + \nabla (\boldsymbol{v}(\rho E + p)) = \nabla \cdot \left(k_{\mathrm{eff}} \nabla T - \sum_j h_j \boldsymbol{J}_j + (\boldsymbol{\tau}_{\mathrm{eff}} \cdot \boldsymbol{v}) \right) + S_h \tag{3-4}$$

式中,ρ 为密度,kg/m³;$\boldsymbol{v}$ 为速度,m/s;p 为压力,Pa;E 为能量;S_h 为能量源项;k_{eff} 为有效导热系数;$\boldsymbol{J}_j$ 为 j 的扩散通量。式(3-4)右边前三项分别代表由传导、扩散和黏滞耗散导致的能量转移。

3.2　湍流模型

用于预测流体晃动与传热的湍流模型主要包括 k-ε 模型与 k-ω 模型。其中,k-ε 模型又分为标准(standard)k-ε 模型,可实现的(realizable)k-ε 模型和重正化群(renormalization group,RNG)k-ε 模型;而常用的 k-ω 模型主要包括标准 k-ω 模型与剪切应力输运(shear-stress transport,SST)k-ω 模型。下面分别对相关湍流模型进行简要介绍。

3.2.1　湍流 k-ε 模型

标准 k-ε 模型是两方程模型,它是最简单的完整湍流模型。在被 Launder 和 Spalding[256] 提出之后,标准 k-ε 模型就成为工程流场计算最主要的工具。该模型基于半经验公式,是从实验现象中总结出来的,它忽略了分子黏性的影响,假设流动为完全湍流,以至于该模型只适合完全湍流的流动过程模拟。和标准 k-ε 模型相似,RNG k-ε 模型来源于严格的统计技术,它做了如下改进:RNG 模型通过在 ε 方程中增加一个附加项 R_ε,有效改善了计算求解精度;RNG 模型中考虑了湍流旋涡的影响,提高了在该方面的预测精度;RNG 理论为湍流普朗特数提供了一个解析公式,而标准 k-ε 模型使用的是用户提供的常数;标准 k-ε 模型是一种高雷诺数模型,RNG 理论提供了一个考虑低雷诺数流动黏性的解析公式,这些公式的作用取决于近壁区域能否正确合理地处理。以上特点使 RNG k-ε 模型比标准 k-ε 模型在广泛的流动换热求解中具有更高的可信度和精度。可实现的 k-ε 模型是近些年提出的,它与标准 k-ε 模型主要有以下两个不同点:一是可实现的 k-ε 模型为湍流黏性增加了一个公式;二是该模型为耗散率增加了新的传输方程,这个方程来源于一个为层流速度波动而做的精确方程。"可实现的"意味着模型要确保在雷诺应力中有数学约束,保证湍流的连续性。可实现的 k-ε 模型对于平板和圆柱射流的发散比率具有更精确的预测精度,同时对于旋转流动、强逆压梯度的边界层流动、流动分离和二次流有很好的预测表现。与标准 k-ε 模型相比,可实现的 k-ε 模型和 RNG k-ε 模型在强流线弯曲、旋涡和旋转预测时都显现出较好的预测能力。由于带旋流修正的可实现的 k-ε 模型是新提出的数值模型,目前还没有确凿的证据表明它比 RNG k-ε 模型具有更好的表现。然而,最初的研究表明,在流动分离和复杂二次流预测时,可实现的 k-ε 模型在所有 k-ε 模型中预测精度最高,该模型适合的流动类型比较广泛,包括有旋均匀剪切流、自由流(射流和混合层)、腔道流动和边界层流动等[257]。在对以上流动过程进行模拟时,可实现的 k-ε 模型可以获得比标准 k-ε 模型更好的预测结果,特别是对圆口射流和平板射流模拟中,它能给出较好的射流扩张。可实现的 k-ε 模型的一个不足之处是在计算旋转和静态流动区域时不能提供自然的湍流黏度,这是因为它在定义湍流黏度时考虑了平均旋度的影响。这种额外的旋转影响已经在单一旋转参考系中得到证实,而且表现要优于标准 k-ε 模型。下面对这三种 k-ε 模型做详细介绍。

1. 标准 k-ε 模型

标准 k-ε 模型是基于湍流动能(k)和湍流耗散率(ε)的输运方程模型。输运方程中 k 是由精确方程推导出来的,ε 则是通过物理推导得到的。

在模型推导过程中,假设流体流动为完全湍流状态,并忽略分子黏度的影响。因此,标准 k-ε 模型仅适用于完全湍流。

湍流动能 k 及其耗散率 ε 由以下输运方程得到:

$$\frac{\partial}{\partial t}(\rho k)+\frac{\partial}{\partial x_i}(\rho k u_i)=\frac{\partial}{\partial x_j}\left[\left(\mu+\frac{\mu_t}{\sigma_k}\right)\frac{\partial k}{\partial x_j}\right]+G_k+G_b-\rho\varepsilon-Y_M+S_k \quad (3\text{-}5)$$

$$\frac{\partial}{\partial t}(\rho\varepsilon)+\frac{\partial}{\partial x_i}(\rho\varepsilon u_i)=\frac{\partial}{\partial x_j}\left[\left(\mu+\frac{\mu_t}{\sigma_\varepsilon}\right)\frac{\partial\varepsilon}{\partial x_j}\right]+C_{1\varepsilon}\frac{\varepsilon}{k}(G_k+C_{3\varepsilon}G_b)-C_{2\varepsilon}\rho\frac{\varepsilon^2}{k}+S_\varepsilon$$

$$(3\text{-}6)$$

式中,G_k 表示由平均速度梯度引起的湍流动能;G_b 表示由浮力产生的湍动能;Y_M 代表在可压缩湍流耗散率中脉动膨胀的贡献;$C_{1\varepsilon}$、$C_{2\varepsilon}$ 与 $C_{3\varepsilon}$ 为常数,其值分别为 $C_{1\varepsilon}=1.44$,$C_{2\varepsilon}=1.92$,$C_{3\varepsilon}=1.0$;σ_k 与 σ_ε 分别为 k 和 ε 对应的湍流普朗特数,$\sigma_k=1.0$,$\sigma_\varepsilon=1.3$;S_k 与 S_ε 为用户定义的源项。

湍流黏度 μ_t 通过结合 k 和 ε 按照式(3-7)计算得到。

$$\mu_t=\rho C_\mu\frac{k^2}{\varepsilon} \quad (3\text{-}7)$$

式中,C_μ 为常数,其值为 0.09。这些默认值是由基本湍流实验确定得到的。

2. 可实现的 k-ε 模型

与标准 k-ε 模型不同,可实现的 k-ε 模型包含了湍流黏度的替代公式以及从均值-平方涡量波动的精确方程中推导出耗散率 ε 的修正输运方程。可实现意味着该模型满足雷诺应力的某些数学约束,符合湍流流动的基本物理规律,而标准 k-ε 模型与 RNG k-ε 模型均不能满足上述约束[257]。

要理解与可实现的 k-ε 模型有关的数学原理,可以将布西内斯克(Boussinesq)关系和涡流黏度定义结合起来,得到在不可压缩压力平均流中雷诺应力的表达式:

$$\bar{u}^2=\frac{2}{3}k-2\nu_t\frac{\partial U}{\partial x} \quad (3\text{-}8)$$

$$\mu_t=\rho C_\mu\frac{k^2}{\varepsilon} \quad (3\text{-}9)$$

$$\nu_t=\mu_t/\rho \quad (3\text{-}10)$$

$\bar{u}^2$ 是一个正值,一般地,其满足下式

$$\frac{k}{\varepsilon}\frac{\partial U}{\partial x} > \frac{1}{3C_\mu} \approx 3.7 \tag{3-11}$$

可实现的 k-ε 模型和 RNG k-ε 模型都显示了对标准 k-ε 模型的实质性改进，包括湍流特性大流线曲率、旋涡以及旋转等方面。然而，可实现的 k-ε 模型对哪些物理过程进行预测时会表现出较高的预测精度仍不可知。但最初研究结果表明，在所有 k-ε 模型版本中，可实现的 k-ε 模型表现出最佳的预测性能。

为解决传统模型中耗散率的缺陷问题，Shih 和 Hsu[258] 提出了可实现的 k-ε 模型。可实现的 k-ε 模型的输运方程如下。

$$\frac{\partial}{\partial t}(\rho k) + \frac{\partial}{\partial x_j}(\rho k u_j) = \frac{\partial}{\partial x_j}\left[\left(\mu + \frac{\mu_t}{\sigma_k}\right)\frac{\partial k}{\partial x_j}\right] + G_k + G_b - \rho\varepsilon - Y_M + S_k \tag{3-12}$$

$$\frac{\partial}{\partial t}(\rho\varepsilon) + \frac{\partial}{\partial x_j}(\rho\varepsilon u_j) = \frac{\partial}{\partial x_j}\left[\left(\mu + \frac{\mu_t}{\sigma_\varepsilon}\right)\frac{\partial\varepsilon}{\partial x_j}\right] + \rho C_1 S\varepsilon - \rho C_2 \frac{\varepsilon^2}{k + \sqrt{\nu\varepsilon}} + C_{1\varepsilon}\frac{\varepsilon}{k}C_{3\varepsilon}G_b + S_\varepsilon \tag{3-13}$$

$$C_1 = \max\left[0.43, \frac{\eta}{\eta+5}\right], \quad \eta = S\frac{k}{\varepsilon}, \quad S = \sqrt{2S_{ij}S_{ij}} \tag{3-14}$$

式中各模型常数分别为 $C_2 = 1.9, C_{1\varepsilon} = 1.44, C_{3\varepsilon} = 1.0, \sigma_k = 1.0, \sigma_\varepsilon = 1.2$。

可实现的 k-ε 模型已经被验证可适用于旋转均匀剪切流、射流和混合层的自由流、通道和边界层流动、分离流等诸多流体流动过程。在所有上述情况中，可实现的 k-ε 模型的预测性能明显优于标准 k-ε 模型。特别值得注意的是，可实现的 k-ε 模型还可以用于预测轴对称喷气机和平面喷气机的传播速度。

与其他 k-ε 模型一样，

$$\mu_t = \rho C_\mu \frac{k^2}{\varepsilon} \tag{3-15}$$

这里 C_μ 不再是常数，而是按如下公式计算：

$$C_\mu = \frac{1}{A_0 + A_s \dfrac{kU^*}{\varepsilon}} \tag{3-16}$$

式中，$A_0 = 4.04$；$A_s = \sqrt{6}\cos\varphi$；

$$U^* = \sqrt{S_{ij}S_{ij} + \widetilde{\Omega}_{ij}\widetilde{\Omega}_{ij}} \tag{3-17}$$

$$\widetilde{\Omega}_{ij} = \Omega_{ij} - 2\varepsilon_{ijk}\omega_k, \quad \Omega_{ij} = \bar{\Omega}_{ij} - \varepsilon_{ijk}\omega_k \tag{3-18}$$

其中，$\bar{\Omega}_{ij}$ 指平均旋转张量，它是在运动参考系中以角速度 ω_k 观测得到的；

$$\varphi = \frac{1}{3}\arccos(\sqrt{6}W), \quad W = \frac{S_{ij}S_{jk}S_{ki}}{\widetilde{S}^3}, \quad \widetilde{S} = \sqrt{S_{ij}S_{ij}}, \quad S_{ij} = \frac{1}{2}\left(\frac{\partial u_i}{\partial x_i} + \frac{\partial u_i}{\partial x_j}\right)$$

$$\tag{3-19}$$

3. RNG k-ε 模型

RNG k-ε 模型与标准 k-ε 模型相似,但该模型也做了相应改进,主要包括如下几方面:RNG k-ε 模型控制方程中有一个附加项,该附加项提高了模型计算快速应变流的精确度;RNG k-ε 模型中考虑了涡流对湍流的影响,这在一定程度上提高了对旋流流动计算的精度;RNG 理论还为湍流普朗特数提供了一个解析公式,这与标准 k-ε 模型采用用户指定的常量值是不同的。以上这些特性使得 RNG k-ε 模型在预测流体流动时变得更加精确可靠。

RNG k-ε 模型与标准 k-ε 模型具有相似的表述形式。

$$\frac{\partial}{\partial t}(\rho k)+\frac{\partial}{\partial x_i}(\rho k u_i)=\frac{\partial}{\partial x_j}\left[\alpha_k \mu_{\mathrm{eff}}\frac{\partial k}{\partial x_j}\right]+G_k+G_b-\rho\varepsilon-Y_M+S_k \tag{3-20}$$

$$\frac{\partial}{\partial t}(\rho\varepsilon)+\frac{\partial}{\partial x_i}(\rho\varepsilon u_i)=\frac{\partial}{\partial x_j}\left(\alpha_\varepsilon \mu_{\mathrm{eff}}\frac{\partial\varepsilon}{\partial x_j}\right)+C_{1\varepsilon}\frac{\varepsilon}{k}(G_k+C_{3\varepsilon}G_b)-C_{2\varepsilon}\rho\frac{\varepsilon^2}{k}-R_\varepsilon+S_\varepsilon \tag{3-21}$$

湍流黏度的微分方程为

$$\mathrm{d}\left(\frac{\rho^2 k}{\sqrt{\varepsilon\mu}}\right)=1.72\frac{\hat{\nu}}{\sqrt{\hat{\nu}^3-1+C_\nu}}\mathrm{d}\hat{\nu} \tag{3-22}$$

$$\hat{\nu}=\frac{\mu_{\mathrm{eff}}}{\mu} \tag{3-23}$$

$$C_\nu\approx100 \tag{3-24}$$

对上述式子进行积分可得到有效湍流输运随有效雷诺数(或涡流尺度)变化的精确描述,该模型可较好地处理低雷诺数和近壁流动问题。

在高雷诺数下,有

$$\mu_t=\rho C_\mu\frac{k^2}{\varepsilon} \tag{3-25}$$

$C_\mu=0.0845$,可对 RNG k-ε 模型进行数学推导得出。

$$\left|\frac{\alpha-1.3929}{\alpha_0-1.3929}\right|^{0.6321}\left|\frac{\alpha+2.3929}{\alpha_0+2.3929}\right|^{0.3679}=\frac{\mu_{\mathrm{mol}}}{\mu_{\mathrm{eff}}},\quad \alpha_0=1.0 \tag{3-26}$$

RNG k-ε 模型和标准 k-ε 模型之间的主要区别在于 ε 方程中的附加项,即

$$R_\varepsilon=\frac{C_\mu\rho\eta^3(1-\eta/\eta_0)}{1+\beta\eta^3}\frac{\varepsilon^2}{k} \tag{3-27}$$

其中,$\eta\equiv Sk/\varepsilon$,$\eta_0=4.38$,$\beta=0.012$。模型常数为 $C_{1\varepsilon}=1.42$,$C_{2\varepsilon}=1.68$。

3.2.2 湍流 k-ω 模型

标准 k-ω 模型与 SST k-ω 模型具有相似的 k 与 ω 传输方程。两者的主要区别在于:SST k-ω 模型既继承了标准 k-ω 湍流模型在近壁面区域的计算优势,又有效综合了标准 k-ω 模型在边界层、尾迹区及远场计算的优点,可用于对多种来流进行

较为准确的仿真预测。另外,该模型修正的湍流黏性方程考虑了湍流剪切应力的传输效应。

有关湍流黏度、模型常数与部分参数的传输方程分别在各自模型中给出。由 Wilcox[259] 提出的低雷诺数 k-ω 修正模型已经用于流体流动传热过程预测。需要指出的是,任意 k-ω 模型均可以从黏性底层进行积分。相关参数主要是用于获得湍动能的峰值,以便观察近壁面直接数值模拟(direct mumerical simulation,DNS)数据。同时,这些参数均影响湍流瞬态过程。低雷诺数项可以推迟湍流边界层出现的时间,因此会形成一个简单的层流-湍流转化模型。k-ω 模型中一般不建议采用低雷诺数项,而建议采用更先进的、广泛验证的模型来预测层流-湍流过渡转变。

1. 标准 k-ω 模型

基于 Wilcox k-ω 模型,标准 k-ω 模型有效整合并修正了低雷诺数效应、压缩性与剪切流传输效应等,并克服了 Wilcox k-ω 模型对自由流区域求解 k 方程与 ω 方程的敏感性。新的 k-ω 模型对求解自由剪切流方程具有显著的改善效果。

标准 k-ω 模型是基于 k 方程与 ω 方程的经验模型,该模型中生成项已分别加入到 k 方程与 ω 方程,提高了模型预测剪切流的准确性。

对于标准 k-ω 模型,其湍动能 k 方程与耗散率 ω 方程可由以下传输方程获得:

$$\frac{\partial}{\partial t}(\rho k)+\frac{\partial}{\partial x_i}(\rho k u_i)=\frac{\partial}{\partial x_j}\left(\Gamma_k\frac{\partial k}{\partial x_j}\right)+G_k-Y_k+S_k \tag{3-28}$$

$$\frac{\partial}{\partial t}(\rho\omega)+\frac{\partial}{\partial x_i}(\rho\omega u_i)=\frac{\partial}{\partial x_j}\left(\Gamma_\omega\frac{\partial \omega}{\partial x_j}\right)+G_\omega-Y_\omega+S_\omega \tag{3-29}$$

式中,G_k 表示由平均速度梯度引起的湍流动能;G_ω 表示 ω 生成项;Γ_k 与 Γ_ω 分别代表 k 与 ω 的有效扩散;Y_k 与 Y_ω 分别代表由湍流引起的耗散;S_k 与 S_ω 为自定义源项。

$$\Gamma_k=\mu+\frac{\mu_t}{\sigma_k}$$
$$\Gamma_\omega=\mu+\frac{\mu_t}{\sigma_\omega} \tag{3-30}$$

$$\mu_t=\alpha^*\frac{\rho k}{\omega} \tag{3-31}$$

这里,σ_k 与 σ_ω 分别为 k 与 ω 对应的普朗特数;α^* 为低雷诺数修正值。

$$\alpha^*=\alpha_\infty^*\left(\frac{\alpha_0^*+Re_t/R_k}{1+Re_t/R_k}\right) \tag{3-32}$$

$$Re_t=\frac{\rho k}{\mu\omega},R_k=6,\alpha_0^*=\frac{\beta_i}{3},\beta_i=0.072 \tag{3-33}$$

需要指出的是,对于高雷诺数 k-ω 模型,$\alpha^*=\alpha_\infty^*=1$。

2. SST k-ω 模型

以 Johnson-King 模型中模拟逆压梯度流动作为基础,Menter[260] 根据 Bradshaw 假设发展出 SST k-ω 模型。与 k-ε 模型相似,k-ω 模型也引入两个参数, 其中 ω 代表涡量脉动值平方的时均值。与标准 k-ω 模型相比,SST k-ω 模型中增 加了横向耗散导数项,同时在湍流黏性系数的定义中考虑了湍流剪切应力的输运过 程,因而模型的适用范围更广,可以用于带逆压梯度流动、剪切混合流动和跨音 速激波的计算[261-263]。该模型对应的输运方程为

$$\frac{\partial}{\partial t}(\rho k) + \frac{\partial}{\partial x_i}(\rho k u_i) = \frac{\partial}{\partial x_j}\left(\Gamma_k \frac{\partial k}{\partial x_j}\right) + \widetilde{G}_k - Y_k + S_k \tag{3-34}$$

$$\frac{\partial}{\partial t}(\rho \omega) + \frac{\partial}{\partial x_j}(\rho \omega u_j) = \frac{\partial}{\partial x_j}\left(\Gamma_\omega \frac{\partial \omega}{\partial x_j}\right) + G_\omega - Y_\omega + D_\omega + S_\omega \tag{3-35}$$

式中,$\widetilde{G}_k$ 为湍流动能项,与标准 k-ε 模型中 G_k 具有相同的表述;D_ω 为横向扩散 项,$D_\omega = 2(1-F_1)\rho \dfrac{1}{\omega \sigma_{\omega,2}} \dfrac{\partial k}{\partial x_j} \dfrac{\partial \omega}{\partial x_j}$,具体详见相关 Fluent 帮助文件。该模型中几个 经典系数的取值分别为:$\sigma_{k,1} = 1.176, \sigma_{\omega,1} = 2.0, \sigma_{k,2} = 1.0, \sigma_{\omega,2} = 1.168$。

3.3 VOF 模型

对于具有明显气液界面分布的工况,模拟中常采用 VOF 法[169,264] 对自由界面 变化进行仿真预测。VOF 模型可用于对气液两相流相对运动进行瞬态跟踪与捕 捉,具有较高的计算精度。

对于不同的相,连续性方程有以下表达形式:

$$\frac{1}{\rho_q}\left[\frac{\partial}{\partial t}(\alpha_q \rho_q) + \nabla \cdot (\alpha_q \rho_q \boldsymbol{u}_q)\right] = \frac{1}{\rho_q}\left[S_{\alpha q} + \sum_{p=1}^{n}(\dot{m}_{pq} - \dot{m}_{qp})\right] \tag{3-36}$$

式中,$\dot{m}_{qp}$ 为相位 q 到相位 p 的传质率;$\dot{m}_{pq}$ 为相位 p 到相位 q 的传质率。

主相体积分数满足如下约束条件:

$$\sum_{q=1}^{n}\alpha_q = 1 \tag{3-37}$$

在时间上,通常采用隐式或者显式算法对流体体积分数方程进行计算求解。 本节将采用显式算法对体积分数进行离散化。

$$\frac{\alpha_q^{n+1}\rho_q^{n+1} - \alpha_q^n \rho_q^n}{\Delta t}V + \sum_f (\rho_q U_f^n \alpha_{q,f}^n) = \left[\sum_{p=1}^{n}(\dot{m}_{pq} - \dot{m}_{qp}) + S_{\alpha_q}\right]V \tag{3-38}$$

式中,$n+1$ 与 n 分别表示当前时间步与上一时间步的索引;$\alpha_{q,f}$ 为 q^{th} 面上的体积分 数;V 为单元的体积;U_f 为通过 q^{th} 面上的体积通量。

VOF 模型中,式(3-4)中的能量项 E 通过质量平均计算获得,即

$$E = \frac{\sum_{q=1}^{n} \alpha_q \rho_q E_q}{\sum_{q=1}^{n} \alpha_q \rho_q} \tag{3-39}$$

式中，E_q 为单个相的能量。

气液界面处的体积力项 $\boldsymbol{F}_{\mathrm{vol}}$ 通过 Continuum Surface Force 模型[265]计算获得。

$$\boldsymbol{F}_{\mathrm{vol}} = \sigma_{\mathrm{lv}} \frac{\rho_{\mathrm{l}} \alpha_{\mathrm{l}} \kappa_{\mathrm{v}} \ \nabla \alpha_{\mathrm{v}} + \rho_{\mathrm{v}} \alpha_{\mathrm{v}} \kappa_{\mathrm{l}} \ \nabla \alpha_{\mathrm{l}}}{(\rho_{\mathrm{l}} + \rho_{\mathrm{v}})/2} \tag{3-40}$$

式中，σ_{lv} 为界面表面张力；κ_{v} 与 κ_{l} 为根据表面法线的局部梯度计算的表面曲率。

3.4　相变模型

采用 Evaporation-Condensation 模型[266-268]来模拟相间热质传递，即通过蒸发凝结来反映气液相间热质交换。这里采用 Lee 相变模型对气液相间热质传递过程进行详细预测。

$$\frac{\partial}{\partial t}(\alpha_{\mathrm{v}} \rho_{\mathrm{v}}) + \nabla \cdot (\alpha_{\mathrm{v}} \rho_{\mathrm{v}} \boldsymbol{u}_{\mathrm{v}}) = \dot{m}_{\mathrm{lv}} - \dot{m}_{\mathrm{vl}} \tag{3-41}$$

式中，下标 v 与 l 分别表示气相与液相；α_{v} 为蒸汽体积分数；ρ_{v} 为蒸汽密度；$\boldsymbol{u}_{\mathrm{v}}$ 为蒸汽速度；$\dot{m}_{\mathrm{lv}}$ 与 $\dot{m}_{\mathrm{vl}}$ 表示由液相蒸发和气相冷凝所产生的质量转移率，kg/s · m³。

基于以下温度判据，相应的质量转移可表述如下。

当 $T_{\mathrm{l}} > T_{\mathrm{sat}}$ 时，液相蒸发。

$$\dot{m}_{\mathrm{lv}} = \mathrm{coeff} \times \alpha_{\mathrm{l}} \rho_{\mathrm{l}} \frac{T_{\mathrm{l}} - T_{\mathrm{sat}}}{T_{\mathrm{sat}}} \tag{3-42}$$

当 $T_{\mathrm{v}} < T_{\mathrm{sat}}$ 时，气相凝结。

$$\dot{m}_{\mathrm{vl}} = \mathrm{coeff} \times \alpha_{\mathrm{v}} \rho_{\mathrm{v}} \frac{T_{\mathrm{sat}} - T_{\mathrm{v}}}{T_{\mathrm{sat}}} \tag{3-43}$$

这里，coeff 是一个需要被微调的系数，它可以被解释为一个弛豫时间；α 和 ρ 分别是相的体积分数和密度。

基于动能理论，Hertz Knudsen 公式[269]给出了平面界面蒸发凝结通量。

$$F = \beta \sqrt{\frac{M}{2\pi R T_{\mathrm{sat}}}} (p^* - p_{\mathrm{sat}}) \tag{3-44}$$

蒸发凝结通量的单位是 kg/(s · m²)。β 为调节系数，它表明部分蒸汽分子进入液体表面并被这个表面吸附；p^* 表示蒸汽侧界面上的蒸汽分压。采用克拉珀龙-克劳修斯方程将饱和状态压力与饱和温度联系起来。考虑到蒸汽和液体化学势相等，故有

$$\frac{\mathrm{d}p}{\mathrm{d}T} = \frac{L}{T(v_{\mathrm{v}} - v_{\mathrm{l}})} \tag{3-45}$$

式中，v_{v} 与 v_{l} 分别表示蒸汽和液体的比体积；L 表示汽化潜热。

只要接近饱和状态，克拉珀龙-克劳修斯方程即可转化为

$$(p^* - p_{\mathrm{sat}}) = -\frac{L}{T(v_{\mathrm{v}} - v_{\mathrm{l}})}(T^* - T_{\mathrm{sat}}) \tag{3-46}$$

与 Hertz Knudsen 方程联立可得

$$F = \beta \sqrt{\frac{M}{2\pi R T_{\mathrm{sat}}}} L\left(\frac{\rho_{\mathrm{v}}\rho_{\mathrm{l}}}{\rho_{\mathrm{l}} - \rho_{\mathrm{v}}}\right)\frac{(T^* - T_{\mathrm{sat}})}{T_{\mathrm{sat}}} \tag{3-47}$$

式中，β 因子可通过调节系数和水蒸气的物理特性来确定，在接近平衡条件下其值约为 1.0。

3.5　滑移网格模型

对于动态网格[270]，任意控制体积 V 的边界都是移动的，一般标量的守恒方程可表示为

$$\frac{\mathrm{d}}{\mathrm{d}t}\int_V \rho\phi\,\mathrm{d}V + \int_{\partial V} \rho\phi(\boldsymbol{u} - \boldsymbol{u}_g)\cdot\mathrm{d}\boldsymbol{A} = \int_{\partial V} \Gamma\nabla\phi\cdot\mathrm{d}\boldsymbol{A} + \int_V S_\phi\mathrm{d}V \tag{3-48}$$

式中，$\boldsymbol{u}$ 为流体速度矢量；$\boldsymbol{u}_g$ 为移动网格的网格速度矢量；Γ 为扩散系数；S_ϕ 为 ϕ 的源项。这里，∂V 用来表示控制体积的边界。

时间导数项的一阶差分形式可以写成

$$\frac{\mathrm{d}}{\mathrm{d}t}\int_V \rho\phi\,\mathrm{d}V = \frac{(\rho\phi V)^{n+1} - (\rho\phi V)^n}{\Delta t} \tag{3-49}$$

式中，n 和 $n+1$ 分别表示当前和下一个时间步。

$n+1$ 时的控制体积可由式(3-50)计算得到：

$$V^{n+1} = V^n + \frac{\mathrm{d}V}{\mathrm{d}t}\Delta t \tag{3-50}$$

式中，$\dfrac{\mathrm{d}V}{\mathrm{d}t}$ 为控制体积的时间导数。为了满足网格守恒定律，控制体积的时间导数为

$$\frac{\mathrm{d}V}{\mathrm{d}t} = \int_{\partial V} \boldsymbol{u}_g\cdot\mathrm{d}\boldsymbol{A} = \sum_j^{n_f} \boldsymbol{u}_{g,j}\cdot\boldsymbol{A}_j \tag{3-51}$$

式中，n_f 表示控制体积上面的数量；$\boldsymbol{A}_j$ 为第 j 个面上的区域向量。每一控制体积面上的点乘 $\boldsymbol{u}_{g,j}\cdot\boldsymbol{A}_j$ 由式(3-52)计算：

$$\boldsymbol{u}_{g,j}\cdot\boldsymbol{A}_j = \frac{\delta V_j}{\Delta t} \tag{3-52}$$

式中，δV_j 为在时间步长 Δt 上被控制体积上的面 j 扫到的体积。

如前所述，滑移网格模型是动态网格运动的一种特殊情况[271]，其中计算节点在给定的动态网格区域中刚性移动。动态网格的一般守恒方程公式也适用于滑移网格。由于滑移网格的网格运动是刚性的，所有单元都保持原有的形状和体积。因此，单元体积的时间变化率为零。

$$V^{n+1} = V^n \tag{3-53}$$

$$\frac{\mathrm{d}}{\mathrm{d}t} \int_V \rho \phi \, \mathrm{d}V = \frac{[(\rho\phi)^{n+1} - (\rho\phi)^n]V}{\Delta t} \tag{3-54}$$

$$\sum_j^{n_f} \boldsymbol{\mu}_{g,j} \cdot \boldsymbol{A}_j = 0 \tag{3-55}$$

3.6　物　理　模　型

本书所研究对象为某型低温液氧燃料贮箱，燃料箱体由柱段与上下椭球形封头组成，具体如图 3-1 所示。箱体直径 D 为 3.5m，高度 H 为 5.0m，其中上下椭球形封头高度 l 为 1.5m，柱段高度 L 为 2.0m。流体初始充注率为 50%，即初始液位高度 h 取 2.5m。对于低温液氧，其初始温度取 90K；为减少模拟过程中温度的大幅波动跳跃，气氧区温度分布在高度方向上做线性处理，温度变化范围为 90～100K。箱体初始压力取 130kPa，外部大气压力与环境温度分别取 1.0atm 与 300K。为研究晃动过程箱体所受到的晃动力与晃动力矩，坐标中心设置在箱体中

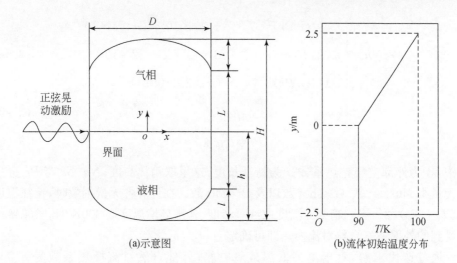

(a)示意图　　　　　　　　　　　(b)流体初始温度分布

图 3-1　低温液氧贮箱结构示意图与流体初始温度分布

心,如图 3-1(a)所示。这里需要注意的是,在后续的数值研究中,部分研究内容选择将坐标中心设置在初始液面以下,这主要是计算网格初始设置需求所致,计算的结果与将坐标中心设置在贮箱中心稍有差异,但变化趋势是一致的。因此,无特殊说明,坐标轴坐标中心均如图 3-1(a)所示进行设置。

3.7　热边界条件

受外部空气自然对流的影响,部分环境漏热通过绝热层渗入低温液氧贮箱,并造成箱内流体温度升高与贮箱压力的变化。有关低温液氧贮箱外部漏热过程,可采用准稳态传热方程进行计算。为简化计算过程,此处没有考虑贮箱绝热层的影响。另外,箱体壁面厚度较小,其导热热阻也忽略不计。以上处理使得最终渗入低温液氧贮箱的漏热量比实际漏热量稍高。也就是说,计算出的漏热量会更加保守,这在实际工程中是完全可以接受的[272]。因此,低温燃料贮箱漏热最终简化为箱体壁面与外部环境之间的对流换热[273-275]。

$$q=h(T_e-T_w) \tag{3-56}$$

式中,T_w 与 T_e 分别为贮箱壁面温度与外部环境温度;h 为外部自然对流换热系数。

$$h=\frac{Nu\lambda_a}{l} \tag{3-57}$$

$$Nu=\begin{cases} 0.59(GrPr)^{0.25}, & 1.43\times10^4<Gr\leqslant3\times10^9 \\ 0.0292(GrPr)^{0.39}, & 3\times10^9<Gr\leqslant2\times10^{10} \\ 0.11(GrPr)^{1/3}, & Gr>2\times10^{10} \end{cases} \tag{3-58}$$

$$Gr=g\beta\Delta Tl^3/v^2 \tag{3-59}$$

$$Pr=c_p\mu/\lambda_a \tag{3-60}$$

式中,λ_a 为外部空气导热系数;l 为特征长度,这里取箱体高度;Nu、Gr 与 Pr 分别为无量纲 Nusselt 数、Grashof 数以及 Prandtl 数。在计算各无量纲数时,特征温度取 $(T_e+T_w)/2$。当贮箱壁面温度取液氧温度、外部环境温度取 300K 时,贮箱壁面所受到的外部空气自然对流换热即可确定。

通过迭代求解,对于本书低温液氧贮箱,外部自然对流换热系数为 5.0~8.0W/(m²·K)[276-277]。因此,在数值模拟中,有关外部漏热可采用第三类边界条件来实现。

3.8　外部晃动激励设置

为模拟低温液氧贮箱晃动,选择一典型正弦水平波动激励作为动量源项添加到数值计算模型中[276,277]。相应的正弦波动方程为

$$y = A\sin(2\pi ft) \tag{3-61}$$

式中,振幅 $A = 0.2$ m;频率 $f = 1.0$ Hz;t 为时间,每个计算时间步长为 0.001s。

相应的晃动激励速度以及加速度分别为

$$v = y' = 2\pi f A\cos(2\pi ft) \tag{3-62}$$

$$a = y'' = -4\pi^2 f^2 A\sin(2\pi ft) \tag{3-63}$$

3.9　计算模型设置

采用 ICEM 前处理器对低温液氧贮箱进行模型构建与网格划分。根据箱体结构,考虑节省计算资源,采用二维轴对称面网格进行计算求解。结合研究对象的结构特征,分别对贮箱上下封头以及柱段进行网格划分,三部分均采用结构化网格。

采用 ANSYS Fluent 19 双精度求解器对低温液氧贮箱非稳态晃动过程进行数值求解[276,277]。计算中,气相采用理想气体模型,液相密度采用 Boussinesq 假设,其他物性参数均设为定值。采用 VOF 模型精确捕捉气液相界面波动变化。压力速度耦合采用 PISO 算法,密度、动量和能量采用二阶迎风格式进行离散处理,湍动能和湍流耗散率采用一阶迎风差分格式,梯度采用基于单元的最小二乘法,压力选用 PRESTO 进行离散。收敛条件中能量方程收敛标准为 10^{-6},其余收敛标准均为 10^{-3}。

在外部环境漏热和晃动激励的共同作用下,气液界面不可避免地发生热质传递现象。计算过程中可通过对比网格温度与饱和温度的相对大小来作为相变发生的判据。气液相变采用蒸发-冷凝模型,由于该部分已在 3.4 节 Evaporation-Condensation 模型部分给出详细介绍,此处不再赘述。计算模拟中,相变温度与相变压力的数值可通过物性软件 NIST[278] 获得,经有效拟合后输入 Fluent 计算模型中。在所计算的温度区间,液氧饱和温度 T 与饱和压力 p 满足如下关系:$T = 90.72 + 2.99 \times 10^{-5} p - 3.94 \times 10^{-12} p^2$。

3.10　数　值　计　算

图 3-2 展示了本书拟开展数值研究的模块网络图。从图中可以看出,计算过

程主要包括物理模型、前处理模块、控制方程求解计算部分以及模拟结果呈现等主
要模块,每一模块按照一定顺序进行,最终实现对低温液氧贮箱内部流体晃动热力
耦合过程的数值求解。计算流程中涉及流体物性参数、热边界条件、动量方程、湍
流计算模型、质量与能量源项、计算迭代设置、速度压力耦合机制以及计算收敛标
准等。每个步骤通过数据的输入与输出依次连接起来,实现对低温液氧箱体内部
流体晃动热力耦合特性的仿真预测。

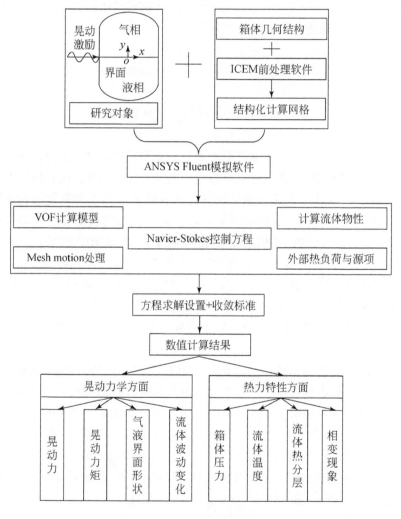

图 3-2　数值计算网络图

3.11　数值模型实验验证

3.11.1　对照实验

本节选用挪威科技大学 Grotle 等[139-142]以液氮为工质开展的流体晃动实验作为对照实验,对所构建的数值模型进行实验验证。实验装置如图 3-3 所示。测试罐体由一圆柱段以及两个半球形封头组成。在图 3-3 的右侧设置自增压装置,用于给测试罐体增压。外部电压加热器为测试罐体提供热量,电加热装置置于液面以下。在开始实验之前,采用量热计法测试电加热量与低温液氮蒸发速率之间的关系,以方便后续对罐体热力过程进行预测。测试过程中,为防止温差变化过大,测试罐内流体温度从 15~20℃逐渐加热到 120℃。在整个过程中,电加热器所提供的最大加热量控制在 1460W 以内。在测试开始之前,测试罐开口放置,当电加热器开始工作时,罐内不断产生蒸汽,高温蒸汽将罐内空气挤出,以达到对罐体内部空气进行有效置换的目的。实验中将罐体增压与流体晃动相结合,以确保罐内流体温度充分混合均匀。在电加热器作用下,均匀加热的流体会产生相对恒定的蒸汽流量,以最大限度地置换罐内空气,降低残余空气对测试压力的影响。

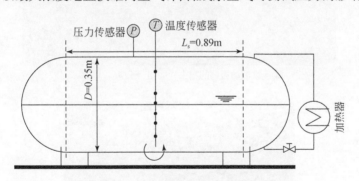

图 3-3　实验装置示意图[139,142]

实验主要用于模拟液化天然气储罐中流体晃动现象,实验中测试罐体始终水平放置在晃动板上。晃动装置由电机和曲柄连杆组成。当电机驱动连杆时,测试装置产生晃动激励,晃动板上的测试罐可随着激励的加载产生相应晃动。

实验测试罐中设有压力传感器与多个温度传感器。各测试仪器的测量范围与精度罗列在表 3-1 中。在正式开始流体晃动实验之前,罐体内部压力需增压到设定值;之后电加热器断电,晃动电机启动并维持在特定的频率与周期运行。

表 3-1　测量仪器参数

仪器	型号	测量范围	精度
温度计	T 型热电偶	−270～370℃	±1.0℃
压力计	P8AP	0～20bar	0.3%
加热装置	Høiax	0～1460W(最大 3000W)	—
供给电压	Phillips242253005401	0～260V	—
电机	MAC800-D2	750W@3000r/min	±0.5%(转速)

　　由于采用液氮开展流体晃动实验中,测试罐体绝热良好,整个过程是不可视的。为研究晃动激励下测试罐体内部流体界面动态波动变化,研究人员采用水为测试流体,在相同尺寸的透明玻璃罐内开展流体晃动测试研究。测试罐体与图 3-3 中液氮储罐一样。晃动实验中,水的充注率为 50%,液体温度为 393K,水蒸气温度在高度方向上由 393K 线性增加到 406K,初始表压力为 198.675kPa。部分测试结果如图 3-4 所示。

(a)连续波动振荡的自由界面(工况2,$f/f_{1,0}$=0.595)

(b)球形封头所产生的回流喷射(工况3,$f/f_{1,0}$=0.840)

图 3-4　罐体充注率 h/D=0.5 时不同晃动工况自由界面形状变化[139,142]

　　从图 3-4 可以看出,测试罐内流体晃动的一个典型特征是由于半球形封头的存在,流体撞击到封头后会产生明显的回流喷溅。当在侧壁上形成的波浪撞击到封头顶部时,球形结构导致流体高速回落到罐体内部。与矩形水箱的方形角相比,该工况流体晃动回流对罐体顶部的冲击较小。当回流以一个倾斜的角度撞击液体表面之前,射流大约返回了一半。回流的形状和返回速度取决于罐体充注率与晃动频率。在较低的罐体充注率时,谐振区较窄,只有在运动频率非常接近 $f/f_{1,0}=$ 1 时才会发生射流。Grotle 等所研究的罐体充注率 $h/D \geqslant 0.5$,此时射流不仅出现在 $f/f_{1,0}=1$ 工况,还将出现在更广泛的频率范围内。

采用水在透明罐体内部开展流体晃动的初步实验中,部分晃动参数如表 3-2 所示。采用与施加在低温液氮储罐上相同的晃动振幅、液体充注率与晃动频率来研究罐体内部的流体晃动响应,所有测试工况的晃动振幅均保持在 3°。研究人员开展了不同工况的测试实验,表 3-2 罗列出专门用来验证流体晃动数值模型的部分实验工况。

表 3-2　不同晃动测试工况参数

工况	h/D	h/L_s	f/Hz	$f/f_{1,0}$	t_s/s	界面描述
0	0.50	0.19	0.13	0.200	30	水平界面
1	0.50	0.19	0.29	0.427	70	小幅变形
2	0.50	0.19	0.40	0.595	51	振荡波动
3	0.50	0.19	0.57	0.840	30	回流喷射

注:h/D 表示测试罐体的高径比;L_s 表示柱段长度;f 表示晃动激励频率;$f/f_{1,0}$ 表示与 L_s 长度相同的矩形水箱计算的频率与第一阶模态固有频率的比值;t_s 为流体晃动时间。

如表 3-2 所示,工况 0 晃动频率较低,此时罐体内部自由界面相对平坦,界面没有出现明显的波动破裂。由于封头曲率的影响,罐体壁面仅出现较小的湿润角。工况 1 中,气液界面出现了小幅波动,但气液相仍然保持连续的接触界面。相比于工况 1,工况 2 具有较高的晃动频率,其晃动频率仍显著低于 $f/f_{1,0}=1$,在该工况下,气液界面出现了几个快速振荡的波,具体如图 3-4(a)所示。气液界面没有出现破裂,但波浪之间相互作用有时会使界面变得非常陡峭,还会溅起一些水花。目前,对这种界面波动模式还没有较为明确的解释,但采用三维数值模拟进行计算时,该界面波动模型会变得更加突出与明显。这种形式虽不同于在高模态激励下出现的驻波,但在晃动激励参数中却非常重要。工况 3 出现了明显的共振,此时箱内流体晃动已十分严重。图 3-4(b)展示了罐体内部气液界面形状变化。可以看出,整个过程中,罐体内部气液界面均呈现大幅波动变化,在罐体封头处还出现了流体撞击后回流飞溅的现象。

流体晃动过程中监测了箱体压力随时间的变化。对任一工况,流体晃动均从 0s 开始。尽管不同晃动工况持续时间不尽相同,但是各工况均取晃动后 60s 的箱体压力参数,具体参数变化如图 3-5 所示。

从图 3-5 很容易看出,频率最高的晃动激励将导致最大的箱体压力降低。对于工况 3,箱体压力在 10s 内大约降低了 25%;对于工况 0,箱体压降几乎没有变化;而对于工况 1,虽然经历了 60s 晃动,箱体压力仍然未达到最低值。工况 2 出现

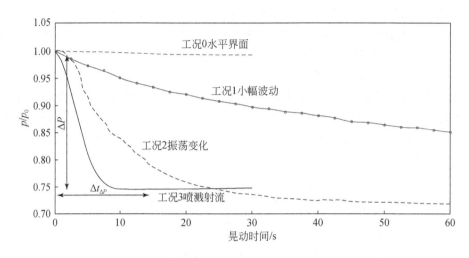

图 3-5　不同工况箱体实测压降对比(p_0是晃动开始前的最大压力)[139,142]

较低箱体压力的主要原因归结于箱体内部气相区含有较少的空气。这一结果表明,由于气液自由界面大范围地波动破裂,箱体压降较大。同时,工况 2 自由界面面积明显小于工况 3,这也表明箱体压力受界面振荡波动的影响较大。由于气液界面接触面积的增加,气液相间发生局部冷凝现象。气液相间冷凝过程主要受滞留时间、液滴和气泡大小的影响,并且依赖于界面和液体之间的能量传输。气液相间热量传输越大,气液相间相变量越大;反之,则越小。

3.11.2　湍流模型筛选

至今,研究人员分别采用不同湍流模型对流体晃动过程进行预测。在不同预测模型中,以 k-ε 湍流模型与 k-ω 湍流模型应用最多。因此,本节分别对较为常用的 3 种 k-ε 湍流模型与 2 种 k-ω 湍流模型进行实验验证,以选择合适的湍流模型对流体晃动热力过程进行准确预测。这里选择 Grotle 等[139,142]以水为测试工质在透明测试罐中所开展的流体晃动实验工况 1(图 3-5)对不同湍流计算模型进行对比筛选。

本节采用 5 种湍流模型对实验工况 1 进行数值预测,箱体压力模拟值与实验测试数据的对比如图 3-6 所示。从图中可以看出,在实验工况设置下,采用不同湍流模型计算得到的箱体压力均随时间呈逐渐降低的变化趋势,只不过不同模型计算所得箱体压力降低速率不同。采用标准 k-ω 模型与 SST k-ω 模型计算的箱体压力降低速率明显较小,计算压力偏离测试压力较大。然而,采用标准 k-ε 模型、可实现的 k-ε 模型与 RNG k-ε 模型计算得到的箱体压力与测试值变化趋势较一致。在 60s 流体晃动过程中,箱体压力整体呈下降趋势,由 300.000kPa 降到 257.212kPa。3 种 k-ε 模型计算获得的箱体压力均呈现逐渐降低的趋势。受限于模型自身的预测特性,不同 k-ε 湍流模型预测的箱体压力降低速率并不相同。表 3-3 展示了三种 k-ε 模型计算结果与实验测试压力之间的相对误差。结合图 3-6 与表 3-3 可以看出,三种 k-ε 模型中以标准 k-ε 模型计算得到的箱体压力值与实验测试值吻合度最高,相对误差控制在 3% 以内。因此,对于常规低温燃料晃动过程,建议采用标准 k-ε 模型对低温贮箱内部流体晃动热力耦合过程数值预测。

表 3-3　k-ε 模型计算压力与实验压力之间的相对误差

时间/s	p_{exp}/kPa	数值计算压力/kPa			相对误差/%		
		p_{stand}	p_{real}	p_{RNG}	$\dfrac{\lvert p_{exp}-p_{stand}\rvert}{p_{exp}}\times100\%$	$\dfrac{\lvert p_{exp}-p_{real}\rvert}{p_{exp}}\times100\%$	$\dfrac{\lvert p_{exp}-p_{RNG}\rvert}{p_{exp}}\times100\%$
0.0	299.998	300	300	300	0.001	0.001	0.001
1.20	297.954	298.709	298.794	298.658	0.254	0.282	0.236
2.83	295.192	296.945	297.173	297.033	0.594	0.671	0.624
4.04	293.269	295.742	296.122	296.048	0.843	0.973	0.948
5.53	291.946	294.385	295.01	295.024	0.835	1.050	1.054
7.15	290.386	293.081	293.975	294.023	0.928	1.236	1.252
8.36	288.981	292.137	293.182	293.239	1.092	1.454	1.473
9.84	286.958	290.859	292.146	292.205	1.359	1.808	1.828
11.19	284.835	289.574	291.126	291.185	1.664	2.209	2.229
12.67	283.292	288.148	289.906	290.037	1.714	2.335	2.381
14.16	282.212	286.790	288.660	288.886	1.622	2.285	2.365
15.54	280.240	285.527	287.537	287.823	1.887	2.604	2.706
17.12	279.246	284.101	286.314	286.645	1.739	2.531	2.650
19.96	277.442	281.625	284.310	284.583	1.508	2.475	2.574
21.57	276.442	280.263	283.175	283.462	1.382	2.436	2.539
24.54	273.558	277.774	280.702	281.448	1.541	2.612	2.884
26.02	273.077	276.597	279.518	280.447	1.289	2.359	2.699
29.26	270.673	274.243	277.335	278.298	1.319	2.461	2.817
30.47	270.192	273.41	276.592	277.519	1.191	2.369	2.712
32.09	269.231	272.369	275.539	276.473	1.166	2.343	2.690

续表

时间/s	p_{exp}/kPa	数值计算压力/kPa			相对误差/%		
		p_{stand}	p_{real}	p_{RNG}	$\dfrac{\lvert p_{exp}-p_{stand}\rvert}{p_{exp}}\times100\%$	$\dfrac{\lvert p_{exp}-p_{real}\rvert}{p_{exp}}\times100\%$	$\dfrac{\lvert p_{exp}-p_{RNG}\rvert}{p_{exp}}\times100\%$
33.71	268.75	271.392	274.323	275.403	0.983	2.074	2.476
35.19	267.788	270.523	273.122	274.37	1.021	1.992	2.458
36.54	267.108	269.711	272.041	273.362	0.975	1.847	2.341
38.29	266.027	268.567	270.560	272.112	0.955	1.704	2.287
41.12	264.904	266.642	268.345	270.274	0.656	1.299	2.027
43.96	262.881	264.594	266.138	268.616	0.652	1.239	2.182
45.57	262.081	263.452	265.01	267.733	0.523	1.118	2.157
48.54	260.638	261.621	262.921	266.116	0.377	0.876	2.102
51.51	259.815	260.041	260.742	264.584	0.087	0.357	1.836
53.12	259.115	259.264	259.602	263.78	0.058	0.188	1.800
54.61	258.735	258.553	258.428	263.047	0.070	0.119	1.667
57.57	257.692	257.036	256.73	261.577	0.255	0.373	1.508
59.19	257.212	256.219	255.637	260.722	0.386	0.612	1.365

注：p_{exp} 为实验压力，p_{stand}、p_{real} 与 p_{RNG} 分别为由标准 $k\varepsilon$ 模型、可实现的 $k\varepsilon$ 模型与 RNG $k\varepsilon$ 模型计算得到的箱体压力。

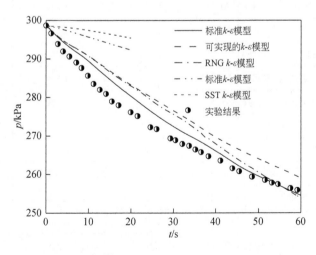

图 3-6   流体晃动湍流模型模拟值与实验数据对比[139,142]

3.11.3　模型验证

Grotle 等采用水在透明玻璃容器中开展实验测试,因此晃动过程中气液界面形状波动变化是可视的,并且可以通过高速摄像机进行有效捕捉。实验中,研究人员着重监测了流体晃动过程罐体内部压力的变化。这里将采用表 3-2 中的工况 1～3 三种晃动工况下箱体压力变化实测值对所构建的数值计算模型进行实验验证。对于三种不同工况,当外部晃动激励施加后,箱体压力均呈现出明显的下降趋势,这里只研究箱体压力的降低过程,箱内流体经过长时间往复运动后趋于平稳变化的过程不在本次验证范围内。三种工况流体晃动压降过程预测时间分别取 60s、20s 与 6s,采用标准 k-ε 模型对低温流体晃动热力耦合过程进行预测。数值模型计算所得压力值与实验压力对比如图 3-7 所示。从图中很容易看出,采用标准 k-ε 模型计算得到的数值模拟结果与实验测试结果十分接近,均较好地反映出晃动激励下箱体内部压降过程。数值模拟结果与实验结果之间的相对误差控制在 -1.0%～5.0%。

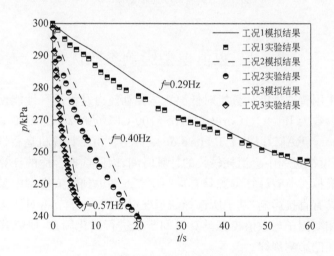

图 3-7　三种晃动工况实验结果对比验证[139,142]

另外,由于四种工况中,仅有工况 2 与工况 3 拍摄了晃动激励下箱内流体自由界面的波动变化图,这里也对工况 2 与工况 3 下箱内流体晃动界面形状进行了对比验证,如图 3-8 所示。从图中很容易看出,采用标准 k-ε 模型预测出的气液界面形状与实验过程拍摄的界面形状变化十分接近。这也进一步说明采用所构建的数值模型在预测晃动激励下箱体内部压力变化以及气液界面动态波动时具有较好的预测能力,因此本章构建的数值模型可用于对低温液氧贮箱内部流体晃动过程进行热力耦合性能预测。

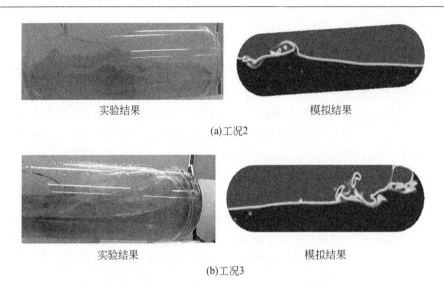

(a)工况2

(b)工况3

图 3-8　界面形状变化对比[139,142]

3.12　数值模型影响参数优化

研究中采用普通性能计算机对低温流体晃动热力过程进行性能预测。运行计算机的基本参数为 Intel(R)Core(TM)i7-8700 CPU@3.20GHz、16.0GB Random Access Memory(RAM)以及 1 T Hard disk(HD)。由于计算机运行性能并不是特别强，在数值模拟过程中会消耗较长的计算时间，因此选择合适的计算模型并开展有效的数值模拟对节省计算资源具有重要意义。考虑到数值模型中影响因子对最终模拟结果具有直接影响，基于所选择的基准对照实验，本节将对所构建数值模型中气液界面相变因子与数值模拟计算时间步长进行优化筛选，研究其对流体晃动热力耦合特性的影响规律。

由于 Grotle 等在实验过程中着重关注了箱体压力随时间的变化，本节主要以箱体压力变化作为对比对象。同时，在计算过程中设置了气液相温度测点。鉴于文献中并未给出详细的测温点位置，本节监测的流体温度变化并没有与相关实验测试流体温度进行对比。数值计算中所设置气液相温度测点坐标分别为(0m,0.0875m)和(0m,−0.0875m)。

3.12.1　时间步长

选取四种不同时间步长(0.0005s、0.001s、0.002s 与 0.004s)，研究其对流体晃动热力耦合性能的影响。计算模型中，气液界面相变因子设为 0.1s⁻¹。这里分别对三种晃动工况进行对比分析。对于晃动工况1,初始晃动激励为0.29Hz,气液相初始温度分别为405K与393K。在上述设置下,箱体压力与流体温度变化对比如图3-9与3-10所示。

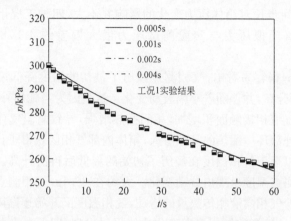

图 3-9　工况1条件下时间步长对箱体压力变化的影响

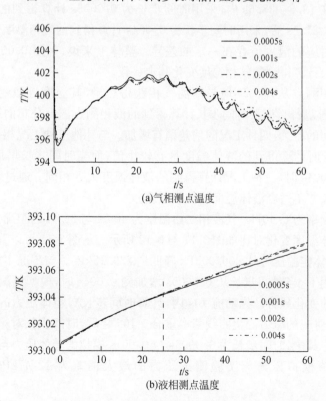

图 3-10　工况1条件下时间步长对箱内气液相测点温度变化的影响

　　从图 3-9 可以看出,在四种不同时间步长设置下,数值预测的箱体压力均随时间逐渐降低。在前 54s 内,模拟压力普遍高于实验压力;而 54s 后,实验压力稍高于模拟压力。总的来说,模拟压力与实验压力非常接近。同时,从图中还可以看出,计算时间步长对箱体压力变化的影响并不大,四种工况下箱体压降曲线几乎重合。数值模拟压力与实验测试压力最大偏差约 4.578kPa,相对误差约 1.67%。

　　从图 3-10(a)很容易看出,气相测点经历了最初的温度降低;1.2s 后,气相测点温度开始逐渐升高,并伴随着小幅波动变化。这是因为当施加外部激励后,箱内流体开始晃动,气液相接触面积增加,相间换热增强,导致高温气体被低温液体冷却。然而,随着外部环境漏热的持续渗入,箱体内部气相区获得了比气相向液相传递还多的热量,以至于气相温度在经历了初始的降低后再次升高。受流体往复运动的影响,气相测点温度呈现出波动变化。大约在 26.1s,气相测点达到了温度最高点。然而,随着气相向液相传热量的增加,气相温度又开始逐渐降低。通过对比四种不同时间步长计算的气相温度变化曲线可以发现,四条温度曲线具有相似的变化趋势。在 13.8~28.6s 内,采用时间步长为 0.0005s 计算得到的气相温度具有较大数值。31.4s 后,采用时间步长为 0.004s 计算得到的气相温度较高,并且与其他三工况对应的温度值存在一定的差异。整体上来说,采用 0.001s 与 0.002s 作为时间步长计算得到的气相温度变化基本一致。

　　由于液相测点从外部环境与高温气相获得热量,其温度近似线性增加。从图 3-10(b)可以看出,四种时间步长计算得到的液相测点温度分布曲线近似重合,并且随着时间的持续,四种工况的偏差稍有增加。与其他三种工况相比,当时间步长为 0.0005s 时计算得到的液体温度具有较小值;而当时间步长增加到 0.001s、0.002s 与 0.004s 时,三种工况计算得到的液体温度大致相同。通过对比可知,较小的时间步长并不适合液体温度的数值预测。

　　在晃动频率为 0.40Hz、气液相初始温度为 405K 与 360K 的工况 2 设置下,箱体压力与流体温度变化对比如图 3-11 与 3-12 所示。从图 3-11 可以看出,经过 20s 流体晃动,箱体实验压力从 300.00kPa 降低到 239.15kPa。与工况 1 相似,在外部晃动激励作用下,当时间步长从 0.0005s 增加到 0.004s 时,模型预测压力均呈现出快速降低的变化趋势。晃动前 10s 内,计算时间步长对箱体压力的影响还不明显,四种工况对应的压力变化曲线基本重合。10s 之后,时间步长对箱体压力的影响逐渐凸显。其中,时间步长为 0.0005s 与 0.001s 模拟的箱体压力与实验压力最为接近。数值模拟压力与实验测试压力的最大偏差为 12.47kPa,相对误差约 4.85%。

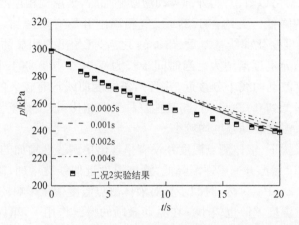

图 3-11　工况 2 条件下时间步长对箱体压力变化的影响

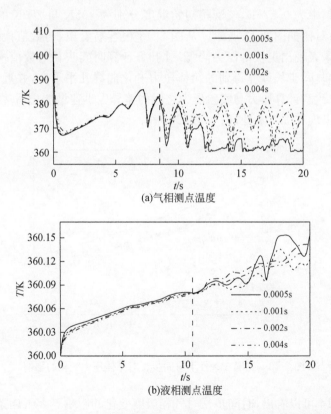

(a)气相测点温度

(b)液相测点温度

图 3-12　工况 2 条件下时间步长对箱内气液相测点温度变化的影响

　　从图 3-12(a)可以看出,当外部晃动激励施加后,高温气相被液相冷却,气相温度出现了最初的降低。大约在 1.3s 后,气相温度开始有所增加。在刚开始的前8.6s 内,四条温度变化曲线基本重合;8.6s 之后,开始出现明显的温度波动,四条温度曲线间的差异也逐渐增大。当时间步长为 0.002s 与 0.004s 时,两工况计算得到的气相温度波动曲线十分接近,并且两条温度曲线均有较大的波动变化。当计算时间步长降低到 0.0005s 时,与其他三种工况相比,该设置条件下计算得到的气相温度值以及温度波动幅度均较小。

　　在工况 2 设置下,液体测点温度并没有呈现出单调线性增加的变化趋势,而是先快速增加,1.2s 后温升速率逐渐降低,液体温度近似线性增加,该过程一直持续到 10.8s。在 1.2~10.8s 内,时间步长对液体测点温度变化影响较小,四条温度曲线变化一致并且温度差值也较小。在晃动激励的持续作用下,箱内流体开始做大幅往复运动。因此,10.8s 之后,四条温度曲线均出现明显的波动变化。其中以时间步长为 0.0005s 和 0.001s 对应的液相温度波动变化最为明显。

　　在晃动频率为 0.57Hz、气液相初始温度分别为 405K 与 280K 的工况 3 设置下,箱体压力对比如图 3-13 所示。从图 3-13 很容易看出,与数值模拟结果相比,实验测试结果表现出更快的压力降低。同时,计算时间步长对数值模拟压力的影响较弱,四种时间步长计算得到的箱体压力变化曲线几乎重合,并近似线性降低。随着时间的持续,计算压力与实验压力之间的差异先迅速增加之后逐渐降低,两者的最大偏差出现在 3.01s 处,约为 13.29kPa。

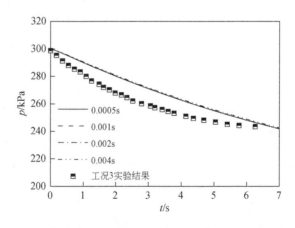

图 3-13　工况 3 条件下时间步长对箱体压力变化的影响

　　从图 3-14 可以看出,时间步长对气相温度变化的影响不大。四条气相温度曲线变化趋势一致,均先经历快速的温度降低,该过程大概持续 3.5s,之后开始波动升高。在前 1.5s,四条气相温度曲线出现一定的偏差。整体来看,四条温度曲线差

异不大。而对于液相温度测点,四条曲线近似平行分布。当时间步长增加到
0.002s 与 0.004s 时,相应的液相温度分布曲线几乎重合。对于该晃动工况,计算
时间步长对液体温度变化的影响并没有明显展现出来。

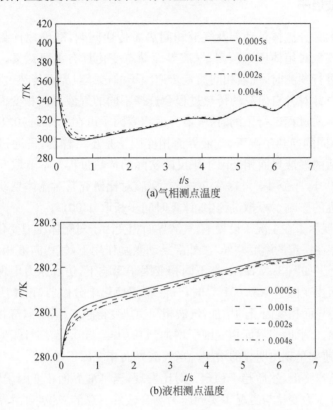

(a)气相测点温度

(b)液相测点温度

图 3-14　工况 3 条件下时间步长对箱内气液相测点温度变化的影响

　　基于以上描述可知,在大部分晃动时刻,采用数值模型计算出的箱体压力均高
于实验测试压力。这主要是由于气液相间存在较大温差,当晃动激励施加在箱体
后,箱内流体产生大幅度晃动,以此促进气液相间热量交换,最终导致箱体压力快
速降低。采用目前的数值技术手段对晃动激励下气液界面的剧烈波动进行有效预
测仍存在很多技术难题;同时有关晃动过程气液相间的传热模型也有很多地方需
要改进。所有这些都对箱体压力以及气液界面波动换热的预测产生较大影响。总
体来说,本章构建的数值模型较好地预测了晃动激励下箱体内部压力降低过程。
虽然存在一定的偏差,仍能够被实际工程所接受。

　　经综合对比分析,数值为 0.001s 与 0.002s 的两时间步长均可用于低温流体
晃动过程预测。然而,当采用 0.001s 的时间步长对流体晃动进行模拟时,计算耗

时并没有比时间步长为 0.002s 时增加很多。因此,为降低模拟过程中可能出现的温度跳跃,后续模拟过程时间步长均采用 0.001s。

3.12.2 相变因子

考虑到大部分流体晃动涉及气液相间热质传递问题,准确地预测晃动过程流体流动传热现象对箱体压力预测、气液界面动态变化具有重要意义。在对流体晃动热力特性进行预测时,气液相间质量传递因子的选择对界面传热过程影响较大。不同研究人员针对各自研究的传热过程会选择不同的气液界面相变因子。对常规的气液界面传质过程进行预测时,气液界面相变因子可在 0.001~0.1s^{-1} 范围内变化[279-291]。不同的换热工况下,气液界面相变因子是不一样的,需通过合理的实验验证获得合适的气液界面相变因子来反映实际的传热过程。本节取 5 种相变因子(0.001s^{-1}、0.01s^{-1}、0.1s^{-1}、1s^{-1}、10s^{-1}),实验对比研究其对流体晃动激励下气液界面相变过程的影响。模拟过程中,计算时间步长取 0.001s。

图 3-15 展示了在工况 1 设置下,气液界面相变因子对箱体压力变化的影响。由于气液相间存在一定的温度差异,在外部晃动激励作用下,气相向液相传热,以至于箱体压力降低。如图 3-15 所示,在不同相变因子影响下,仿真压力出现不同程度的降低。当界面相变因子取 0.001s^{-1} 时,气液相间换热十分微弱,箱体压降还不太明显。随着自由界面相变因子的增加,气液相间换热变得越来越剧烈,气相被液相冷却的程度也越强。例如,当界面相变因子增加到 0.01s^{-1} 与 0.1s^{-1} 时,箱体压力近似线性降低,压降速率呈现出明显的增加。当气液界面相变因子增加到 1s^{-1} 与 10s^{-1} 时,箱体压力先迅速降低,然后趋于稳定。对比发现,当气液界面相变因子取 0.1s^{-1} 时,所计算的箱体压力变化与工况 1 实验压力吻合较好。总的来说,自由界面相变因子对气液相间换热具有直接影响,相变因子越大,气液相间热质交换越剧烈。

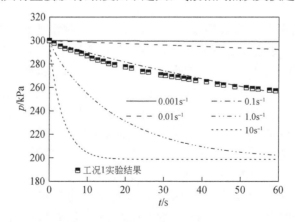

图 3-15　工况 1 条件下相变因子对箱体压力变化的影响

图 3-16 展示了工况 1 条件下相变因子对箱内气液相温度变化的影响。当气液界面相变因子设为 $0.001s^{-1}$ 与 $10s^{-1}$ 时,气相测点均呈现出温度降低的变化趋势。当气液界面相变因子取 $1s^{-1}$ 时,气相测点温度经历了初始的快速降低,之后开始逐渐升高,在达到最高温度 403.4K 后,气相温度再次降低。当气液界面相变因子取 $0.01s^{-1}$ 与 $0.1s^{-1}$ 时,气相测点温度也经历了初始的降低,之后开始出现明显的波动变化。考虑到外部激励下箱内流体的波动变化,气相测点也应该出现相应的温度波动。因此,采用相变因子为 $0.01s^{-1}$ 与 $0.1s^{-1}$ 计算出的气相温度分布更接近实际流体晃动现象。对于液相测点,在不同自由界面相变因子的影响下,测点温度均随时间呈现不同程度的升高。当气液界面相变因子较小时,气液相间热质交换并不强,液体温度只有小幅增加。而当气液界面相变因子增加到 $0.1s^{-1}$ 时,液体测点温度开始线性增加。当气液界面相变因子增加到 $1s^{-1}$ 与 $10s^{-1}$ 时,液相测点温度先快速增加,之后趋于相对稳定。对于气液界面相变因子为 $1s^{-1}$ 与 $10s^{-1}$ 的两工况,经过 60s 流体晃动,液相温升分别为 0.18K 与 0.21K。对于气液界面相变因子为 $0.1s^{-1}$ 的工况,液相温升仅有 0.072K。经仔细分析可知,经历短时间晃动,液相测点温度升高不可能太大,因此采用相变因子为 $0.1s^{-1}$ 计算的流体温度分布曲线更符合实际流体晃动情况。

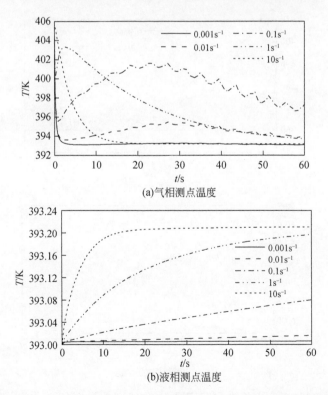

(a)气相测点温度

(b)液相测点温度

图 3-16 工况 1 条件下相变因子对箱内气液相测点温度变化的影响

图 3-17 与图 3-18 展示了在工况 2 参数设置下，不同气液界面相变因子对箱体压力以及流体温度变化的影响。从图 3-17 可以看出，当气液界面相变因子小于 $0.1s^{-1}$ 时，计算箱体压力几乎保持不变或出现微弱降低。而当气液界面相变因子

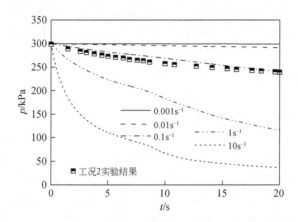

图 3-17　工况 2 条件下相变因子对箱体压力变化的影响

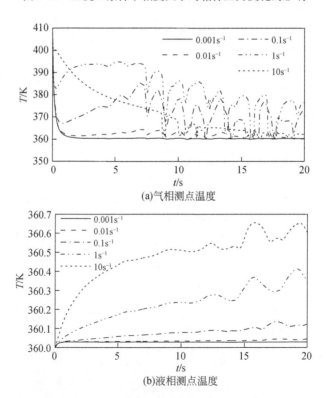

(a)气相测点温度

(b)液相测点温度

图 3-18　工况 2 条件下相变因子对箱内气液相测点温度变化的影响

大于 $0.1s^{-1}$ 时,数值模拟压力出现快速降低,同时伴随着微弱的波动变化。只有当气液界面相变因子取 $0.1s^{-1}$ 时,数值模拟压力与实验测试值误差最小、变化趋势最一致。

从图 3-18 可知,当气液界面相变因子取 $0.001s^{-1}$ 时,气相测点温度先快速降低,大约 1.2s 后,其温度趋于相对稳定并伴随微弱的波动变化。当气液界面相变因子在 $0.01\sim1.0s^{-1}$ 变化时,气相测点温度先降低,然后以不同的速率增加。大约在 7.5s 时,气相测点温度开始出现明显的波动变化。当气液界面相变因子增加到 $10s^{-1}$ 时,气相测点温度经历了初始的快速降低后,开始缓慢降低,8.5s 后,测点温度出现波动变化,该过程持续到 20s。对于液相测点,当气液界面相变因子设为 $0.001s^{-1}$ 与 $0.01s^{-1}$ 时,其温度先逐渐增加,之后趋于相对稳定。对于气液界面相变因子为 $0.01s^{-1}$ 的工况,在最后的 5s,液体温度出现了小幅升高。而对于其他三种工况,液体温度则呈现出不同的增加速率。在最后的 7.5s,液体温度出现了不同程度的波动变化。经过 20s 流体晃动,液相测点温度不可能大幅升高。气液界面相变因子为 $0.1s^{-1}$ 时计算的液体温升约 0.1K,更接近实际流体晃动情况。

在工况 3 参数设置下,图 3-19 与图 3-20 分别展示了不同气液界面相变因子对箱体压力以及流体温度变化的影响。从图 3-19 很容易看出,箱体压力变化与图 3-14 所展现的箱体压力变化相似。在不同气液界面相变因子中,以 $0.1s^{-1}$ 计算出的箱体压力与实验测试值吻合最好。从图 3-20 可以看出,不同工况气相温度均呈现不同程度的降低,并最终趋于相对稳定。当气液界面相变因子在 $0.01\sim1s^{-1}$ 变化时,气相温度还伴随微弱的波动变化。对于液相测点,不同气液界面相变因子计算的液体温度均随时间呈逐渐增加的态势。基于能量守恒定律与综合对比分析,气液界面相变因子为 $0.1s^{-1}$ 时模拟出的气液相测点温度变化更符合实际情况。

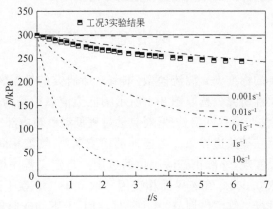

图 3-19　工况 3 条件下相变因子对箱体压力变化的影响

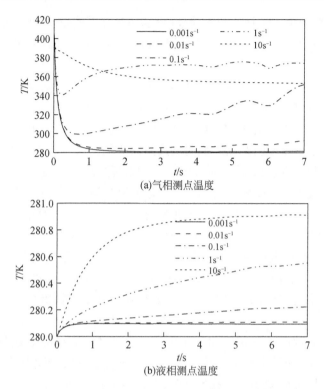

(a)气相测点温度

(b)液相测点温度

图 3-20　工况 3 条件下相变因子对箱内气液相测点温度变化的影响

　　综上可知,气液界面相变因子对箱体压力与流体温度均产生了明显影响。在不同的气液界面相变因子作用下,箱体压力可能经历微弱的增加,也可能经历快速的降低。通过与流体晃动实验对比发现,当气液界面相变因子为 $0.1s^{-1}$ 时,数值模型可以较好地预测箱体内部不同热力参数的变化。

3.13　网格无关性验证

　　基于已验证了的标准 $k\text{-}\varepsilon$ 湍流模型,本节对所研究的低温燃料贮箱流体晃动过程进行网格无关性研究。选取图 3-1 所示的低温液氧贮箱为研究对象,数值计算中采用 VOF 方法与滑移网格处理,对晃动过程低温贮箱内部气液界面变化进行精确捕捉。采用第三类热边界条件考虑外部环境漏热,气液相间热质交换通过用户自定义程序加以实现,外部正弦激励也通过用户自定义程序植入数值模型。计算模拟时间步长取 0.001s,气液界面相变因子取 $0.1s^{-1}$。在上述设置下,对所研究低温液氧贮箱进行二维网格划分,其中箱体柱段、上下椭球形封头均划分为结构化网格,靠近箱体壁面的区域进行局部加密,最终选择 4 种不同数目的计算网格

(网格数分别为 29212、52380、82264 与 118260)进行对比验证。当外部激励施加到
低温液氧贮箱后,箱内流体做往复运动,晃动的流体撞击贮箱壁面,从而形成晃动
力;同时气液相接触面积增加,促进了气液相间热质传递,并引起箱体压力的显著
变化。流体晃动产生的附加晃动力将在后续章节给出详细的计算求解过程。本节
着重研究低温液氧贮箱箱体压力与晃动力在四种不同计算网格下的对比差异。

　　图 3-21 与图 3-22 分别展示了不同计算网格下两参数随时间的变化曲线。从
图中容易看出,对于 4 种计算网格,在前 8s 内,箱体压力以及晃动力变化均不大;
随着时间的持续,两参数均表现出逐渐降低的变化趋势。在 12s、16s 与 20s 时,当
计算网格从 29212 增加到 52380 时,晃动力出现了明显的降低,之后保持相对稳
定;而箱体压力也出现不同程度的降低。总的来说,当计算网格增加到 52380 以
后,两参数变化幅度较小,基本上维持在相对恒定的范围内波动变化。也就是说,
当计算网格增加到 52380 时,计算结果与计算网格呈现出较强的独立性。

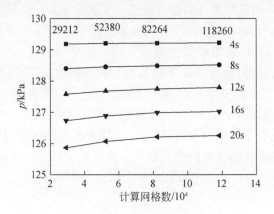

图 3-21　不同计算网格所计算的箱体压力变化

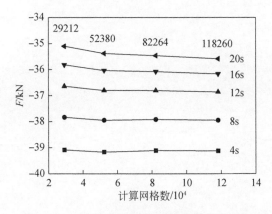

图 3-22　不同计算网格所计算的晃动力变化

　　考虑到本节采用的模拟设备参数为普通性能的计算机（Intel（R）Core（TM）i7-8700 CPU @ 3.20GHz、16.0GB Random Access Memory（RAM）与 1 T Hard disk），为模拟 20s 的流体晃动换热过程，四种不同计算网格运行持续时间分别为 6.42h、8.68h、11.2h 与 12.57h。从节省计算资源与提高计算精度两方面综合考量，最终选取数量为 82264 的计算网格开展后续流体晃动数值模拟研究。

3.14　本 章 小 结

　　本章详细介绍了低温液氧晃动热力数值模型构建，内容涉及湍流模型、VOF 模型、相变模型、滑移网格设置、物理模型、热边界条件以及外部激励设置等，给出了数值模拟步骤与程序，完善了数值模型构建方法。通过与有关流体晃动实验进行对比，验证了所构建二维数值模型的预测能力。通过对不同湍流模型进行实验验证发现，标准 k-ε 湍流模型预测能力最佳。采用标准 k-ε 模型对流体晃动过程进行预测，结果表明，所构建的数值模型较好地模拟了箱体压力降低过程，计算误差控制在 5% 以内。同时，数值模拟预测的气液界面晃动形状与实验过程中拍摄的界面形状变化吻合较好，充分验证了数值模型的有效性。基于所构建数值模型开展了变时间步长与变相变因子的优化筛选研究。结果对比发现，时间步长取 0.001s、气液界面相变因子取 0.1s^{-1} 可满足低温液氧晃动热力耦合模拟的需求。最后对计算网格进行了敏感性分析，从节省计算资源与确保模拟精度两方面出发，最终选择数量为 82264 的计算网格开展低温液氧晃动热力特性方面的研究。

第4章　典型工况流体晃动热力耦合特性

低温推进剂以其优异的性能在世界各航天大国中获得了广泛应用。美国NASA已将低温液氢/液氧推进剂作为未来深空探测的首选推进剂组合;俄罗斯也在低温液氧/煤油航天发动机方面开展了大量的研究;而我国长征5号运载火箭的成功发射,更是将低温推进剂的应用推向了一个新高度。长征5号运载火箭800多吨的身体内,90%以上为低温液氢与低温液氧,因此它又被称为"冰箭"。尽管低温推进剂在航空航天领域得到了广泛应用,然而由于低温流体运动黏度低,外部微小的扰动即可造成低温流体的大幅波动变化。流体的晃动不仅给低温推进剂贮箱带来附加力矩,还会增加过冷液体与过热气体的接触面积,造成箱体内部显著的热力学不平衡现象,给其安全运行带来严重隐患与挑战。因此,有必要对外部晃动激励下低温贮箱内部热力过程进行深入研究。本章以航天用低温液氧贮箱为对象,通过数值模拟手段研究外部激励作用下低温贮箱所受晃动力学特征与箱体内部热力耦合性能。

4.1　研究对象

以某型低温液氧贮箱为例(图4-1),采用第3章构建的数值模型研究其在外部水平正弦晃动激励下箱体内部热力耦合过程。箱体尺寸参数如表4-1所示。贮箱顶部设有增压注气口,用于对低温贮箱进行主动增压,贮箱下封头设有排液孔。箱

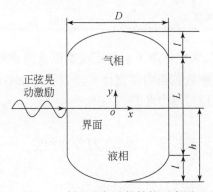

图 4-1　低温液氧贮箱结构示意图

体外部包裹聚氨酯泡沫材料,箱体材质为 2.4mm 厚 2219 铝合金。由于本章着重研究外部激励对低温贮箱内部热力耦合过程的影响,为简化计算,在数值建模时省略高压注气口与底部排液口,同时忽略外部绝热材料的影响。忽略绝热材料将导致计算出的外部环境漏热高于实际值,也就是说计算的结果将更加保守,在短时间内能更明显地反映低温箱体内部热力耦合特性。这对工程实际问题是有利的,也是被接受的。

图 4-1 展示了施加在低温液氧贮箱上的正弦波激励。对于圆柱形箱体,其固有频率为:一次谐波频率(first harmonic frequency)0.51Hz,二次谐波频率(second harmonic frequency)0.87Hz,三次谐波频率(third harmonic frequency)1.10Hz。在某些特殊需求下,本章研究中所取外部激励频率为 1.0Hz,其接近三次谐波频率,所施加的正弦激励可表述为 $y=A\sin(2\pi ft)$。式中,A 为晃动激励振幅;f 为晃动频率;t 为晃动时间。

表 4-1　低温液氧贮箱尺寸参数

参数	数值
箱体直径 D	3.5m
柱段高度 L	2.0m
封头高度 l	1.5m
液位高度 h	2.5m
箱体初始压力	130kPa
初始液相温度 T_1	90K
初始气相温度 T_u	90~100K
外部环境温度	300K

在上述初始设置下,采用标准 k-ε 湍流模型以及网格数量为 82264 的二维轴对称计算面网格对低温液氧贮箱内部流体晃动过程进行数值模拟,着重关注流体晃动所涉及的动力学特性与热力性能。

4.2　晃动力学特性

4.2.1　晃动力与晃动力矩求解表达式

当外部晃动激励施加到低温液氧贮箱后,箱体内部流体在外部激励的作用下做往复运动,运动的流体撞击到贮箱壁面造成液体飞溅或回流撞击,进而形成晃动力与晃动力矩。贮箱所受到的晃动力主要包括压力与黏滞力两部分。壁面所受到的晃动力是沿特定方向的一种矢量,它表示将每个面上的压力和黏滞力与特定力矢量 a 的点乘积整合起来所得到的总和。这两项分别表示在特定力矢量 a 方向上的压力和黏滞力分量。

$$\underbrace{F_a}_{\text{总晃动力}} = \underbrace{a \cdot F_p}_{\text{压力项}} + \underbrace{a \cdot F_v}_{\text{黏滞力项}} \tag{4-1}$$

式中,a 表示特定力矢量;F_p 与 F_v 分别表示压力矢量与黏滞力矢量。

除实际压力、黏滞力和总力外,还需使用参考值计算每个选定壁面区域的相关力系数。力系数定义为力除以 $\frac{1}{2}\rho v^2 A$,ρ、v 与 A 分别为流体密度、运动速度和受力面积。这里,常取单位面积、单位运动速度的空气作为参照物。一般情况下,空气密度为 1.2kg/m^3,因此参考数值为 0.6kgm/s^2。最后,压力、黏滞力和总力的净值以及所有选定壁面区域的力系数均可以计算出来。

对于某指定中心 A 的总力矩矢量是通过对每个面的压力和黏滞力矢量与力矩矢量 r_{AB} 的叉乘积求和计算得到的,r_{AB} 表示从指定的力矩中心 A 到力的原点 B 的矢量,具体如图 4-2 所示。下式表示压力矢量和黏滞力矩矢量之和。

$$\underbrace{M_A}_{\text{总力矩}} = \underbrace{r_{AB} \times M_p}_{\text{压力力矩}} + \underbrace{r_{AB} \times M_v}_{\text{黏滞力力矩}} \tag{4-2}$$

式中,A 为力矩中心;B 为力的起点;r_{AB} 为力矩矢量。

总力矩矢量的方向遵循叉乘积右手定则。当压力力矩、黏滞力力矩和总力矩的实际组成部分获得后,对于每个选定的壁面区域可使用参考值计算求解力矩系数。力矩系数定义为力矩除以 $\frac{1}{2}\rho v^2 AL$,L 代表长度。这里仍以单位面积、单位

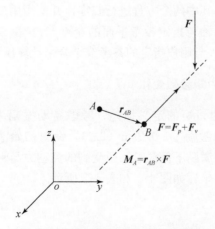

图 4-2 某特定中心所受力矩示意图

运动速度、单位运动长度的空气作为参照物。对于所选定壁面区域的压力力矩、黏滞力力矩以及总力矩系数的净值可通过单个壁面区域的相关系数相加得到。此外，也可以计算沿指定轴的力矩。有时也将以上力矩称为扭矩，其定义为在指定轴方向上的单位矢量和单独的压力、黏滞力、总力矩及其系数的点乘积。

为了减少舍入误差，采用参考压力对单元压力进行规范化并计算其相应的压力值。例如，作用于壁面区域的净压力矢量，可通过计算每个单元面的单个力矢量的矢量和来获得。

$$F_p = \sum_{i=1}^{n} (p - p_{ref}) A\hat{n} = \sum_{i=1}^{n} pA\hat{n} - p_{ref}A\hat{n} \tag{4-3}$$

式中，n 为面的数量；A 为面的面积；$\hat{n}$ 为面法线方向的矢量。

对于二维物体，由压力和黏滞力引起的合力是沿平行于合力方向的直线施加的，压力中心是该线与指定的参考线的交点。因此，关于这一点的合成力矩为零。

对于一般的三维物体，压力和黏滞壁面应力分布可以用一个力（及其应用轴）和一个力矩中心的力矩来表示。一般来说，对于寻找使力矩为零的应用轴平移的问题，是没有解决方案的。但是，对于某些几何对称图形，这种解决方案是存在的。在这种情况下，压力中心通常定义为合力的应用轴与用户指定的参考平面的交点。

ANSYS Fluent 采用式（4-4）来计算压力中心。对于一般的力矩中心和轴，合成力矩可表示为

$$M_x = F_z Y - F_y Z$$
$$M_y = F_x Z - F_z X \tag{4-4}$$
$$M_z = F_y X - F_x Y$$

在三维计算中，对其中两个方程进行归零，并使用用户指定的约束参考平面方程，就可以得到应用轴与指定参考平面的交点[292]。在二维计算中，可只采用式（4-4）中第三个方程与用户指定的参考线结合来计算压力中心。

4.2.2 晃动力与晃动力矩参数变化

基于晃动力与晃动力矩的定义描述，考虑晃动振幅为 0.2m、晃动频率为 1.0Hz 的标准正弦晃动激励 $y = 0.2\sin(2\pi t)$，针对初始液位为 2.5m 的低温液氧贮箱，研究外部正弦激励下低温贮箱所受到的晃动力与附加力矩。低温液氧贮箱内部测点分布和测点坐标如图 4-3 和表 4-2 所示。

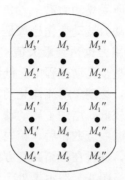

图 4-3　晃动力和晃动力矩测点分布

表 4-2　晃动力和晃动力矩测点坐标

测点	坐标/m	测点	坐标/m	测点	坐标/m
M_1	(0, 0)	M_1'	(−1.5, 0)	M_1''	(1.5, 0)
M_2	(0, 1.0)	M_2'	(−1.5, 1.0)	M_2''	(1.5, 1.0)
M_3	(0, 2.0)	M_3'	(−1.5, 2.0)	M_3''	(1.5, 2.0)
M_4	(0, −1.0)	M_4'	(−1.5, −1.0)	M_4''	(1.5, −1.0)
M_5	(0, −2.0)	M_5'	(−1.5, −2.0)	M_5''	(1.5, −2.0)

　　受流体无规则晃动以及阻尼效应的影响，低温液氧贮箱所受晃动力随时间呈波动降低的变化趋势，具体如图 4-4 所示。经过 20s 流体晃动模拟，低温液氧贮箱所受晃动力从 40.015kN 波动降低到 35.483kN，图中负号仅表示受力方向，不表示数值大小，之所以出现负号，主要与测点坐标设置有关。当外部正弦激励

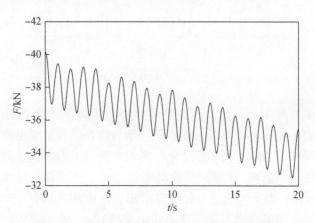

图 4-4　低温液氧贮箱所受晃动力随时间的变化

作用于低温液氧贮箱时，箱体所受晃动力沿 x 轴负方向变化。整个过程中，流体晃动产生的反作用力与箱体晃动力波动变化趋势是一致的。当箱体晃动力处于波峰时，低温液氧所受到的反作用力也达到最大值；而当箱体晃动力处于波谷时，流体反作用力也处于极小值。整个晃动过程中，低温液氧贮箱所受晃动力波幅总是处在上下波动的动态变化中，该现象与流体晃动实际情况相符。然而，这就造成了单次流体晃动的可重复率较低，增加了晃动动力特性研究的复杂性与难度。

当正弦晃动激励施加在低温液氧贮箱后，箱内流体做往复运动。晃动的流体撞击箱体壁面并形成晃动力矩，通过在贮箱高度方向以及半径方向设置不同晃动力矩测点来研究相关参数关系。图 4-5 展示了处于气液界面处的三个测点（M_1、M_1' 与 M_1''）晃动力矩的变化。从图中可以看出，相同液位处的三个测点力矩变化曲线几乎重合，均随时间波动变化，并且波动幅度不完全相同。例如，三个测点晃动力矩先逐渐减小，在第 4 个波动周期时，波动幅度突然增大，大约经历了 2 个大幅晃动后，波幅突然降低，之后再次升高。整体上，晃动力矩波动呈现出一定的周期性变化。经过 20s 流体晃动预测，三个测点的力矩在 $2.154 \sim 5.219$kN·m 内波动变化。

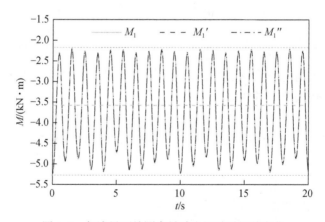

图 4-5　气液界面处测点晃动力矩随时间的变化

结合图 4-4 与图 4-5 可知，界面晃动力矩与箱体晃动力具有不同的变化曲线。箱体晃动力随时间波动降低；而界面晃动力矩并没有呈现出波动降低的变化趋势。这主要归结于力矩矢量 r 的变化。图 4-6 展示了力矩矢量的模的变化。受气液界面波动变化的影响，r 随时间波动变化。对于该测点，晃动力与晃动力矩方向均为 $-x$ 方向；而 r 与晃动力矢量方向相反，因此其具有 $+x$ 向的波动变化曲线。也就是说，当晃动力与晃动力矩处于波峰时，r 处于波谷；反之亦然。尽管晃动力与 r 有着方向相反的波动变化曲线，但是 r 并没有对晃动力矩产生明显影响。这主要是因为在整个晃动过程中，r 的模始终在 $0.0601\sim0.1465$m 内波动变化，该范围相对于量级为 10^4 的晃动力来说是较小量。总的来说，晃动力大小决定了晃动力矩的最终结果；而 r 对晃动力矩波动幅度产生一定的影响。结合图 4-4 与图 4-6 中两参数的变化就容易理解为什么界面处晃动力矩随时间呈现相对稳定的波动变化，而晃动力呈现大幅波动降低的变化。

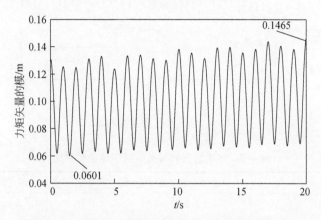

图 4-6　气液界面处晃动力矩矢量 r 的模随时间的变化

为详细研究相同高度处不同力矩测点的参数变化差异，以箱体对称轴测点为基准，分别计算 $(M_1'-M_1)$ 与 $(M_1''-M_1)$ 的相对大小。图 4-7 展示了两力矩差值的波动变化曲线。从图中可以看出，整个晃动过程中，$(M_1'-M_1)$ 数值经历不同幅度的波动变化。初始阶段，$(M_1'-M_1)$ 具有极大的正向与负向波动幅值，之后其波动幅度逐渐降低，经历了三个大幅波动后，其变化幅度逐渐降低，同时伴随着小幅起伏波动。$(M_1''-M_1)$ 曲线与 $(M_1'-M_1)$ 曲线波动方向相反。然而，两者的波动幅度基本相同。这里筛选了图 4-7 中 $(M_1'-M_1)$ 曲线的部分正向极值点与 $(M_1''-M_1)$ 曲线的部分负向极值点进行对比，相关参数罗列在表 4-3 中。结合图 4-7 与表 4-3 可知，两曲线波动方向相反，并且所筛选的正负向极值点数值基本相同，两力矩差值的差异在 10^{-6} 量级（表 4-3）。另外，受流体黏性以及晃动阻尼的影响，$(M_1'-M_1)$ 与 $(M_1''-M_1)$ 两参数整体上均随时间波动变化。然而，由于 $(M_1'-M_1)$ 与 $(M_1''-M_1)$ 的数值均小于 2.5N·m，该数值与 M_1、M_1' 与 M_1'' 的数值相比是十分小的，以至于 M_1、M_1' 与 M_1'' 三参数变化曲线近似重合。如上所述，对于相同液位高度处的不同力矩测点，其参数变化基本一致。这对不同高度处的 M_2、M_3、M_4、M_5 四个力矩测点均适用，有关内容此处不再赘述。

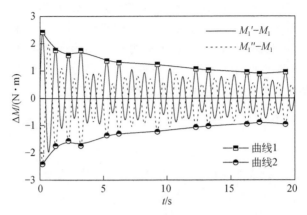

图 4-7　晃动力矩差异对比

表 4-3　筛选的正向与负向极值点参数对比

时间/s	曲线 1 测点值/(N·m)	曲线 2 测点值/(N·m)
0.21	2.413887	−2.413887
1.23	1.752032	−1.752038
2.24	1.566689	−1.566683
3.23	1.744988	−1.744988
5.26	1.364283	−1.364276
6.22	1.300883	−1.300877
9.25	1.234611	−1.234610
12.25	1.067753	−1.067747
13.23	1.024872	−1.024878
16.25	0.953277	−0.953277
17.23	0.882441	−0.882447
19.26	0.957001	−0.957001

　　图 4-8 展示了不同高度处力矩测点参数随时间的变化。从图中可以看出,处于气相区的晃动力矩测点具有正向的波动变化曲线,而处于液相区的力矩测点参数则沿 −x 方向波动变化。无论气相力矩测点还是液相力矩测点,所监测力矩参数均随时间波动降低。由于测点 M_3 距离晃动质量中心较远,该测点具有较大的力矩矢量,因此测点 M_3 晃动力矩高于测点 M_2。受流体晃动的影响,不同测点晃动力矩均随时间波动降低。在 20s 的数值模拟中,测点 M_3 晃动力矩数值从 125.506kN·m 波动降低到 110.663kN·m;而测点 M_2 晃动力矩从 60.176kN·

m 波动降低到 52.731kN・m。液相测点 M_4 与 M_5 参数均沿 $-x$ 方向波动变化。与气相测点一致，由于测点 M_5 具有较大的力矩矢量，其具有较大的晃动力矩。在 20s 的数值模拟中，测点 M_5 晃动力矩从 135.814kN・m 波动降低到 121.062kN・m，而测点 M_4 晃动力矩从 70.484kN・m 波动降低到 63.131kN・m。通过对对称分布的气液相测点对比可知，液相测点具有比气相测点更大的数值。这主要因为气相密度较小，气相质量也较小，以至于气相测点产出的晃动力矩较小。详细对比可知，对称布置的气相测点力矩数值整体上比液相测点低 17kN・m。另外，液相测点力矩波动幅度也比气相测点波动幅度明显，具体如 M_2 和 M_4 波动曲线所示。

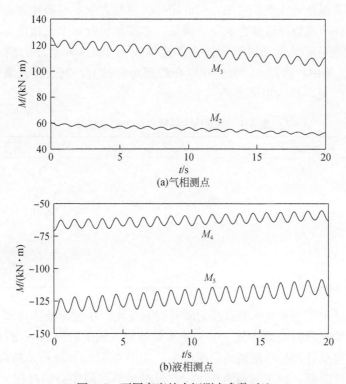

图 4-8　不同高度处力矩测点参数对比

通过对比图 4-5 与图 4-8 可以看出，气液界面力矩测点具有小幅平稳波动的变化曲线，其波动范围为 $2.154 \sim 5.219 \mathrm{kN \cdot m}$。与其他气液相测点相比，其数值是十分小的。另外，从图中还可以看出，测点距离晃动力矩中心越远，其晃动力矩矢量的模就越大，相应的晃动力矩越大，波动幅度也越大。

4.3　晃动热力学特性

4.3.1　贮箱压力变化

由于液氧初始温度设为 90K、气相温度沿高度方向上在 90～100K 范围内线性变化、箱体初始压力为 130kPa（其对应的液氧饱和温度为 92.641K），在此初始设置下，液氧具有 2.641K 的过冷度，气相则处于局部过热状态。当外部正弦激励作用于低温液氧贮箱时，箱内气液界面产生波动变化，过冷的低温液氧与过热气体以及高温壁面大面积接触，引起箱体内部热力学不平衡现象，最终导致气相被过冷液体冷却以及液氧贮箱压力降低。本节共设置 3 个气相压力测点与 3 个液相压力测点来反映晃动过程箱体内部流体压力变化，6 个压力测点的坐标如表 4-4 所示。其中，测点 p_{v1} 与 p_{l1} 布置在贮箱对称轴上，其余压力测点均对称布置在贮箱 $R/2$ 处，R 为箱体半径。

表 4-4　晃动热力学特性压力测点坐标

测点	坐标/m
p_{v1}	(0, 2.0)
p_{v2}	($-R/2$, 2.0)
p_{v3}	($R/2$, 2.0)
p_{l1}	(0, -2.0)
p_{l2}	($-R/2$, -2.0)
p_{l3}	($R/2$, -2.0)

图 4-9 展示了三个气相测点压力随时间的变化。在过冷液体冷却下，三个气相测点压力均随时间波动降低。由于处在贮箱对称轴上，测点 p_{v1} 距离贮箱壁面较远，该测点受外部晃动激励的影响最小，如图 4-9（a）所示，测点 p_{v1} 压力随时间近似线性降低。由于气相测点 p_{v2} 与 p_{v3} 沿低温贮箱中心轴对称分布在 $-R/2$ 与 $R/2$ 处，两测点压力随时间呈相反方向波动降低。为了清晰展示两对称测点压力波动变化，图 4-9（b）着重展示了 10～15s 内两测点压力分布。当外部激励施加在低温贮箱后，在反方向晃动力作用下，低温流体朝着 $-x$ 方向运动。随着 $-x$ 区液位高度的增加，p_{v2} 测点经历初始的压力升高。相应地，$+x$ 区流体液位降低，测点 p_{v3} 出现最初的压力降低。随着正弦波的传递以及箱体反作用力的影响，箱内流体开始朝 $+x$ 方向运动，测点 p_{v3} 压力出现突然增加，而测点 p_{v2} 出现压力降低。沿贮箱对称轴布置的气相测点 p_{v2} 与 p_{v3} 压力大致沿着中心测点 p_{v1} 压力曲线

对称分布。经过 20s 流体晃动，中心测点 p_{v1} 压力从 130.0kPa 降低到 126.177kPa，对应的压降速率为 191.15Pa/s。

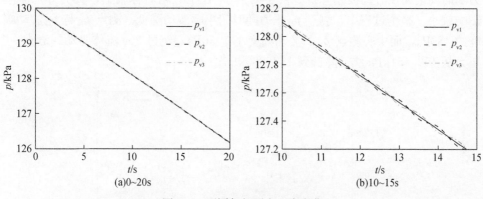

(a)0~20s　　　　　　　　　　　　　(b)10~15s

图 4-9　不同气相测点压力变化

　　外部激励造成贮箱两侧对称布置的测点压力呈反方向波动变化，这里以中心测点压力为基准，对比两对称测点的压力波动幅度。图 4-10 展示了 $p_{v2}-p_{v1}$ 与 $p_{v3}-p_{v1}$ 两参数随时间的波动变化曲线。很容易看出，两曲线随时间呈相反方向的波动变化。例如，$p_{v2}-p_{v1}$ 在 0.03s 经历了初始的快速增加，达到 32.059 Pa，而 $p_{v3}-p_{v1}$ 在相同时刻经历初始的压力降低，压降为 -30.473Pa。之后，两参数均经历规律的波动变化，并且变化幅度基本相同。除去初始的压力突增与突降，两参数均在 $-20\sim20$Pa 内波动变化。

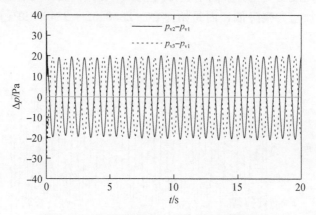

图 4-10　对称气相测点与中心测点压差对比

　　图 4-11 展示了三个液相测点压力变化。三个测点均布置在气液界面以下 -2.0m 的深度。施加外部激励后，测点 p_{l2} 出现了最初的压力升高，而测点 p_{l3} 压力随流

体向左侧运动而降低。当流体向反方向运动时，测点 p_{13} 达到了压力的最大值，而测点 p_{12} 处于压力低谷。与气相测点压力分布相似，对称布置的两液相测点压力随时间呈相反方向波动降低。由于测点 p_{11} 处于贮箱对称轴上，其受外部激励影响较小。整个过程中，测点 p_{11} 压力随时间小幅波动降低。测点 p_{12} 与 p_{13} 波动幅度约480Pa，而中心测点 p_{11} 的波动幅度小于50Pa，经过20s流体晃动，测点 p_{11} 压力从152.451kPa波动降低到148.580kPa。

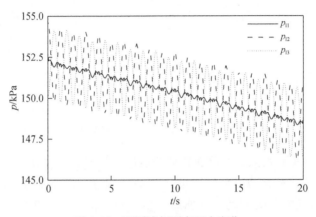

图 4-11　不同液相测点压力变化

同样，这里也对比了两侧液相压力测点与中心液相压力测点的相对差异。图 4-12展示了 $p_{12}-p_{11}$ 与 $p_{13}-p_{11}$ 两参数随时间的变化。很容易看出，两参数随时间呈相反方向波动变化。不同于气相测点压差变化，液相测点压差并没有经历初始的大幅增加与大幅降低，而是始终在 $-2358.52 \sim 2346.49$ Pa 内近似等幅度规律波动变化。

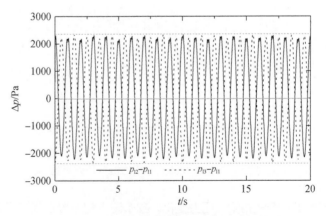

图 4-12　对称液相测点与中心测点压差对比

　　图 4-13 与图 4-14 展示了不同时刻箱体内部流体压力分布云图。在外部正弦激励的影响下，箱内流体做往复运动，气液界面波动引起不同位置液位高度的变化，以至于箱内流体压力也出现起伏波动变化。例如，当流体向箱体左侧运动

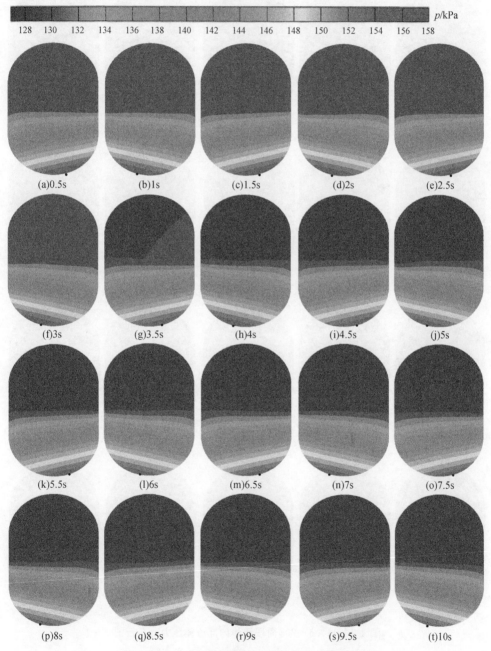

图 4-13　0～10 s 阶段箱体内部流体压力分布云图

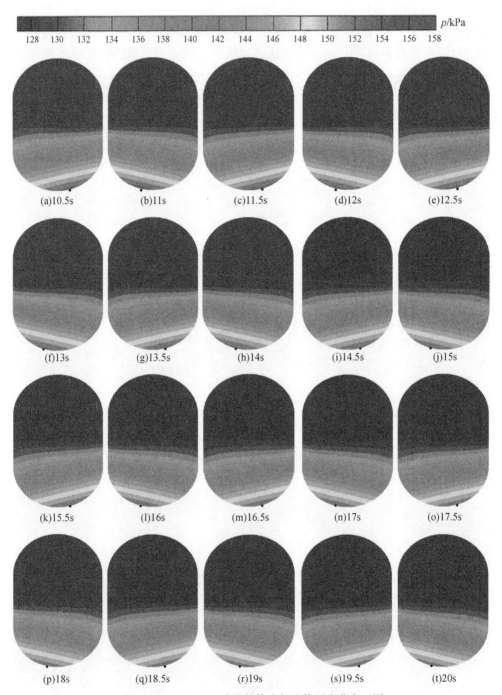

图 4-14　10.5～20s 阶段箱体内部流体压力分布云图

时，箱体压力极大值出现在贮箱左侧；而当流体向贮箱右侧运动时，箱体压力极大值出现在贮箱右侧。整体上，箱体压力随外部晃动激励呈现出往复波动降低的变化趋势，这也可以从图 4-13 与图 4-14 中压力分布云图中明显反映出来。

为研究箱体内部流体极值压力 p_{max} 随时间的动态变化，计算中特设置了流体压力极值测点，相关参数变化如图 4-15 所示。可以看出，受流体往复运动的影响，箱体内部流体极值压力也随时间波动变化。在过冷液体的冷却作用下，贮箱压力随时间波动降低，相应地，流体极值压力也随时间波动下降。经过 20s 流体晃动，箱内流体极值压力从 158.46kPa 波动降低到 156.02kPa。

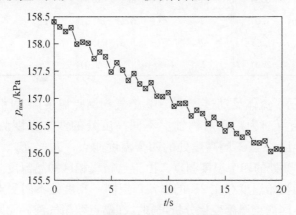

图 4-15　低温液氧贮箱内部流体极值压力变化

4.3.2　流体温度变化与热分层

为研究外部正弦激励作用下低温液氧贮箱内部流体晃动热力特性，模拟中在低温液氧贮箱内部均匀设置了 12 个气相测点、3 个气液界面测点与 12 个液相测点用来反映箱内流体温度变化。各温度测点分布如图 4-16 所示，具体坐标见表 4-5。

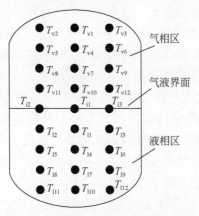

图 4-16　箱体内部流体温度测点分布

表 4-5　晃动热力学特性温度测点坐标

测点	坐标/m	测点	坐标/m	测点	坐标/m
T_{v1}	(0, 2.0)	T_{v2}	(−0.875, 2.0)	T_{v3}	(0.875, 2.0)
T_{v4}	(0, 1.5)	T_{v5}	(−0.875, 1.5)	T_{v6}	(0.875, 1.5)
T_{v7}	(0, 1.0)	T_{v8}	(−0.875, 1.0)	T_{v9}	(0.875, 1.0)
T_{v10}	(0, 0.5)	T_{v11}	(−0.875, 0.5)	T_{v12}	(0.875, 0.5)
T_{i1}	(0, 0)	T_{i2}	(−0.875, 0.0)	T_{i3}	(0.875, 0)
T_{l1}	(0, −0.5)	T_{l2}	(−0.875, −0.5)	T_{l3}	(0.875, −0.5)
T_{l4}	(0, −1.0)	T_{l5}	(−0.875, −1.0)	T_{l6}	(0.875, −1.0)
T_{l7}	(0, −1.5)	T_{l8}	(−0.875, −1.5)	T_{l9}	(0.875, −1.5)
T_{l10}	(0, −2.0)	T_{l11}	(−0.875, −2.0)	T_{l12}	(0.875, −2.0)

　　图 4-17 展示了流体晃动过程中，12 个气相测点温度随时间的变化。其中，T_{v1}、T_{v4}、T_{v7} 与 T_{v10} 为贮箱对称轴上不同高度处的四个温度测点；T_{v2}、T_{v5}、T_{v8} 与 T_{v11} 为贮箱−x 区不同高度处的四个温度测点；T_{v3}、T_{v6}、T_{v9} 与 T_{v12} 为贮箱＋x 区不同高度处的四个温度测点。由于贮箱气相区初始温度为线性分布，不同高度处测点的初始温度存在 2K 的温差，但同一高度处不同测点初始温度是相同的。通过对不同测点温度变化分析可知，在靠近贮箱气液界面附近，测点温度受流体晃动影响较大，其温度随时间大幅波动变化。在经历了最初的温度波动升高后，受过冷流体冷却的影响，测点 T_{v10} 温度开始波动降低，整个过程其温度在 92K 附近波动变化。处在同一高度处（$y=0.5$m）的测点 T_{v11} 与 T_{v12} 温度则在 92～92.8K 内波动变化，受流体来回晃动的影响，两测点温度波动变化趋势相反。与处在 $y=1.0$m 处三个温度测点（T_{v7}、T_{v8} 与 T_{v9}）对比发现，靠近气液界面处的测点温度波动更加剧烈。在 $y=1.0$m 处，测点 T_{v8} 与 T_{v9} 的温度基本呈缓慢增加的趋势并伴随着小幅波动，在 20s 的计算时间内，两侧点温度从 94K 增加到 94.86K。测点 T_{v7} 则表现出不同的温度变化趋势，其在前 10s 内温度变化比测点 T_{v8}、T_{v9} 温度变化小，而在后 10s 内温度变化基本与测点 T_{v8}、T_{v9} 温度变化一致，三者温度均在小范围内波动变化。当高度增加到 1.5m 时，测点 T_{v4}、T_{v5} 与 T_{v6} 的温度变化受低温贮箱上封头结构的影响开始显现出来。T_{v5} 与 T_{v6} 两测点温度在前 10s 内基本呈现先降低后升高的态势，并且温度波动较小；而在后 10s 内，两测点温度逐渐升高，并伴随着较大的温度波动。对于中心测点 T_{v4}，其温度变化整体上呈现正弦波动的变化态势，在前 10s 内该测点温度低于左右两测点温度；而在 10s 后其温度又高于左右测点温度。测点 T_{v1} 也出现相似的温度变化。相比测点 T_{v4}，测点 T_{v1} 受箱体上封头形状的影响更大，尤其在 10s 之后，测点

T_{v1} 温度开始迅速升高，在约 15s 时达到最大值 100.388K，比同时刻左右两侧点温度高 2.17K。之后，测点 T_{v1} 温度逐渐趋于平稳。另外，受制于上封头结构的影响，测点 T_{v2} 与 T_{v3} 温度曲线也呈现出不同于其他测点温度的变化曲线，整体上两侧点温度先降低后升高，在 10s 时达到极大值；之后两侧点温度再次波动降低，在大约 15s 时达到极小值；之后又再次波动升高。由于对称布置在液氧箱体，两对称布置的测点温度波动方向相反。因此，在时间维度上，不同测点温度也呈现出波动变化的趋势。整体上，距离气液界面较远的测点温度波动幅度较大。例如，测点 T_{v10} 在 20s 内温度波动仅为 0.553K；而测点 T_{v1} 温度从 97.43K 波动到 100.47K，波动幅度达 3.04K。

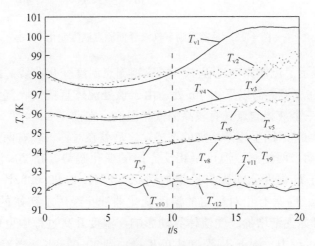

图 4-17　晃动激励下气相测点温度变化

　　由于本节设置的外部正弦激励波幅并不大，在 20s 数值模拟计算中，三个界面流体温度测点均处在气液相界面附近。图 4-18 展示了 3 个界面测点温度随时间的变化。由于贮箱气液界面一方面接受过热气相的传热，另一方面还接受壁面被加热流体向界面的流动积聚，整体上气液界面处流体温度是升高的。受外部晃动激励的影响，箱内流体来回晃动，该过程促进了箱内流体热量的混合，又使得界面处流体温度适当降低。总体上，气液界面处流体温度呈波动升高的变化趋势。从图 4-18 很容易看出，处于贮箱中心线上的测点 T_{i1} 温度呈现明显的波动升高变化。10s 之前，测点 T_{i1} 温度波动幅度较大；而 10s 之后，其温度波动变化幅度逐渐变小。测点 T_{i2} 与 T_{i3} 温度在 10s 之前也具有较大的波动变化，受流体黏性与阻尼效应的影响，10s 之后，两测点温度波动变化逐渐趋于稳定。整体上，T_{i2} 与 T_{i3} 两测点温度呈现相反方向的波动变化态势。整个过程中，气液界面测点温度从 90K 波动升高到 90.06K。

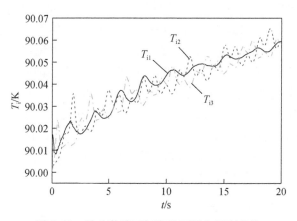

图 4-18   晃动激励下气液界面测点温度变化

图 4-19 展示了流体晃动过程中不同液相测点温度变化曲线。液相测点 T_{l1}、T_{l2} 与 T_{l3} 均处在气液界面以下 0.5m 处，由于该处流体直接接收气液界面向下的热量传递，这三个液相测点具有较高的液相温度。在前 10s 内，三个测点温度变化基本一致，均随时间呈逐渐增加的态势，之后处在对称轴左右两侧的测点出现较大的温度波动，两侧测点温度呈相反方向的变化趋势。在 20s 流体晃动过程中，测点 T_{l2} 与 T_{l3} 温度分别从 90K 增加到 90.0274K 与 90.0268K。相比于测点 T_{l2} 与 T_{l3}，测点 T_{l1} 具有相对稳定的温度变化曲线。经历了初始的平稳发展后，测点 T_{l1} 温度开始逐渐增加。受流体晃动影响，温度升高过程中也伴随着小幅波动变化。整个过程中，测点 T_{l1} 温度从 90K 增加到 90.0259K。当液位高度降低到 −1.0m 时，三个测点温度变化如图 4-19（b）所示。由于距离气液界面较远，界面处热量传递到此处较少，以至于测点 T_{l4}、T_{l5} 与 T_{l6} 具有较小的温升。三个测点温度均先经历初始稳定变化，之后开始逐渐增加，整体上呈现平缓升高的变化趋势。另外，从图 4-19（b）很容易发现，处于贮箱对称轴上的测点相较于相同高度处左右两侧的测点温度更低。这是因为对称轴上测点受流体晃动影响较小，同时获得的热量传递也较少。在 20s 数值模拟中，测点 T_{l4} 温度从 90K 增加到 90.012K，而测点 T_{l5} 与 T_{l6} 温度分别增加到 90.0147K 与 90.0145K。图 4-19（c）展示了液位坐标为 −1.5m 处的三个测点 T_{l7}、T_{l8} 与 T_{l9} 的温度变化曲线。可以看出，这三个测点具有与图 4-19（b）三个测点相同的温度变化趋势。由于接收气液界面传热较少，测点 T_{l7}、T_{l8} 与 T_{l9} 温度也首先经历了初始的平稳变化阶段，之后缓慢升高，并且贮箱对称轴上的测点 T_{l7} 温升低于左右两测点温升。经过 20s 流体晃动，测点 T_{l7}、T_{l8} 与 T_{l9} 的最终温度分别为 90.008K、90.011K 与 90.011K。可以看出，坐标在 $y=-1.5$m 处流体温度低于 $y=-1.0$m 处流体温

度。处在贮箱最底部的三个测点 T_{l10}、T_{l11} 与 T_{l12} 温度变化均不同于其他液相测点，具体如图 4-19（d）所示。由于处在箱体底部，该处流体接收到下封头壁面导热传热量较多，测点温度经历过初始平稳发展阶段后（前 2.0s 内），开始近似线性升高。整个过程中，贮箱对称轴处测点 T_{l10} 的温度始终低于左右两测点温度。T_{l10}、T_{l11} 与 T_{l12} 三个测点温度分别从 90K 增加到 90.013K、90.0154K 与 90.0154K。可以看出，该处测点温度变化高于 $y=-1.5\text{m}$ 处流体温度变化，并且达到了与 $y=-1.0\text{m}$ 处测点温度相当的水平。因此，总的来说，箱内流体温度呈现出上部高下部低、外部高内部低的温度分布；然而，受贮箱下封头对流传热影响，箱体底部也出现了局部高温区域。

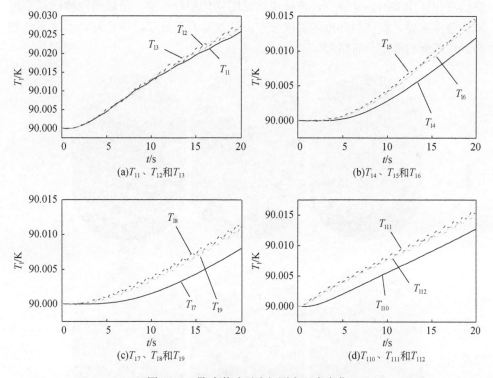

图 4-19　晃动激励下液相测点温度变化

　　图 4-20 展示了外部晃动激励作用下箱体内部流体热分层的发展变化。在外部热侵影响下，箱体内部流体热分层逐渐形成并发展。当外部晃动激励施加到箱体后，其对流体热分层产生了一定影响。例如，在 0.5s 时，液氧向箱体左侧运动，流体最低温度出现在箱体底部右侧区域；1s 后，流体向右侧运动，此时流体最低温度出现在贮箱底部左侧区域。因此，随着流体做往复运动，箱内流体最低温度也出现动态波动变化。如图 4-20 所示，低温液氧贮箱内部流体温度分层

良好。随着外部漏热的侵入，紧贴壁面的气体被加热，被加热的流体密度降低，在热浮升力驱动下，热流体向上运动，冷流体向下运动，由此形成自然对流循环。最终高温气体积聚在贮箱顶部，形成局部高温区。在温差的驱动下，高温区流体向低温区传热，以至于形成 M 形温度分布曲线，如图中 15s 与 20s 时气相区温度分布所示。对于气相区，高温区整体上分布在箱体上部，靠近气液界面处流体温度较低。不同于气相温度分布，液相区流体最高温度出现在气液界面处，而最低温度出现在液相区中部。这主要与气液界面从高温气相以及外部环境中获得了较多的热量用来加热界面流体有关。另外，由于紧靠贮箱壁面处的流体直接接收外部环境漏热的加热，近壁面处也形成局部高温区。由于外部漏热以及气相传热到液相区中部的热量较少，该处流体温度变化相对缓慢，是液相流体的低温区域。整体来说，箱体内部流体温度分布十分规律，热分层发展良好，形成了外侧高、内部低的温度分布格局。

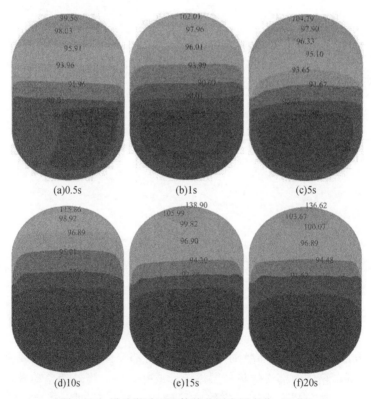

图 4-20　晃动激励下流体热分层发展变化（T/K）

　　图 4-21 展示了气液相极值温度在外部晃动激励影响下的变化曲线。由于气相密度、比热容均较小，流体最高温度出现在气相区顶部，并且随时间波动升

高。经过 20s 流体晃动，气相最高温度从 100K 波动增加到 215.07K。温度最低点始终出现在液相区中部，在前 5.3s，流体最低温度一直保持在 90K，之后由于从气液界面以及外部环境获得了部分热量，流体最低温度开始缓慢增加。经过 20s 晃动传热，流体最低温度增加了 0.0074K。

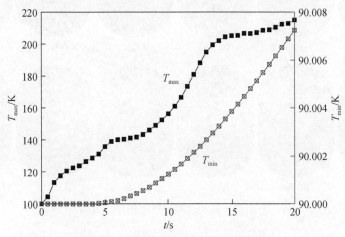

图 4-21　晃动过程流体极值温度变化

4.4　气液界面动态波动

4.4.1　气液界面形状变化

　　图 4-22 展示了在晃动振幅为 0.3m、晃动频率为 1.0Hz 的外部正弦激励下，液氧箱体内部气液相分布，图中上部为气相，下部为液相。外部晃动激励促使箱内流体做往复运动，以至于气液界面呈现不同的形状变化。在初始阶段，箱内液氧具有较大的摆动幅度，波谷和波峰均出现在箱体两侧。随着波流向前传播，自由界面中间部分也开始出现波动变化。在 1.5s 时，自由界面仅出现 2 个波峰；当持续到 5s 时，有 4 个波峰波谷形成；而在 9.5s 时，气液界面波动更加频繁。持续到 19.5s 时，箱内流体已储存较多能量，气液界面处开始形成更大幅度的波动变化。

　　为方便理解晃动过程箱体内部气液界面的波动变化，本节通过监测气液界面的相组分来描绘每一时刻气液界面的形状，通过累积获得某一时间段内的气液界面波动曲线，以此反映自由界面的波动过程。图 4-23 展示了所选取的 4 个时间段内气液界面形状的动态变化。可以看出，当外部晃动激励施加到箱体左侧壁面

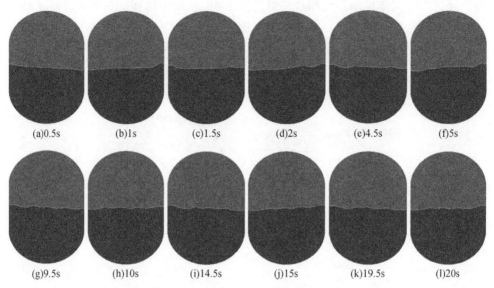

(a)0.5s　　(b)1s　　(c)1.5s　　(d)2s　　(e)4.5s　　(f)5s

(g)9.5s　　(h)10s　　(i)14.5s　　(j)15s　　(k)19.5s　　(l)20s

图 4-22　晃动过程中气液相分布云图

后，在箱体晃动力作用下，流体向箱体左侧壁面运动，大约在 0.4s 时达到第一个波峰值，之后开始向下运动。在该过程中，由于流体向左运动，箱体右侧流体具有较低的幅值，气液界面大致呈 S 形分布。之后，随着波的传递，左侧流体向下移动，更多流体开始向箱体右侧运动，大约在 0.9s 时，左侧流体达到第一个波谷点，此时右侧流体也达到第一个波峰点。在该阶段，气液界面大致呈 Z 形分布。之后，随着流体波的传递，自由界面开始出现较大的波幅变化。对比发现，通过在气液界面设置测点，所监测曲线与气液相分布中的自由界面曲线是一致的。也就是说，通过该处理方式可以较好地反映气液界面形状的动态变化。

在 1.1～2s，箱内自由界面形状变化如图 4-23（b）所示。该阶段流体已具有较大的波动幅度，整体上流体向右侧壁面运动。在 1.5s，左侧流体运动到该波动周期的最大极值点。之后，随着波的传递，左侧流体液位降低，右侧流体液位波动升高。在 2s，左侧流体运动到极小值点，而右侧流体也达到极大值点。不同于前 2s，当流体晃动持续到 9s 以后，气液界面波动已经变得十分剧烈，具体如图 4-23（c）所示。整体上，界面波动强度更加频繁。

由图 4-23（c）可知，在箱体左侧壁面产生的第一个正弦波已从箱体左侧完全传播到箱体右侧，自由界面不再呈现简单单调的界面分布。例如，在 9.5s 时，共有 4 个波峰、5 个波谷形成，箱体左侧具有较大的波动幅度，说明此时流体整体向左侧运动。而在 10s 时，左侧波峰降低，右侧波谷升高，在该变化过程中，处在中间的波峰和波谷也出现小幅波动变化。经历了 9s 晃动，在 9.1～10s 内，自由界面基本沿箱体中心线呈非完全对称分布。当晃动持续到 19s 时，此时箱内流体已积聚了更多的能量，箱体内部流体晃动变得更加剧烈。在接下来的 1s 中，气液界面曲线变化如图 4-23（d）所示，不同于图 4-23（a）、（b）与（c），此时晃动流体将产生更大的波动幅度。另外，在晃动能驱动下，流体向箱体中部波动传递，并在该处形成较大的波幅。通过对比也可以发现，该阶段自由界面具有较大的位移极值。

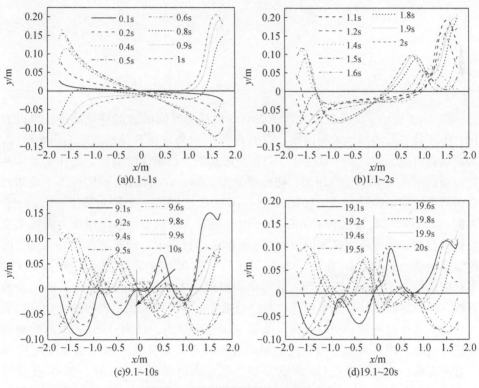

图 4-23　不同时刻气液界面形状变化

4.4.2　气液界面波动变化

　　为反映晃动过程中气液界面动态波动的强度变化，在气液界面共设置了7个动态测点。不同于其他测点，本节所设置测点随界面动态波动，各测点 x 坐标不发生变化，仅在 y 轴方向上出现位移变化。7个动态测点初始坐标如表 4-6 所示，其中 R 为箱体半径。外部晃动激励驱使箱内流体做往复运动，晃动流体撞击箱体壁面形成较大的扰动。在外部激励与贮箱反作用力下，晃动流体围绕气液初始界面上下波动变化。由于坐标中心位于气液界面 0m 处，当测点在气液界面以上运动时，认为其方向为正向，否则为负向。

表 4-6　气液界面动态测点初始坐标

测点	坐标/m
C	$(-R, 0)$
C'	$(R, 0)$
B	$(-1.5, 0)$
B'	$(1.5, 0)$
A	$(-R/2, 0)$
A'	$(R/2, 0)$
O	$(0, 0)$

　　图 4-24 展示了 7 个气液界面动态测点位移随时间的波动变化曲线。可以看出，由于处在低温液氧贮箱两侧，测点 C 与 C' 受外部正弦晃动激励的影响较大，两测点具有最大的波动位移变化。当正弦激励施加到箱体壁面后，流体向箱体左侧运动，测点 C 幅值突然增加，初始峰值为 0.102m；而测点 C' 则经历了最初的幅值降低，初始位移为 -0.901m。之后测点 C 达到第一个负向极值 -0.079m，而测点 C' 达到正向极值 0.139m。由于对称布置，两测点位移呈相反方向波动变化，并且波动幅值不完全相同。在 20s 流体晃动过程中，动态测点 C 在 4.98s 取得负向极值 -0.127m，在 10.32s 取得正向极值 0.163m；而测点 C' 在 8.88s 取得正向极值 0.176m，在 16.56s 取得负向极值 -0.091m。受流体晃动随机性的影响，两对称测点波动趋势相反，在波动幅度上并没有呈现出规律的变化。当测点位置向箱体对称轴移动时，测点波动幅度逐渐减小。从测点 B 与 B' 的波动变化曲线可以看出，两动态测点波动频率有所减小，并且波动幅度也比测点 C 与 C' 有所降低。不同于测点 C，测点 B 的极值分别出现在 3.61s 与 5.05s，正负向极值分别为 0.154m 与 -0.117m，位移波动均低于测点 C。而测点 B' 的正负向极值分别为 0.117m 与 -0.081m，两极值点分别出现在 1.06s 与 13.55s，与测点 C' 也存在一定差异。当测点朝着液氧箱体对称轴方向移动到 $R/2$ 处时，两测点波动幅度开始出现明显降低。例如，处在 $-R/2$ 与 $R/2$ 处的测点 A 与 A' 具有方向相反的波动变化曲线。同时，由于距离箱体对称轴较近，两者波动幅度大致相同。在 20s 流体晃动过程中，两者位移均在 $-0.0567\sim0.0567$m 内波动变化。对于处在液氧箱体对称轴上的动态测点 O，其波动幅度变化最小，整个过程中，其位移在 $-0.0302\sim0.0061$m 内变化。另外，由于流体波动过程中，气液相分布不均匀，液体更多分布在箱体两侧，以至于测点 O 具有较大的负向位移。这也说明了在流体晃动过程中，气液相分布是极不均匀的。

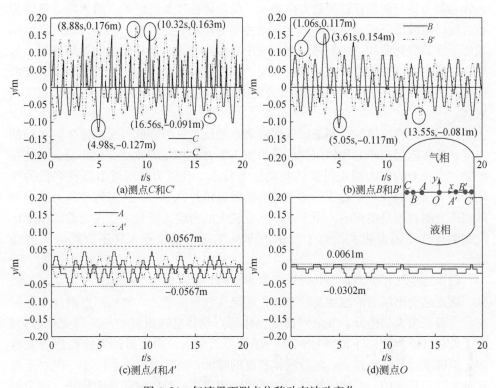

图 4-24 气液界面测点位移动态波动变化

由上述描述可知，当动态测点设置在距离贮箱壁面较近的位置时，测点波动幅度受箱内流体往复运动的影响较大，表现出较大的位移波动。同时，对称布置的测点位移波动方向相反。越靠近贮箱对称轴的测点，波动幅度越小，并且对称布置的测点波动幅值也越接近。受流体分布不均的影响，贮箱中心测点具有较大的负向波动位移。

4.5 本 章 小 结

本章针对航天用低温液氧贮箱，考虑了气液界面相变与外部自然对流换热的影响；数值研究了在典型外部正弦晃动激励下，箱体内部流体晃动过程涉及的热力耦合特性；分析了晃动过程中低温贮箱所受晃动力与晃动力矩变化、流体压力变化、流体温度分布以及自由界面动态波动等。结果表明，该数值模型较好地预测了低温液氧贮箱晃动热力耦合过程。所获主要结论如下：

（1）在外部正弦晃动激励作用下，液氧箱体内部流体做往复运动，流体晃动力和晃动力矩与初始正弦激励方向相反。受流体黏性与阻尼效应的影响，流体晃动力随时间波动降低。受晃动力与晃动力矩的模的共同影响，晃动力矩出现波动幅度不等的变化曲线。两侧力矩测点与中心力矩测点的差异随时间逐渐降低。另外，气液相测点力矩参数变化方向相反，均随时间波动降低。由于液相具有较大的密度，液相测点力矩比气相测点力矩大很多，并且液相力矩测点波动幅度也更大。

（2）在过冷液体的冷却下，低温液氧贮箱压力逐渐降低。受液体来回晃动的影响，处在低温贮箱对称轴两侧的压力测点呈方向相反的波动变化曲线；而处在贮箱对称轴上的压力测点受流体晃动影响较小，其压力呈现近似线性降低的变化。两侧压力测点与中心压力测点差值曲线近似对称分布，这对气相压力测点与液相压力测点都是适用的。由于液体具有较大的密度，液相测点压力波动幅度比气相测点波动幅度更大。对于箱体内部流体压力极值点，其压力随时间波动降低。

（3）对于气相测点，当其靠近气液界面时，测点温度受流体往复运动影响较大，测点呈现出明显的温度波动变化。距离气液界面越远，气相测点温度变化越平稳并表现出大幅温升。气液界面处流体测点整体呈现出波动升高的变化趋势。对于处在气液界面以下的液相测点，距离界面越近，所获得的界面传热量就越多，温度波动升高也越大。随着液体高度的降低，流体温升逐渐变小。但对于处在低温贮箱底部的三个液体测点，由于接收到更多的箱体底部壁面传热，三个测点均有明显的温度升高。整体上，箱内流体温度分层良好，呈现出上部高下部低、外部高中部低的温度分布。气相极值点温度呈现出波动升高的变化曲线；而液相最低点温度则在经历了初始的稳定变化后开始缓慢升高。

（4）当外部正弦激励施加在低温液氧贮箱后，箱内气液相界面随之波动变化。随着晃动激励的持续进行，箱内气液界面从最初的水平界面逐渐变成 S 形、Z 形分布，并变得起伏波动。伴随着晃动能量的积聚，大的波峰和波谷逐渐向箱体中间移动。同时，气液界面形状分布大致沿低温贮箱中心线对称分布。

（5）距离低温液氧箱体壁面越近的气液界面动态测点，受流体晃动影响越大，并表现出较大的竖向位移波动；而距离贮箱对称轴越近的测点受外部激励的影响越小，流体波动也较小。另外，对称布置的界面动态测点具有方向相反的波动变化曲线，并且距离对称轴越近，测点的波动幅度也越接近。

第5章 流体晃动热力过程影响因素分析

第4章已对外部正弦晃动激励作用下，低温液氧贮箱内部流体晃动过程涉及的晃动力学参数（如晃动力、晃动力矩、气液界面形状变化等）与热力参数（如流体压力、流体温度等）特性进行了详细介绍与分析，对流体晃动热力耦合过程有了基本了解。本章将对流体晃动热力耦合过程的主要影响因素进行深入探讨，着重研究外部环境漏热、初始液体温度、初始液体充注率与晃动激励振幅等因素对低温液氧贮箱内部流体晃动热力耦合特性的影响规律。当然，不同影响因素下箱体内部热力耦合特性的着重关注点也有所差异。例如，当研究外部环境漏热对流体晃动热力特性的影响时，主要关注晃动激励对箱内热物理过程的影响；而当研究晃动激励振幅对流体晃动过程的影响时，会侧重于流体晃动力学方面的分析介绍。

模拟过程仍采用低温液氧、气氧为研究工质，所用到的流体热物理参数如表5-1所示，其中气氧比热容变化拟合为流体温度的函数。

表5-1 流体热物理性质

参数	数值
液氧密度/(kg/m³)	1142
气氧密度/(kg/m³)	5.46
液氧比热容/[J/(kg·K)]	1699
气氧比热容/[J/(kg·K)]	$c_p=834.826+0.293T-1.496\mathrm{e}^{-4}T^2+3.414\mathrm{e}^{-7}T^3$
液氧导热系数/[W/(m·K)]	0.15
气氧导热系数/[W/(m·K)]	8.65×10^{-3}
液氧动力黏度/[kg/(m·s)]	1.9582×10^{-5}
气氧动力黏度/[kg/(m·s)]	7.3278×10^{-7}
表面张力系数/(N/s)	0.013

采用典型正弦晃动激励作为边界条件施加到低温液氧贮箱，相关的晃动激励表达式为

$$y=A\sin(2\pi ft) \tag{5-1}$$

$$a=y''=-4\pi^2f^2A\sin(2\pi ft) \tag{5-2}$$

式中，A 为晃动振幅，取 0.2m；f 为晃动频率，取 1.0Hz；t 为晃动激励持续时间。

5.1　外部环境漏热

一般来说，外部环境漏热主要影响低温燃料贮箱内部热力特性。有关外部环境漏热对箱体内部流体晃动热力耦合过程研究较少，本节将研究考虑外部环境漏热与不考虑外部环境漏热两种工况对低温液氧贮箱内部热力耦合特性的影响。液氧初始温度为 90K，气氧初始温度在 90～100K 内线性变化；箱体初始压力为 130kPa；充注率为 50%；坐标原点设置于液氧贮箱中心。流体晃动力与晃动力矩测点均设置在坐标原点。

5.1.1　外部环境漏热对流体晃动力学特性的影响

图 5-1 展示了两工况下低温液氧贮箱内部流体晃动力随时间的变化曲线。由于流体晃动力具有方向性，其与初始正弦晃动激励方向相反，所以在晃动力数值前面带有负号。从图中可以看出，整个过程中，受流体黏性与阻尼效应的影响，流体晃动力随时间波动降低，并且每个周期波动幅度不完全相同，这进一步说明了流体晃动的无规律性与随机性。计算过程中，当不考虑外部环境漏热的影响时，流体晃动力从 40.06kN 波动降低到 34.66kN。然而，当考虑外部环境漏热对箱体内部流体晃动过程的影响时，流体晃动力从 40.06kN 波动降低到 35.48kN。经过 20s 流体晃动数值模拟，考虑外部环境漏热工况的流体晃动力比不考虑外部环境漏热工况的流体晃动力高 0.82kN。这主要与箱体内部气相被冷却的程度有关。对于不考虑外部环境漏热的工况，由于没有外部热侵渗入低温液氧箱体，仅有箱内气液相间的热质传递，此时高温气相向低温液相传热较多，气相被冷却的程度较大。与考虑外部环境漏热的工况相比，不考虑外部环境漏热的工况对应的液相温度更低，高温气相冷凝量也更大，因此该工况下液相整体质量稍大。当液体质量较大时，外部正弦激励造成的流体晃动波动与壁面撞击程度更大，相应的动量损失与能量消耗也较大。因此，对于不考虑外部环境漏热的工况，其对应的流体晃动力具有较大的降低。从图 5-1 还可以看出，在初始的 3.2s，两工况晃动力曲线几乎重合。随着晃动过程的持续，气液相间热质传递随之加剧，两工况参数差距才越来越大。

图 5-2 展示了两工况下流体晃动力矩随时间的变化曲线。不同于流体晃动力变化，考虑外部环境漏热与不考虑外部环境漏热两工况下，晃动力矩波动曲线几乎一样。这主要是因为晃动力矩反映了晃动力与力矩矢量的叉乘积。同时，在初

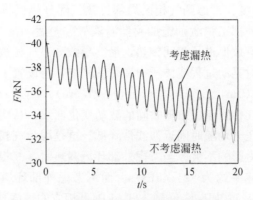

图 5-1　环境漏热对流体晃动力变化的影响

始设置下，晃动力矩矢量具有与晃动力相反的变化曲线，并且力矩矢量的模相对于晃动力的量级来说是十分小的，以至于两者的乘积并没有发生明显的变化。整个过程中，考虑外部环境漏热与不考虑外部环境漏热两工况所获得的晃动力矩差值小于 0.9N·m，因此两工况曲线几乎重合在一起。另外，从图 5-2 也可以看出，整个过程中，晃动力矩始终处在波动变化中，并且每次波动幅度并不完全相同。对于本处研究工况，晃动力矩波动范围为 2.198～5.256kN·m。

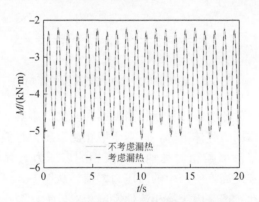

图 5-2　环境漏热对晃动力矩变化的影响

通过对比图 5-1 与图 5-2 可知，外部环境漏热对低温贮箱所受晃动力产生了一定影响，但其对晃动力矩的影响并不明显。当然，这也主要与晃动力矩的模的变化较小有直接关系。

5.1.2　外部环境漏热对流体压力变化的影响

在液氧初始温度为 90K、箱体初始压力为 130kPa 的设置下，液相具有

2.641K 的初始过冷度。考虑到气相区局部过热，部分热量将从高温气相区传递到低温液氧区。当外部正弦激励施加到低温液氧贮箱后，箱内流体做往复运动，气液相大面积接触有效促进了相间传热，最终导致高温气相被低温液相冷却。为研究外部环境漏热对晃动过程流体压力变化的影响，特设置了气液相测点，相应的测点坐标分别为（0m，1.5m）与（0m，−1.5m）。

图 5-3 展示了气相测点压力随时间的波动变化曲线。从图中很容易看出，两工况下，气相测点压力均随时间近似线性降低。这是因为气相密度较小，局部的流体波动对气相压力影响不大。当考虑外部环境漏热时，气相测点具有相对较小的压降值，其压降速率约为 191.45Pa/s。而不考虑外部环境漏热时，气相测点压降较大，其压力从 130kPa 降低到 125.5kPa，相应的压降速率为 225Pa/s，比考虑外部环境漏热时高 33.55Pa/s。

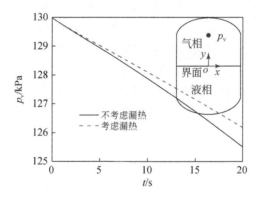

图 5-3　环境漏热对气相测点压力的影响

图 5-4 展示了外部环境漏热对液相测点压力变化的影响。由于晃动过程中气相被液相冷却，箱体压力整体下降，以至于液相测点压力也波动降低。由于气液相测点均布置在低温液氧贮箱对称轴上，液相测点压力与气相测点压力直接关联，两者相差流体液位高度所产生的净压力差值。从图 5-4 可以看出，液相测点具有明显的压力波动。这是因为液相流体密度相对较大，微小的扰动即可引起液相流体明显的波动变化，流体波动造成低液氧温贮箱对称轴处液位高度的起伏波动，以至于液相测点压力大幅波动变化。当考虑外部环境漏热时，由于有额外的热量输入，箱内气相被液相的冷却程度降低，因此液相的压降速率也有所降低。当考虑外部环境漏热时，液相测点压力由 152.48kPa 波动降低到 148.59kPa；而当不考虑外部漏热时，经过 20s 流体晃动，液相测点压力由 152.48kPa 降低到 147.92kPa。

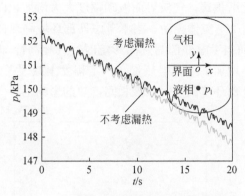

图 5-4　环境漏热对液相测点压力的影响

图 5-5 展示了晃动过程中外部环境漏热对流体极值压力的影响。受流体往复运动的影响,箱体内部气液界面经历起伏波动变化,加之高温气相被低温液相冷却,最终导致流体极值压力随时间波动降低。在初始的 3.2s,考虑外部环境漏热与不考虑外部环境漏热两工况所对应的流体极值压力波动曲线近似重合。随着时间的持续,两工况压力差异越来越明显。当不考虑外部环境漏热的影响时,流体极值压力从 158.32kPa 波动降低到 154.12kPa;而当考虑外部环境漏热的影响时,流体极值压力从 158.32kPa 波动降低到 154.79kPa。经过 20s 流体晃动,两工况极值压力差值为 0.67kPa。随着时间的持续,外部环境漏热对流体极值压力的影响将越来越明显。

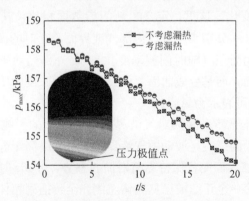

图 5-5　环境漏热对流体极值压力的影响

由于晃动过程中高温气相被过冷液相冷却,本节监测了该过程气相冷凝量随时间的变化,具体如图 5-6 所示。从图中很容易看出,气相冷凝量随时间逐渐增加。这是因为流体晃动增加了气液相接触面积,促进了气液相间换热。随着时间的持续，晃动动能逐渐积聚，气液界面波动幅度大大增加，以至于气液相间热质交换强度增加。经过 20s 流体晃动，当不考虑外部环境漏热的影响时，气相净冷却质量为 540.5g；而当考虑外部漏热的影响时，气相净冷却量为 521.8g。也就是说，外部环境漏热增加了气相得热量，一定程度上减缓了气相被冷却的程度。随着时间的持续，外部环境漏热对气液相间传热的影响也将变得越来越明显。

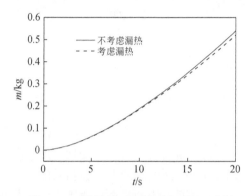

图 5-6　环境漏热对气相冷凝量的影响

5.1.3　外部环境漏热对自由界面波动的影响

外部正弦晃动激励迫使低温液氧贮箱内部流体做往复运动，自由界面动态波动的直接后果是气液相接触面积的增加。为有效预测自由界面动态波动，本节监测了气液界面面积变化。这里，定义了新的参数面积比，其表述为：面积比＝ A/A_0。其中，A_0 与 A 分别表示箱体内部气液界面静止时的面积（$A_0 = 2\pi R$）与晃动过程中界面波动面积（随时间波动变化）。在外部晃动激励的影响下，气液界面将不再是水平面，而是变成曲面。假设曲面界面长度为 P，对于单位长度为 l 的曲面，界面面积可表示为 $A = Pl$。

图 5-7 展示了外部环境漏热对气液界面动态波动的影响。从图中很容易看出，受外部晃动激励的影响，波动的气液界面面积始终高于静止时的气液界面面积。在前 1.2s，气液界面面积保持逐渐增加的态势，0.46s 时经历了微弱的波动变化。在该阶段，第一个正弦波已从箱体左侧完全传播到箱体右侧。之后，箱内气液界面始终处于动态波动中，同时波动振幅也随时间发生变化。在 1.2～9.8s 这一时间段内，受流体往复运动、界面扰动以及流体撞击喷溅的影响，气液界面面积呈整体增加的态势。9.8s 后，气液界面面积开始波动降低。另外，从图 5-7 还可以看出，在不考虑外部环境漏热影响的前 10s 内，两工况气液界面面积并没有出现明显的差异。10s 以后，两工况差异逐渐显现，考虑外部环境漏热的工况

计算出的气液界面面积具有相对较小的数值。这是因为当考虑外部环境漏热时，液相获得了更多的气相传热与外部漏热量，这就意味着有更少的气相被冷凝。与不考虑外部环境漏热的工况相比，考虑外部环境漏热的工况中气相与液相的接触面积比更大一些，这在最后的 6.2s 中明显地体现出来。在本节工况初始设置下，气液界面面积比 A/A_0 整体上波动变化，其最大值为 1.0138。另外，由于本节工况正弦激励振幅设为 0.2m，箱内流体波动并不十分剧烈，以至于外部环境漏热对气液界面面积变化的影响并不太明显。随着晃动激励振幅的增加，外部环境漏热对气液界面相变过程与界面面积变化的影响将更加显著。

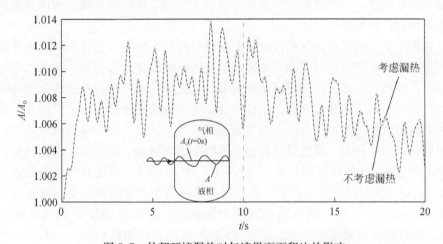

图 5-7　外部环境漏热对气液界面面积比的影响

5.1.4　外部环境漏热对流体温度分布的影响

外部环境漏热对低温液氧贮箱内部气液相间换热具有较大影响。当考虑外部晃动激励的影响时，箱体内部热力耦合特性将变得十分复杂。本节选取低温液氧贮箱对称轴中线温度做对比，以此来反映外部环境漏热对晃动激励作用下流体温度发展变化的影响。图 5-8 与图 5-9 分别展示了考虑外部环境漏热与不考虑外部环境漏热两工况下低温液氧贮箱中线温度分布。当外部正弦激励施加到低温液氧贮箱后，初始的气液相温度分布被打破。如图 5-8 所示，在外部环境漏热的影响下，随着高度的增加，气相温度逐渐升高，而且这种温度分布一直持续到晃动激励结束。受外部环境热侵的影响，箱体中线温度随时间逐渐增加。对于气相，其最高温度始终出现在箱体顶部，并且其大小随时间逐渐增加。经过 20s 流体晃动，气相最高温度从 100K 增加到 158.9K。对于在 0~0.65m 高度范围内出现的特殊温度分布，其主要归结于剧烈的自由界面波动变化。在这一区域，气相温度开始出现逐渐降低的变化。由于气相温度始终高于液相温度，热量传递始终从高温气相传递到低温液相。考虑到靠近气液界面的液体吸收了更多的气相传热，该处的液体具有较高的温度。如图 5-8 中标注的区域所示，对于在 $-2.5\sim0\mathrm{m}$ 范围内的液相区，气液界面与贮箱底部均出现了局部高温区。这是由气液界面处的流体吸收了高温气相区传递的大部分热量所致。而对于低温贮箱底部，由于其直接接收箱体壁面上外部环境漏热的加热，该处也形成了局部高温区。因此，对于液相区，其高温区域出现在气液界面处与贮箱底部，低温区则出现在液相区中部。经过 20s 流体晃动，液相最低温度从 90.01K 增加到 90.03K。整体上，在外部环境漏热的影响下，晃动过程中气液相中线温度得到了良好的呈现，两区域温度均随时间缓慢向前推移。

　　从图 5-9 可以看出，气相区流体温度仍沿高度方向逐渐升高；而液相区流体温度保持相对稳定。不同于图 5-8 所示的箱体中线温度分布，当不考虑外部环境漏热时，气相区中线温度随时间逐渐降低。这主要是由于没有外部环境漏热的渗入，气相区没有其他热量来源。不仅如此，由于气液相间存在一定的温差，高温气相向低温液相传热。结合以上两方面原因，气相区不仅没有得到热量补给，还向液相传导部分热量，最终导致其温度随时间逐渐降低。经过 20s 流体晃动，气相最高温度从 98.81K 逐渐降低到 94.57K。在 $0\sim0.7\mathrm{m}$ 高度范围的流体在 $4\sim20\mathrm{s}$ 内出现了明显的温度不均匀分布，这主要归结于严重的流体晃动与气液界面的大幅波动。对于处于箱体液相区的中线测点，其温度值接近初始液体温度 90K，并且温度波动幅度较小。这是因为没有外部环境漏热的进入，低温液相只能通过高温气相获得部分热量来源。因此，靠近气液界面处的液体具有相对较高的温度分布。经过 20s 晃动传热，界面液体中线温度从 90.02K 增加到 90.06K。而对于处于 $-0.75\sim-2.50\mathrm{m}$ 范围内的液相流体，其温度基本保持不变，20s 内仅有 0.001K 的微小变化。

　　对比图 5-8 与图 5-9 可知，两工况下低温液氧贮箱中线具有不同的温度分布曲线。同时，外部环境漏热对流体温度分布的影响也较好地展示出来。当考虑外部环境漏热的影响时，箱体中线温度随时间逐渐增加，并且测点温度整体向前推进。而当不考虑外部环境漏热的影响时，箱体中线温度分布仅由气液相间的热量传递决定。该工况下，气相区中线温度随时间逐渐降低；液相接收来自高温气相的传热，在气液界面处形成局部高温区，距离气液界面较远的液相区流体温度则基本保持不变。

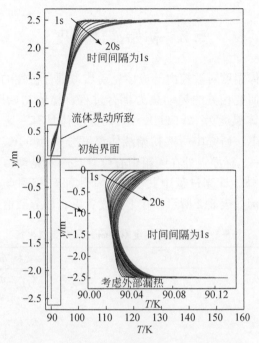

图 5-8　考虑外部环境漏热箱体中线温度分布

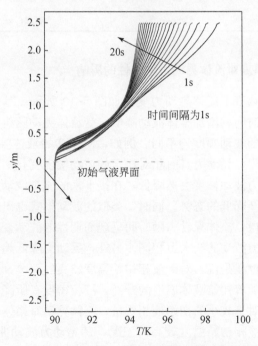

图 5-9　不考虑外部环境漏热箱体中线温度分布

5.2　初始液体温度

为研究初始液体温度对贮箱内部流体晃动热力耦合特性的影响，本节通过改变液体初始温度来研究相关的晃动热力耦合过程。箱体初始压力为 130kPa，该压力对应的饱和液体温度为 92.641 K，为确保液体具有一定的过冷度，液体最高设定温度为 92.5K。研究中所选初始液体温度分别为 90K、90.5K、91.5K 与 92.5K，计算模拟中坐标原点处在贮箱中心位置，流体晃动力与晃动力矩测点设置在坐标原点。另外，计算过程中共设置 3 个水平气相测点与 3 个水平液相测点，相应的测点坐标如表 5-2 所示。在上述设置下，部分数值计算结果如下。

表 5-2　初始液体温度影响研究压力测点坐标

测点	坐标/m
p_v	$(0, 2.0)$
p_v'	$(-R/2, 2.0)$
p_v''	$(R/2, 2.0)$
p_l	$(0, -2.0)$
p_l'	$(-R/2, -2.0)$
p_l''	$(R/2, -2.0)$

5.2.1　初始液体温度对流体晃动力学特性的影响

不同初始液体温度下流体晃动力变化如图 5-10 所示。对于不同初始液体温度，流体晃动力随时间的增加整体波动降低。受流体晃动随机性的影响，流体晃动力在每个周期内的波动幅度均不同。例如，对于初始液体温度为 90K 的工况，在前 4 个晃动周期内，晃动力具有相对稳定的波动幅度变化。然而，从第 5 个波动周期开始，晃动力波动幅度突然降低；在接下来的 4 个波动周期内，晃动力波动幅度也呈现出逐渐降低的态势。同时，类似的波动模式也出现在后续的波动变化过程中。整体来说，流体晃动力随时间呈现周期性的波动变化。随着初始液体温度的增加，晃动力波动曲线大致相同。另外，晃动力降低趋势随着初始液体温度的增加而降低。也就是说，对于液相初始温度较高的工况，流体晃动力相对较大。这主要是因为随着初始液体温度的升高，液相密度有所降低，所对应的液相质量也有所降低。对于较小的初始液相质量，流体晃动对箱体产生的晃动力效应较小。因此，对于液相初始温度较高的工况，其晃动力波动曲线波幅相对较小。经过 20s 数值模拟，四种不同初始液体温度工况对应的流体晃动力大小分别为

35.483kN、36.112kN、37.381kN 与 38.511kN。

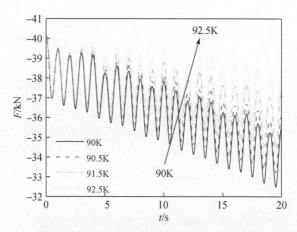

图 5-10　初始液体温度对流体晃动力的影响

　　图 5-11 展示了 4 种初始液体温度对流体晃动力矩变化的影响。从图中可以看出，随着初始液体温度从 90K 增加到 92.5K，流体晃动力矩仅发生微小的变化，不同工况对应的晃动力矩曲线几乎重合。这是因为晃动力矩是由流体晃动力与晃动力矩矢量的模共同决定的。与晃动力数量级相比，晃动力矩矢量的模是个十分小的量，所以晃动力矩的大小主要是由晃动力的数值决定的。图 5-12 展示了晃动力矩矢量的模随液体温度的变化曲线。可以看出，晃动力矩矢量的模在一定范围内波动变化，并且整体上呈现出逐渐增加的态势。反观图 5-10 所呈现的流体晃动力波动变化可知，流体晃动力整体上随时间波动降低。两参数的结合使得晃动力矩并没有随时间波动降低，而是在一定的范围内波动变化。因此，从一定程度上来说，晃动力矩矢量的模的波动变化影响着晃动力矩的整体波动变化趋势。对于图 5-11 所展示的晃动力矩参数，4 种初始液体温度工况所对应的晃动力矩差小于 40N·m，因此 4 条晃动力矩变化曲线几乎重合。另外，随着时间的持续，晃动力矩的波动幅度也随之变化。在 20s 流体晃动模拟中，晃动力矩的波动范围为 2.15～5.25kN·m。

　　图 5-12 展示了晃动力矩矢量的模随不同初始液体温度的变化。可以看出，对于不同初始液体温度工况，晃动力矩矢量的模具有相似的波动变化曲线。虽然不同工况对应的曲线波动趋势相似，但在部分极值点处仍表现出一定的差异。由于该差异相对于流体晃动力来说是十分小的，该数值主要影响晃动力矩参数的整体波动趋势，并不能给晃动力矩的数值产生较大影响。

　　结合图 5-10、图 5-11 与图 5-12 可知，初始液体温度对流体晃动力产生了较为明显的影响，但其对晃动力矩的影响并不明显。这主要是因为 4 种工况下流体

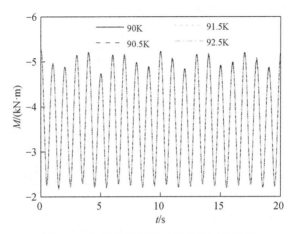

图 5-11 初始液体温度对晃动力矩的影响

质量差异并不大，不同工况对应的晃动力矩矢量的模也基本接近，以至于晃动力矩在 4 种初始液体温度工况并没有表现出较大的差异。

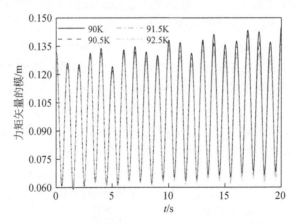

图 5-12 初始液体温度对晃动力矩矢量的模的影响

5.2.2 初始液体温度对流体压力变化的影响

对于不同初始液体温度工况，气相中心测点压力变化如图 5-13 所示。当外部晃动激励施加到低温液氧贮箱后，箱内流体来回波动，过热气相被过冷液体冷却，最终导致箱体压力降低。对于本节所研究的 4 种不同工况，气相中心测点压力均近似线性降低。再者，初始液体温度越低，其过冷度越大，流体储存的冷量越多。当外部晃动激励施加到低温液氧贮箱后，过热气相被过冷液体冷却的程度也越大。因此，对于气相中心测点，其压降随着初始液体温度的减小而增加。当初始液体温度从 90K 增加到 92.5K 时，气相中心测点压降从 130kPa 分别降低到 126.18kPa、126.76kPa、127.75kPa 与 128.67kPa，相应的压降速率分别为 191Pa/s、162Pa/s、112.5Pa/s 与 66.5Pa/s。

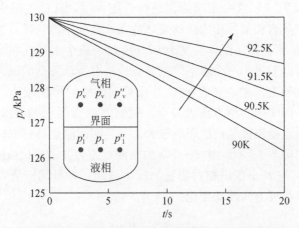

图 5-13　初始液体温度对气相测点压力的影响

图 5-14 展示了不同初始液体温度工况，液相中心测点压力随时间的变化。不同于气相测点压力，液相测点压力表现出明显的波动变化。这主要是气液相密度相差太大所致。在初始压力条件下，气相密度为 5.62kg/m^3，而液相密度为 1128.9kg/m^3。由于液相密度比气相密度高 3 个数量级，微小的扰动就能引起液相流体的大幅波动，并产生明显的压力变化。因此，相比于气相中心测点线性降低的压力曲线，液相测点压力曲线伴随着明显的压力波动。另外，从图 5-14 还

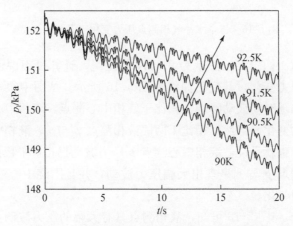

图 5-14　初始液体温度对液相测点压力的影响

可以看出，随着初始液体温度的降低，液相测点对应的压降出现明显的增加，压降速率也明显变大。不同初始液体温度工况对应的流体压力波动幅度大致相同，只不过压降速率具有明显差异。

除了气液相中心测点，本节也对水平测点压力变化进行了对比分析。这里以初始液体温度为91.5K这一工况为例进行介绍说明，其他工况中水平气相测点与水平液相测点具有相似的压力波动变化曲线，此处不再赘述。

图5-15展示了在初始液体温度为91.5K时，三个水平气相测点压力的变化曲线。从图中可以看出，三个水平气相测点均具有波动降低的压力变化曲线。由于处在箱体对称轴上，中心测点p_v受外部晃动激励的影响较小，该测点压力近似线性降低。不同于中心测点压力分布，两侧气相测点p_v'与p_v''对称分布在贮箱两侧，这两个测点受流体晃动的影响较大，并且两侧测点具有方向相反的压力变化曲线，具体如图5-15（b）中5～10s内三测点压力波动变化曲线所示。整体来说，两侧测点p_v'与p_v''呈现出相对明显的压力波动，并且均围绕着气相中心测点p_v的压力曲线呈相反方向波动变化。

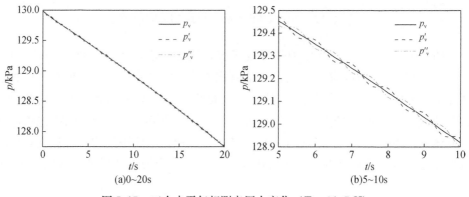

(a)0~20s　　　　　　　　　　　　(b)5~10s

图5-15　三个水平气相测点压力变化（$T_l=91.5$ K）

同样地，对于初始液相温度为91.5K的工况，计算过程中也监测了三个水平液相测点的压力变化，其变化曲线如图5-16所示。从图中很容易看出，三个液相测点压力均随时间波动降低。相比于气相中心测点，液相中心测点p_l表现出明显的压力波动变化。当然，相比于两侧液相测点p_l'与p_l''，液相中心测点压力波动幅度仍较小。也就是说，液相中心测点p_l压力波动仍相对平稳。处在箱体对称轴两侧的液相测点p_l'与p_l''呈现出大幅压力波动，并且围绕中心液相测点p_l进行方向相反的波动变化。

对比图5-15与图5-16可知，液相测点具有大幅的压力波动变化。例如，气相中心测点p_v的压力波动范围小于0.05kPa，而液相中心测点p_l的压力波动范围大于 4.50kPa，气液相测点压力变化具有较大的差异。

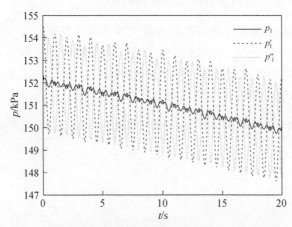

图 5-16　三个水平液相测点压力变化（T_l＝91.5 K）

　　对于不同初始液体温度工况，液体密度有所差异，以至于液相初始质量也不同。对于液体充注率为 50% 的工况，当初始液体温度从 90K 增加到 92.5K 时，液相初始质量分别为 8709.38kg、8691.07kg、8652.94kg 与 8609.84kg。在过冷液体的冷却下，气相质量有所降低。为方便对比气液相间热质传递量，本节监测了不同初始液体温度工况对应的气相冷凝量变化，具体如图 5-17 所示。当液体具有较高的初始温度时，气液相间温度差异变小，小的温差降低了气液相间换热驱动力，以至于较高的初始液体温度工况具有较小的气相冷凝量。也就是说，在气相温度保持不变的情况下，气相冷凝量随着初始液相温度的降低而增加。经过 20s 流体晃动，当初始液体温度从 90K 增加到 92.5K 时，气相冷凝量分别为 0.518kg、0.450kg、0.338kg 与 0.219kg。

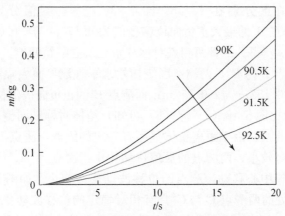

图 5-17　初始液体温度对气相冷凝量的影响

5.2.3 初始液体温度对气液界面动态波动的影响

为研究初始液体温度对低温贮箱内部气液界面动态波动变化的影响，这里共设置 7 个动态测点来监测气液界面位移变化。本节液体充注率为 50%，坐标原点设置在箱体中心，7 个动态测点的初始坐标如表 5-3 所示，这里仍以初始液体温度为 91.5K 的工况为例进行介绍说明，R 为箱体半径。

表 5-3　初始液体温度影响研究气液界面动态测点初始坐标

测点	坐标/m
A	$(-R, 0)$
A'	$(R, 0)$
B	$(-1.5, 0)$
B'	$(1.5, 0)$
C	$(-R/2, 0)$
C'	$(R/2, 0)$
O'	$(0, 0)$

图 5-18 展示了初始液体温度为 91.5K 时，7 个气液界面动态监测点位移波动变化曲线。如前所述，当外部晃动激励施加到低温液氧贮箱后，箱内流体开始做往复运动，气液界面也随之波动变化。处在贮箱两侧壁面的测点 A 与 A' 受外部正弦激励影响最明显，两测点具有较大的位移波动。首先，外部正弦激励促使箱体内部流体朝 $-x$ 方向移动，以至于测点 A 经历初始的位移突增；而测点 A' 朝着 $-y$ 方向移动，并经历相应的位移降低。之后，测点 A 朝 $-y$ 方向运动，而测点 A' 朝着 $+y$ 方向移动，两测点移动方向相反。经过 20s 流体晃动，测点 A 的最大净位移极值点分别在 13.35s 与 4.93s 获得，其值分别为 0.163m 与 -0.127m。而测点 A' 的最大正负向位移极值为 0.176m 与 -0.091m，两极值点在 8.88s 与 3.45s 获得。尽管两测点对称分布在低温贮箱两侧，但其波动位移并不相同。对于测点 B 与 B'，两测点围绕初始水平气液界面大幅波动。测点 B 正负向极值位移为 0.153m 与 -0.117m；而测点 B' 的正负向极值位移则为 0.117m 与 -0.081m。对比图 5-18（a）与（b）可知，箱体对称轴同侧的测点具有相似的位移波动变化曲线。由于距离箱体壁面有一定的距离，测点 B 与 B' 受外部晃动激励的影响相对较小，两测点的极值位移均小于测点 A 与 A' 的极值位移。随着测点位置向贮箱中心移动，测点的位移波动逐渐变小。如图 5-18（c）所示，处在箱体 $\pm R/2$ 处的两测点 C 与 C' 具有相对稳定的位移波动变化曲线。不同于测点 A 与 A'、B 与 B'，测点 C 与 C' 位移大致沿初始水平气液界面对称分布。经

过 20s 流体晃动，测点 C 与 C' 的位移波动范围为 $-0.0567\sim0.0567$m。对于处于贮箱对称轴上的中心测点 O'，其受外部晃动激励的影响最小，在 7 个动态测点中，其波动位移也最小。经过 20s 流体晃动，中心测点 O' 位移在 $-0.0303\sim$ 0.0061m 范围内变化。同时，从图 5-18（d）也可以看出，该测点大部分时间处于初始气液界面以下。这主要是因为受流体晃动的影响，部分流体滞留在低温贮箱两侧，以至于箱体中心处液位较低，因此也就出现了测点 O' 的位移大部分时候处在初始水平气液界面以下这一实际现象。

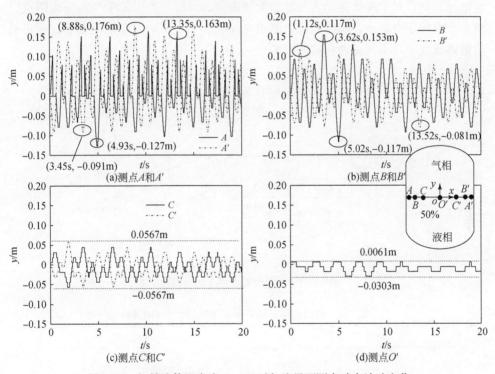

图 5-18　初始液体温度为 91.5K 时气液界面测点动态波动变化

由于不同初始液体温度工况对应的液体质量并没有太大差异，不同工况下气液界面动态测点的位移波动曲线几乎一样。具体可以通过对比图 4-24 与图 5-18 可知，两图分别是在初始液体温度为 90K 与 91.5K 时获得的气液界面动态测点位移波动变化曲线。通过对比可知，两工况下动态测点对应的极值点出现的时间为 0.01s，极值位移差异为 0.001m。因此，4 种初始液相温度工况对应的气液界面测点波动曲线基本一样。总的来说，初始液体温度对气液界面动态波动的影响十分微弱。

5.3　初始液体充注率

为研究初始液体充注率对箱体内部流体晃动热力耦合特性的影响规律，本节共设置 5 种初始液体充注率，即 30%、40%、50%、60% 与 70%，来研究其对流体晃动力、晃动力矩、流体压力以及气液界面动态波动变化的影响。5 种不同初始液体充注率分布如图 5-19 所示。坐标原点设置在箱体中心，模拟计算中，在坐标原点设置了流体晃动力与晃动力矩测点。同时设置了 1 个气相压力测点以及 3 个液相压力测点，相应的压力测点坐标如表 5-4 所示。在该设置下，分析初始液体充注率对不同晃动参数的影响。

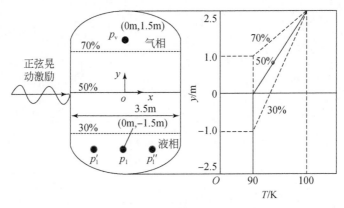

图 5-19　不同初始液体充注率分布

表 5-4　初始液体充注率影响研究压力测点坐标

测点	坐标/m
p_v	$(0, 1.5)$
p_1	$(0, -1.5)$
p_1'	$(-R/2, -1.5)$
p_1''	$(R/2, -1.5)$

5.3.1　初始液体充注率对流体晃动力学特性的影响

图 5-20 展示了不同初始液体充注率工况下，低温液氧箱体内部流体晃动力随时间的变化曲线。由于晃动力是矢量，在初始设置下，其与初始晃动激励方向相反。从图中可以看出，流体晃动力随时间的持续波动降低。受流体晃动多变性与无规律性的影响，每一个波动周期的晃动力波动幅度均不完全相同。当初始液

位较低时，箱内流体质量较小，低质量工况产生的箱体晃动力数值也较小。例如，当初始液体充注率从30％增加到70％时，5种工况所对应的初始晃动力大小分别为－35.160kN、－36.493kN、－40.062kN、－45.645kN与－53.119kN。另外，随着初始液体充注率的增加，晃动力开始出现较大幅度的波动变化。对于初始液体充注率为30％的工况，晃动力呈阶梯形降低。当初始液体充注率增加到40％时，流体晃动力从－36.493kN降低到－32.455kN，并伴随着明显的波动变化，波动范围为0.548～1.142kN。随着初始液体充注率的增加，流体晃动力波动幅度也大幅增加。对于初始液体充注率为50％和60％的工况，晃动力波动幅度范围分别为2.274～3.184kN与4.721～5.884kN。当初始液体充注率增加到70％时，晃动力开始出现大幅波动，波动幅度范围为7.538～8.994kN。通过对比可以看出，对于较高的初始液体充注率工况，微小的扰动即可产生明显的晃动力波动；而对于较低的初始液体充注率工况，在外部晃动激励作用下，低温液氧贮箱仍表现出相对稳定的晃动力分布。

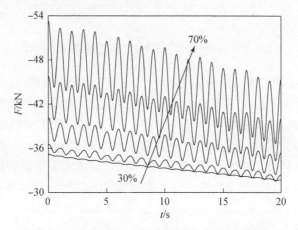

图5-20 初始液体充注率对晃动力变化的影响

图5-21展示了不同初始液体充注率工况下，流体晃动力矩随时间的变化曲线。从图中可以看出，晃动力矩整体上随时间波动变化。受流体晃动力大小的影响，晃动力矩具有与晃动力相似的波动变化曲线。当晃动力达到最大极值点时，晃动力矩也达到最大极值点；当晃动力处于波谷时，晃动力矩也取得最小值。但两参数波动趋势有所不同，对于初始液体充注率较低的工况，其晃动力矩具有相对稳定的波动曲线。在20s流体晃动模拟中，初始液体充注率为30％工况所对应的晃动力矩从－16.178N·s降低到－40.271N·s。随着初始液体充注率的增加，晃动力矩的波动频率变得越来越剧烈。当初始液体充注率为40％与50％时，晃动力矩的波动幅度范围分别为0.766～1.236kN·s与2.507～2.977kN·s。而当

初始液体充注率增加到 60%时，晃动力矩出现最大的波动幅度，其波动幅度范围为 3.706～3.826kN·s。对于初始液体充注率为 70%的工况，晃动力矩的波动幅度范围为 2.966～3.401kN·s。最大的晃动力矩波动幅度在初始液体充注率为 60%时取得，这主要与晃动力矩矢量的模的变化有关。

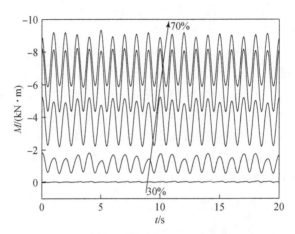

图 5-21   初始液体充注率对晃动力矩变化的影响

图 5-22 展示了 5 种初始液体充注率工况下，晃动力矩矢量的模随时间的变化曲线。可以看出，对于不同初始液体充注率工况，晃动力矩矢量的模均随时间波动变化。当初始液体充注率小于 50%时，晃动力矩矢量的模随初始液体充注率的增加而增加。同时，对于初始液体充注率为 50%与 60%工况，其对应的晃动力矩矢量的模的波动幅度几乎相同，两工况对应的力矩矢量的模的波动幅度范围为 0.068～0.091m。当初始液体充注率增加到 70%时，流体晃动力矩矢量的模

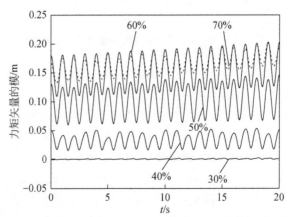

图 5-22   初始液体充注率对晃动力矩矢量的模变化的影响

波动幅度开始降低，小于初始液体充注率为 50% 与 60% 两工况对应的参数波动幅度。由于晃动力矩是由流体晃动力与晃动力矩矢量的模共同决定的，这也就是最大晃动力矩波动幅度在初始液体充注率为 60% 的工况下取得，而不是在初始液体充注率为 70% 的工况下取得的原因。

5.3.2　初始液体充注率对流体压力变化的影响

计算过程中，通过设置气相测点与液相测点来监测箱体内部流体压力波动变化。图 5-23 展示了不同测点压力随初始液体充注率的变化。由于初始箱体压力与液相温度分别设为 130kPa 与 90K，液体具有 2.641K 的初始过冷度。当外部晃动激励施加到箱体壁面后，箱内流体在外部晃动激励的作用下做往复运动，流体的晃动运动促进了气液相间换热，导致高温气相被低温液相冷却。因此，当外部正弦激励施加在低温液氧贮箱后，气相压力开始降低。图 5-23 (a) 展示了 5 种不同初始液体充注率条件下，气相压力在外部正弦激励作用下的变化曲线。从图中很容易看出，对于不同初始液体充注率工况，气相测点压力均出现线性降低。这是因为气体的密度较小，一般的流体晃动与界面波动并不能引起气相整体压力的大幅波动。另外，对于较高初始液体充注率工况，由于液体储存了更多冷量，当外部晃动激励施加到箱体后，流体晃动使得气相得到更加充分的冷却，以至于高充注率工况下气相测点具有较大的压力降低。随着初始液体充注率从 30% 增加到 70%，气相测点压力从 130kPa 分别降低到 127.137kPa、126.718kPa、126.171kPa、125.277kPa 与 123.514kPa，相应的压降速率分别为 143.15Pa/s、164.1Pa/s、191.45Pa/s、236.15Pa/s 与 324.3Pa/s。

处在箱体对称轴上的液相压力测点的压力变化曲线如图 5-23 (b) 所示。从图中可以看出，对于不同初始液体充注率工况，液相中心测点具有不同的压力变化曲线。总的来说，液相中心测点压力呈波动降低的变化趋势。对比图 5-23 (a) 与 (b) 可以看出，相比于气相测点，液相测点压力具有更明显的波动变化。这主要是因为液相密度比气相密度大很多。气氧密度较小，所以气相测点压力近似线性降低；而液氧密度约 1128.9kg/m^3，即使微小的扰动也能引起液体压力的大幅波动变化，因此液相测点压力出现明显的波动变化。再者，对于较高的初始液体充注率工况，其初始压力也较高。当初始液体充注率从 30% 增加到 70% 时，箱体液相初始压力分别为 141.279kPa、146.856kPa、152.449kPa、158.038kPa 与 163.607kPa，经过 20s 流体晃动后，不同充注率工况所对应的液相中心测点最终压力分别为 138.364kPa、143.504kPa、148.586kPa、153.289kPa 与 157.073kPa，相应的压降速率分别为 145.75Pa/s、167.6Pa/s、193.15Pa/s、237.45Pa/s 与 326.7Pa/s。

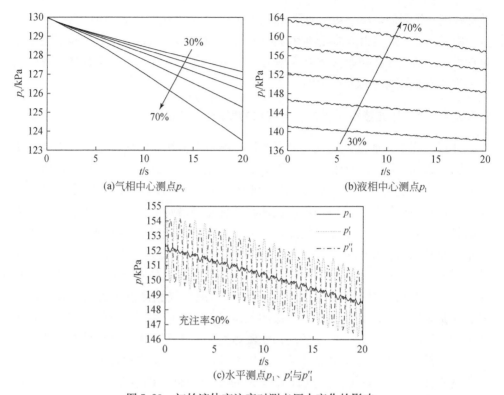

(a)气相中心测点p_v　　　　　　(b)液相中心测点p_1

(c)水平测点p_1、p_1'与p_1''

图 5-23　初始液体充注率对测点压力变化的影响

　　本节还监测了相同液位高度处 3 个水平液相测点的压力变化，这里以初始液体充注率为 50％的工况为例简要介绍 3 个水平液相测点的压力波动变化。如图 5-23（c）所示，由于处在低温燃料箱体对称轴两侧，测点 p_1'与 p_1''具有方向相反的压力波动变化曲线。当外部晃动激励施加在低温液氧贮箱后，流体开始向箱体左侧壁面运动，此时测点 p_1'表现为初始压力的增加，而测点 p_1''出现初始的压力降低。当流体向反方向运动时，测点 p_1'压力处于波谷，而测点 p_1''处在波峰位置。因此，整个晃动过程中，两侧测点 p_1'与 p_1''具有方向相反的压力波动变化曲线。另外，从图 5-23（c）还可以看出，中心测点 p_1具有相对稳定的压力波动变化曲线，相比于两侧测点 p_1'与 p_1''，其压力波动幅度最小。也就是说，与中心压力测点 p_1相比，两侧测点 p_1'与 p_1''压力受外部激励的影响更大。对于本节研究工况，两侧测点 p_1'与 p_1''的压力波动范围为 4.34～4.87kPa，而中心测点 p_1的压力波动幅度则小于 0.5kPa。

5.3.3　初始液体充注率对气液界面波动变化的影响

　　本节共设置 7 个动态测点，通过捕捉测点围绕初始气液界面上下波动来反映箱体内部气液界面的动态变化。由于动态测点初始坐标位于气液界面处,对于不同初始液体充注率工况,动态测点的坐标不同。无论如何,不同工况测点的 x 方向的坐标是一样的,具体如下:$x_A = -1.75\text{m}$、$x_{A'} = 1.75\text{m}$、$x_B = -1.50\text{m}$、$x_{B'} = 1.50\text{m}$,$x_C = -0.875\text{m}$、$x_{C'} = 0.875\text{m}$ 与 $x_{O'} = 0\text{m}$。不同工况气液界面波动变化对比结果如图 5-24 所示。

当外部晃动激励作用在低温液氧贮箱后,箱内流体开始做往复摇摆运动,动态测点围绕初始水平气液界面上下起伏波动。图 5-24(a)展示了初始液体充注率为 30% 的工况下自由界面动态测点波动变化曲线。当初始液体充注率为 30% 时,气液界面竖向坐标处在 $y = -1.0\text{m}$,相应地,界面测点将围绕该水平平面上下波动。由于处在贮箱壁面,测点 A 与 A' 受外部正弦激励的影响最大,两测点波动幅度也较大。当外部激励被激活后,箱内液体朝着 $-x$ 方向运动,测点 A 经历了初始的位移升高,第一个 $+y$ 向峰值在 0.50s 取得,其值为 -0.912m。而对称布置的测点 A' 经历了初始的位移降低,其在 0.48s 达到了第一个 $-y$ 向峰值,为 -1.082m。之后,测点 A 朝着 $-y$ 向运动,而测点 A' 朝着 $+y$ 向移动,两对称布置的测点波动方向相反。经过 20s 流体晃动,测点 A 分别在 18.5s 与 5.0s 取得 $+y$ 向与 $-y$ 向最大极值点,相应的极值位移为 -0.854m 与 -1.084m。反观测点 A',其在 8.89s 与 7.92s 取得最大正负向极值点,相应的极值位移分别为 -0.842m 与 -1.095m。可以看出,受流体晃动随机性的影响,两对称测点具有不同的波动变化幅度。对于动态测点 B 与 B',两测点围绕初始水平气液界面进行大幅波动。这说明外部晃动激励对两测点的影响仍十分明显。由于距离低温贮箱壁面仍有一定距离,测点 B 与 B' 位移波动受外部激励的影响有所减弱,其最大极值位移小于测点 A 与 A' 对应的极值位移。测点 B 的竖向正负极值点分别在 3.52s 与 5.08s 获得,相应的位移为 -0.877m 与 -1.083m;而测点 B' 的最大位移极值分别为 -0.918m 与 -1.076m,两极值点分别在 1.05s 与 7.56s 获得。对于测点 C 与 C',两界面测点具有相对稳定的位移波动变化曲线。受外部晃动激励的影响,测点 C 与 C' 围绕初始水平气液界面呈相反方向波动变化,并且两者波动幅值接近,以至于两曲线大致对称分布在初始水平界面两侧。在 20s 数值模拟中,测点 C 在 3.51s 取得 $+y$ 向极值位移 -0.964m,在 1.97s 取得 $-y$ 向极值位移 -1.054m;而测点 C' 的最大极值位移点分别在 2.05s 与 7.35s 获得,相应的极值位移为 -0.952m 与 -1.040m。对于中心测点 O',由于处在贮箱对称轴上,其受外部晃动激励影响最小。7 个动态测点中,中心测点 O' 位移波动幅度最小,波动曲线最稳定,其波动范围为 $-1.014 \sim -0.984\text{m}$。另外,受流体大幅晃动的影响,部分流体滞留在低温液氧贮箱两侧,以至于中心测点 O' 的位移大部分时候处在初始水平气液界面以下。

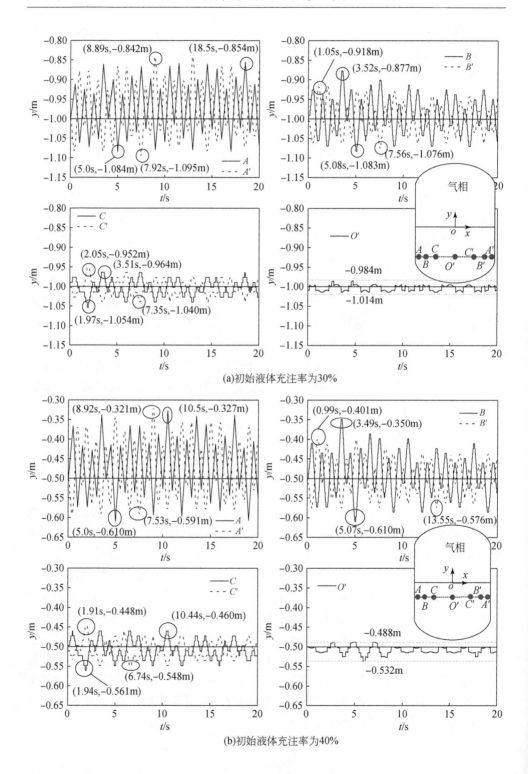

(a)初始液体充注率为30%

(b)初始液体充注率为40%

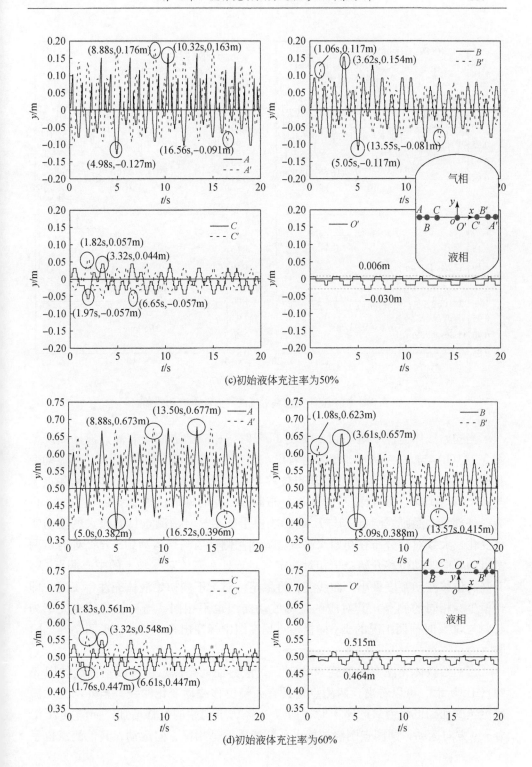

(c)初始液体充注率为50%

(d)初始液体充注率为60%

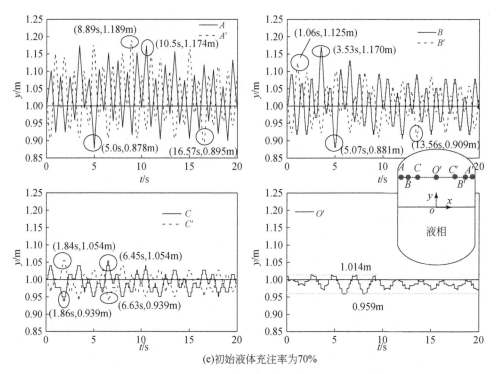

(e)初始液体充注率为70%

图 5-24　初始液体充注率对气液界面动态波动的影响

　　当初始液体充注率增加到 40% 与 50% 时，相应的界面动态测点波动曲线如图 5-24 (b) 与 (c) 所示。很容易看出，图 5-24 (b) 与 (c) 中测点位移波动变化曲线与图 5-24 (a) 中对应的测点位移分布曲线很相似。对于箱体壁面测点 A 与 A'，两者均具有剧烈波动的位移分布曲线，同时两者的波动幅度也较大。再者，外部晃动激励对测点 B 与 B' 的影响也十分明显，两测点具有较大的波动幅度变化，大致对称分布在初始水平气液界面两侧。当测点运动到 $\pm R/2$ 处时，两测点的竖向波动位移开始趋于相对稳定。对于处在箱体对称轴上的中心测点 O'，其竖向位移波动幅度最小，曲线变化最稳定。对于不同初始液体充注率工况，即使横坐标相同的测点，其对应的位移波动曲线也不相同。当初始液体充注率为 40% 与 50% 时，两工况的 $\pm y$ 向极值点均在图中标注出来，具体详见图 5-24 (b) 与 (c)。

　　当初始液体充注率增加到 60% 时，气液界面动态测点位移波动曲线如图 5-24 (d) 所示。可以看出，两测点均具有大幅位移波动变化曲线。当外部晃动激励突然施加到低温液氧贮箱上时，测点 A 经历了初始的位移增加，而测点 A' 沿着 $-y$ 方向运动，两测点围绕初始水平气液界面呈相反方向运动，其他测点也呈现出相似的波动变化曲线。对于此工况，对称布置的动态测点位移波动曲线并没有按照初始水平气液界面对称分布。测点 A 与 A' 的最大 $+y$ 向位移极值点分别在 13.50s 与 8.88s 达到，相应的极值位移为 0.677m 与 0.673m；而两测点的 $-y$ 向位移极值点分别在 5.0s 与 16.52s 取得，相应的极值位移为 0.382m 与 0.396m。对于测点 B 与 B'，两者受外部晃动激励的影响仍较大，其位移大幅波动变化，但波动幅度比壁面测点 A 与 A' 要小。例如，测点 B 的最大 $\pm y$ 向极值位移为 0.657m 与 0.388m，分别在 3.61s 与 5.09s 获得；而测点 B' 的最大 $\pm y$ 向极值位移为 0.623m 与 0.415m，分别在 1.08s 与 13.57s 取得。对于处在 $\pm R/2$ 处的测点 C 与 C'，两测点位移波动曲线相对稳定，波动范围为 0.447~0.561m。中心测点 O' 位移波动最稳定，其波动范围为 0.464~0.515m，其极值位移比测点 C 与 C' 要小。

当初始液体充注率增加到 70% 时，气液界面动态测点位移波动变化曲线如图 5-24（e）所示。可以看出，该工况测点位移波动与图 5-24（d）中的测点位移变化分布相似。测点 A 在 10.5s 到达最大 $+y$ 向极值点（极值位移为 1.174m），在 5.0s 到达 $-y$ 向最大极值点（极值位移为 0.878m）。而测点 A' 分别在 8.89s 与 16.57s 达到最大的竖向极值点，相应的极值位移为 1.189m 与 0.895m。在距离低温液氧贮箱壁面 0.25m 处，测点 B 与 B' 呈现出大幅度波动变化，说明此处流体受外部晃动激励的影响仍较大。测点 B 的最大 $\pm y$ 向位移为 1.170m 与 0.881m，而测点 B' 的最大 $\pm y$ 向位移为 1.125m 与 0.909m。不同于测点 A、A'、B 与 B'，测点 C 与 C' 位移波动相对较稳定，两测点竖向位移波动范围为 0.939~1.054m。中心测点 O' 处于低温液氧贮箱对称轴上，其位移在 0.959~1.014m 范围内波动变化。

以上介绍的气液界面动态测点波动曲线是基于不同初始液位高度获得的，因此很难对比初始液体充注率对气液界面测点动态波动的影响。考虑到不同工况下，动态测点均围绕初始水平气液界面上下运动，这里取每个测点相对于初始水平界面的净位移进行对比，以此来反映初始液体充注率对气液界面测点动态波动的影响。不同工况测点的净极值位移均罗列在表 5-5 中。对于中心测点 O'，只给出了其上下波动极限。表中 $+$ 与 $-$ 分别表示 $+y$ 向与 $-y$ 向。

表 5-5　不同工况测点净极值位移坐标

初始液体充注率/%		动态测点						
		A	A'	B	B'	C	C'	O'
30	（+）	0.146m, 18.50s	0.158m, 8.89s	0.123m, 3.52s	0.082m, 1.05s	0.036m, 3.51s	0.048m, 2.05s	0.016m
	（−）	−0.084m, 5.0s	−0.095m, 7.92s	−0.083m, 5.08s	−0.076m, 7.56s	−0.054m, 1.97s	−0.040m, 7.35s	−0.014m

初始液体充注率/%		动态测点						
		A	A'	B	B'	C	C'	O'
40	(+)	0.173m, 10.5s	0.179m, 8.92s	0.151m, 3.49s	0.100m, 0.99s	0.040m, 10.44s	0.053m, 1.91s	0.012m
	(−)	−0.110m, 5.0s	−0.091m, 7.53s	−0.110m, 5.07s	−0.076m, 13.55s	−0.061m, 1.94s	−0.048m, 6.74s	−0.037m
50	(+)	0.163m, 10.32s	1.76m, 8.88s	0.154m, 3.62s	0.117m, 1.06s	0.044m, 3.32s	0.057m, 1.82s	0.006m
	(−)	−0.127m, 4.98s	−0.091m, 16.56s	−0.117m, 5.05s	−0.081m, 13.55s	−0.057m, 1.97s	−0.057m, 6.65s	−0.030m
60	(+)	0.177m, 13.5s	0.173m, 8.88s	0.157m, 3.6 1s	0.123m, 1.08s	0.048m, 3.32s	0.061m, 1.83s	0.015m
	(−)	−0.118m, 5.0s	−0.104m, 16.52s	−0.112m, 5.09s	−0.086m, 13.57s	−0.053m, 1.76s	−0.053m, 6.61s	−0.036m
70	(+)	0.174m, 10.5s	0.189m, 8.89s	0.170m, 3.53s	0.125m, 1.06s	0.054m, 6.45s	0.054m, 1.84s	0.014m
	(−)	−0.122m, 5.0s	−0.105m, 16.57s	−0.119m, 5.07s	−0.091m, 13.56s	−0.061m, 1.86s	−0.061m, 6.63s	−0.041m

　　为了更清晰地对比初始液体充注率对气液界面动态波动的影响，图 5-25 与图 5-26 展示了不同测点净极值位移波动变化曲线。如图 5-25（a）所示，测点在＋y 方向上的净极值位移整体上随初始液体充注率的增加而增加，当然也存在一些不寻常的现象。例如，测点 A 的净极值位移随初始液体充注率的增加呈 M 形分布，而测点 C′ 在初始液体充注率为 60％时取得＋y 方向的最大位移。这种不寻常的现象与高液位工况下箱体内部流体剧烈晃动有直接关系。如图 5-25（b）所示，不同测点−y 方向上的净极值位移也随初始液体充注率的增加而增加。同样，测点在−y 方向的极值位移也存在一些不同寻常的分布现象。例如，A、A′ 与 C 三个测点在−y 方向上的位移分布凌乱，随初始液体充注率并没有呈现出单调的变化曲线。另外，当初始液体充注率小于 40％时，测点 B 具有较大的波动位移，其值几乎达到测点 A 的位移。当初始液体充注率增加到 50％时，测点 C 与 C′ 具有相似的−y 方向的位移值。总体而言，动态测点在±y 方向上的净极值位移随着初始液体充注率的增加而增加，距离箱体对称轴越远的测点，其极值位移越大，这些现象在图 5-25 中均得到了基本体现。当然，受流体晃动以及界面

波动随机性的影响，不可避免地出现了一些不寻常的波动位移分布。

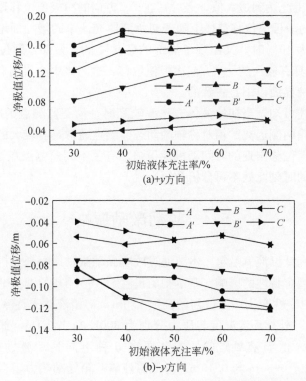

图 5-25　动态测点 A、A'、B、B'、C 与 C' 净极值位移变化对比

　　处在液氧贮箱对称轴上的测点 O' 围绕初始水平气液界面波动变化，由于晃动过程中大部分流体滞留在贮箱两侧，中心测点 O' 大部分时候处在初始水平气液界面以下。如图 5-26 所示，当初始液体充注率从 30％增加到 50％时，中心测

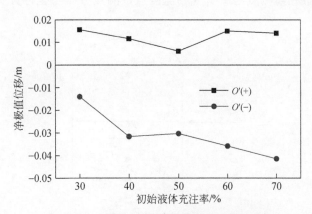

图 5-26　动态监测点 O' 净极值位移变化对比

点 O' 在 $+y$ 方向的净极值位移从 0.016m 降低到 0.006m；该测点在初始液体充注率为 60％的工况达到最大值，之后其在 $+y$ 方向的净极值位移逐渐降低。测点 O' 在 $-y$ 方向的净极值位移整体上随着初始液体充注率的增加而增加，但是在初始液体充注率为 40％时，又出现了局部的突然降低。另外，通过对比也可以知道，监测点 O' 具有较大的 $-y$ 方向净极值位移，这与该中心监测点大部分时候处在初始水平气液界面以下是一致的。

由上述描述可知，当初始液体充注率较高时，动态监测点的净位移也较大。同时，处于贮箱两侧远离贮箱对称轴的动态监测点通常具有较大的净位移。由于不同监测点极值位移出现的时间随机性很强，有关不同监测点在 $\pm y$ 方向上的极值位移点出现的时刻此处不再分析介绍。

5.4　晃动激励振幅

针对所研究低温液氧贮箱，本节通过改变晃动激励振幅来分析其对箱体内部流体晃动热力耦合特性的影响。基本初始设置为：液相初始温度 90K；气相温度在 90~100K 内线性变化；液位初始高度 2.5m，初始液体充注率 50％；箱体初始压力 130kPa。外部环境温度与压力分别为 300K 与 1.0atm，部分环境漏热通过箱体壁面渗入低温液氧贮箱。本节研究 5 种不同晃动激励振幅（0.20m、0.25m、0.30m、0.35m 与 0.40m）对低温液氧贮箱晃动热力耦合特性的影响规律。不同于之前所述的坐标分布，本节坐标中心设置在气液界面以下 1.0m 的位置，箱体中心处坐标为（0m，1.0m）。流体晃动力与晃动力矩监测点设置在箱体中心。

为研究不同晃动激励振幅对低温液氧贮箱内部流体压力波动变化的影响，这里共设置 5 个液相监测点与 1 个气相监测点，测点分布与坐标分别如图 5-27 与表 5-6 所示。

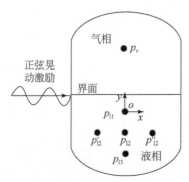

图 5-27　气液相压力监测点分布

表 5-6　晃动激励振幅影响研究压力测点坐标

测点	坐标/m
p_v	$(0,\ 2.0)$
p_{11}	$(0,\ 0)$
p_{12}	$(0,\ -0.5)$
p_{13}	$(0,\ -1.0)$
p'_{12}	$(-R/2,\ -0.5)$
p''_{12}	$(R/2,\ -0.5)$

5.4.1　晃动激励振幅对流体晃动力学特性的影响

在上述设置下，低温液氧贮箱所受晃动力变化如图 5-28 所示。低温液氧贮箱所受晃动力方向与正弦激励方向相反，因此晃动力数值前面带有负号。从图 5-28 可以看出，晃动力随时间波动降低。另外，每个周期内的晃动力波动幅度并不完全相同。当晃动激励振幅为 0.20m 时，所对应的晃动力波动幅度最小，并且晃动力呈现出规律的波动降低。在 20s 流体晃动过程中，晃动力从 40.014kN降低到 35.501kN，每个波动周期内晃动力幅度变化范围均为 2.889～3.050kN。随着晃动激励振幅的增加，晃动力波动强度变得十分剧烈。这一现象在流体晃动的前 10s 内并不明显，但在流体晃动的后 10s 内，不同工况之间的差距逐渐增大。对于晃动激励振幅为 0.35m 与 0.40m 两工况，其晃动力极值点均不同于前三种晃动工况所对应的极值点。例如，当晃动激励振幅为 0.20m 时，其初始晃动力为 40.014kN；而对于晃动振幅为 0.35m 与 0.40m 两工况，初始晃动力分别

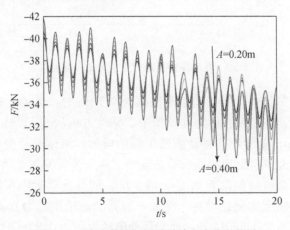

图 5-28　晃动激励振幅对晃动力变化的影响

为 41.106kN 与 41.458kN。对于第一个最小的晃动力极值点，不同工况对应的
数值分别为 36.964kN、36.520kN、36.043kN、35.531kN 与 34.984kN。再者，
在前 12.5s 内，不同工况晃动力曲线具有相似的变化趋势；12.5s 之后，不同激
励振幅工况开始出现较大的差异。随着晃动激励振幅的增加，晃动力极值点在数
值上开始有所降低，并且晃动激励振幅越大，晃动力波动幅度也越大。整个过程
中，晃动激励振幅为 0.40m 的工况具有最大的晃动力波动幅度，其变化范围为
4.705～8.041kN。

　　受外部晃动激励的影响，晃动力矩与流体晃动力具有相似的波动变化曲线。
图 5-29 展示了不同工况晃动力矩波动变化曲线。对比图 5-28 与图 5-29 可以看
出，两参数波动变化方向相反。这主要与计算中坐标原点设置的位置有关。本节
坐标原点设置在气液界面以下 1.0m 处，而晃动力与晃动力矩监测点处在箱体中
心，其坐标为（0m，1.0m），监测点与坐标原点的相对偏差导致了晃动力与晃动
力矩两参数变化方向相反。尽管两参数方向相反，但晃动激励振幅对晃动力与晃
动力矩参数变化的影响规律是不变的。

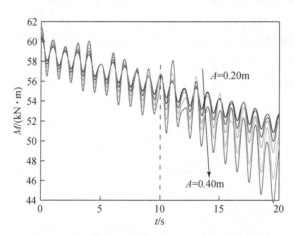

图 5-29　晃动激励振幅对晃动力矩变化的影响

　　在 5 种不同工况中，当晃动激励振幅为 0.20m 时，晃动力矩具有相对稳定
的波动变化曲线。在 20s 流体晃动模拟中，晃动力矩从 60.176kN·m 波动降低
到 52.760kN·m。随着外部晃动激励振幅的增加，流体晃动变得更加剧烈。相
应地，流体晃动力矩也出现明显的动态波动，并且该现象在晃动 10s 后变得十分
显著，尤其是晃动激励振幅为 0.40m 的工况。随着晃动激励振幅的增加，流体
晃动力矩的波动幅度也随之增加。例如，当晃动激励振幅为 0.40m 时，晃动力
矩最大波动幅度为 7.341kN·m；而当晃动激励振幅为 0.20m 时，晃动力矩最大
波动幅度为 2.352kN·m。另外，在晃动激励作用后期，晃动力矩随着晃动激励

振幅的增加而降低。这与图 5-28 的晃动力变化趋势是一致的。

5.4.2   晃动激励振幅对流体压力变化的影响

图 5-30 展示了不同测点压力随晃动激励振幅的变化曲线。从图 5-30 （a）可以看出，随着晃动过程的持续，气相压力逐渐降低，这与计算过程中初始气液相温度压力参数设置有直接关系。一旦外部激励施加到箱体后，箱内流体产生大幅波动，流体波动增加了气液相接触面积，有效促进了气液相间热量交换，最终导致气相冷凝。从图 5-30 （a）还可以看出，当晃动激励振幅从 0.20m 增加到 0.30m 时，气相压力近似线性降低，从 130kPa 分别降低到 126.194kPa、125.909kPa 与 125.538kPa，相应的压降速率分别为 190.3Pa/s、204.55Pa/s 与 223.1Pa/s。当晃动激励振幅增加到 0.35m 时，在晃动的前 15s 内，气相压力仍线性降低，之后压降速率逐渐增加，并伴随着明显的波动变化。当晃动激励振幅增加到 0.40m 时，流体晃动开始 10s 后，气相测点压力便开始出现波动变化。这

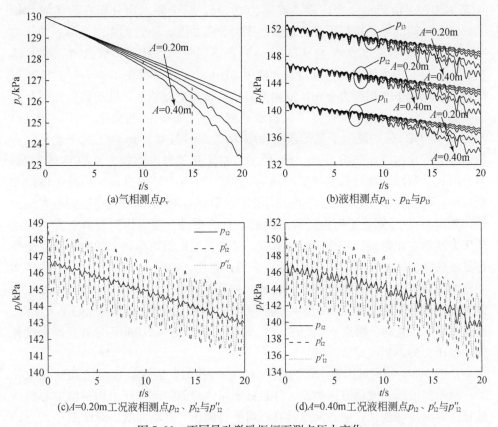

(a)气相测点p_v

(b)液相测点p_{l1}、p_{l2}与p_{l3}

(c)A=0.20m工况液相测点p_{l2}、p'_{l2}与p''_{l2}

(d)A=0.40m工况液相测点p_{l2}、p'_{l2}与p''_{l2}

图 5-30   不同晃动激励振幅下测点压力变化

是因为随着晃动激励振幅的增加，流体晃动强度加剧，该过程积聚了大量的晃动动能。流体的大幅晃动促进了气液相间热质交换，在一定程度上加速了气相的冷凝与箱体压力的降低。对于晃动激励振幅为 0.35m 与 0.40m 两工况，经过 20s 流体晃动，其对应的气相最终压力分别为 124.271kPa 与 123.276kPa。

图 5-30（b）展示了三个竖向分布的液相测点压力变化曲线。从图中可以看出，当晃动激励振幅为 0.20m 时，测点 p_{11} 压力随时间小幅波动降低。与气相测点一样，3 个竖向液体压力测点均处在低温贮箱对称轴上。由于液相流体具有较大的密度，在波动过程中液相测点压力波动幅度较大。当晃动激励振幅从 0.20m 增加到 0.30m 时，在流体晃动开始的前 10s 内，3 个竖向液相测点压力分布曲线基本一样；随着时间的持续，不同工况液相测点压力开始出现明显差异。另外，当晃动激励振幅增加到 0.35m 与 0.40m 时，晃动激励已导致明显的流体压力波动。如图 5-30（b）所示，对于晃动激励振幅为 0.40m 与 0.20m 两工况，最大的压力波动差约 3.936kPa。而对于液相测点 p_{12} 与 p_{13}，其压力分布曲线与测点 p_{11} 基本相似。由于三个竖向测点高差为 0.5m，三个测点均分布在箱体对称轴上，其在相同的晃动振幅下具有相似的压力分布曲线。同时相邻两个测点的压差基本相等，即（$p_{12}-p_{11}$）与（$p_{13}-p_{12}$）在不同时刻均相等，数值为 $\rho g/2$。这里 ρ 与 g 分别指流体密度与重力加速度 9.81m/s^2。对比图 5-30（a）与（b）可以看出，相比于气相压力分布，液相测点压力波动更加明显，波动幅度也更大。

另外，计算过程中也监测了液相水平测点压力随时间的变化。图 5-30（c）与图 5-30（d）分别展示了晃动激励振幅为 0.20m 与 0.40m 两工况下水平测点压力波动变化曲线。如图 5-30（c）所示，对于晃动激励振幅为 0.20m 的工况，当外部晃动激励施加到低温液氧贮箱后，测点 p'_{12} 压力迅速升高，同时流体向左侧运动；而测点 p''_{12} 压力突然降低。当流体运动到右侧时，测点 p''_{12} 达到最大压力值，此时测点 p'_{12} 则处于压力低谷。因此，总的来说，两对称测点具有方向相反的压力波动变化曲线。相比两对称测点，处在低温贮箱对称轴上的中心测点受外部晃动激励的影响较小。从图 5-30（c）可以看出，测点 p_{12} 具有相对平稳的压力变化曲线，整个晃动过程仅有小幅波动，并且波动幅度小于 0.39kPa；而处于箱体对称轴两侧的液相测点 p'_{12} 与 p''_{12} 的压力波动幅度分别为 4.31kPa 与 3.87kPa。经过 20s 流体晃动，测点 p_{12} 压力从 146.83kPa 降低到 142.98kPa，并且整个过程伴随着压力的小幅波动。

从图 5-30（d）可以看出，与图 5-30（c）相似，当晃动振幅增加到 0.40m 时，两侧测点压力波动方向相反，并且处于箱体两侧的测点压力均围绕中心测点呈相反方向波动变化；中心测点具有相对平稳的压力波动曲线。对比图 5-30（c）与（d）可以看出，当晃动激励振幅较大时，水平液相测点具有较大的压力波动幅度以及较大的压降。对于晃动激励振幅为 0.40m 的工况，测点 p'_{12} 与 p''_{12} 的波动幅度分别为 8.46kPa 与 7.21kPa，中心测点 p_{12} 的压力波动幅度范围为 1.21～1.87kPa，均高于晃动激励振幅为 0.20m 工况对应的压力波动幅度。当晃动激励振幅为 0.40m 时，流体最大压降为 7.43kPa；而当晃动激励振幅为 0.20m 时，流体最大压降为 3.85kPa。

图 5-31 展示了不同晃动激励振幅工况在不同时刻的流体压力分布云图。为方便对比，不同工况下箱内流体压力均限制在 128.0～158.0kPa。从图中很容易看出，随着晃动时间的持续，箱内流体最高压力逐渐降低。这是因为流体晃动促进了气液相间传热，导致气相被冷凝，以至于箱体压力降低。另外，受流体晃动的影响，箱内流体压力最大值也出现随时间往复波动的变化。例如，当流体向箱体左侧运动时，箱内流体最大压力点出现在左侧，如图中 5s、10s、15s 与 20s 所示。而当流体向箱体右侧运动时，箱内流体最大压力测点出现在右侧，如图中 0.5s 所示。另外，随着晃动激励振幅的增加，气液界面的混合与扰动也有所增强，如在晃动激励振幅为 0.35m、0.40m 两工况的 5.0s 时刻与激励振幅为 0.40m 工况的 10s、15s 两时刻，气液界面均出现明显的压力波动。

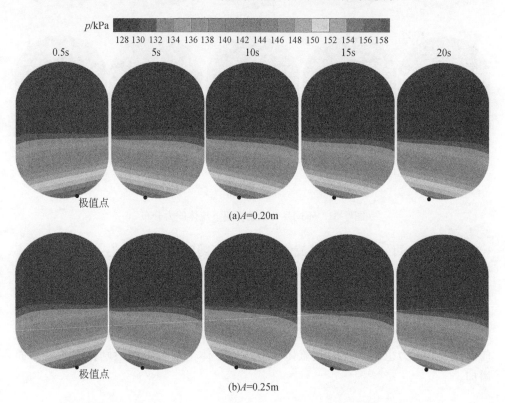

(a)A=0.20m

(b)A=0.25m

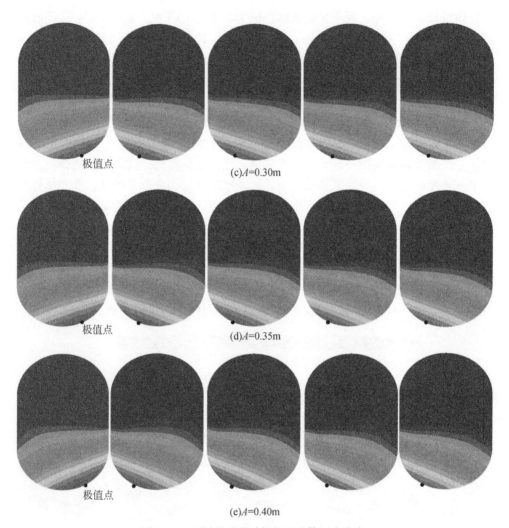

(c)A=0.30m

(d)A=0.35m

(e)A=0.40m

图 5-31　不同晃动激励振幅下流体压力分布

　　由图 5-31 可知，箱体内部流体压力极值点随时间来回波动，本节设置了流体压力极值监测点来详细地反映该参数的动态变化，其波动曲线如图 5-32 所示。随着自由界面的波动，气液界面液位高度发生起伏变化，流体压力极值也出现相应的往复波动变化。由于波动过程导致高温气相被冷却，整体上流体极值点压力随时间波动降低。另外，对于晃动激励振幅较大的工况，流体晃动较剧烈，相应的流体极值压力也较大，因此流体极值压力整体上随着晃动激励振幅的增加而增加。

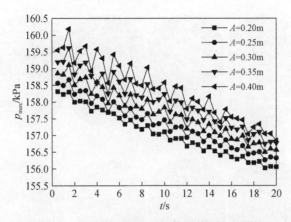

图 5-32　晃动激励振幅对流体极值压力的影响

5.4.3　晃动激励振幅对气液相分布的影响

在外部晃动激励作用下，箱内流体做往复运动，运动的流体撞击壁面，造成液体的回流与飞溅。为此，本节研究晃动过程中气液相分布与气液界面形状变化。不同晃动激励振幅对贮箱内部气液相分布的影响如图 5-33 所示。图中上部为气相，下部为液相，气液相间通过自由界面隔开。

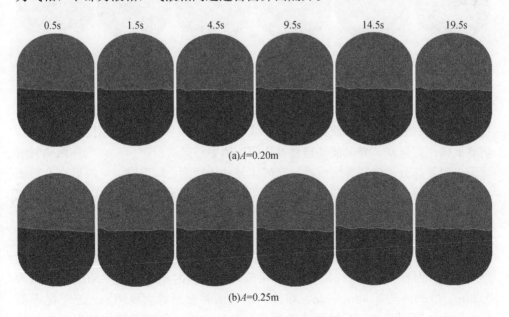

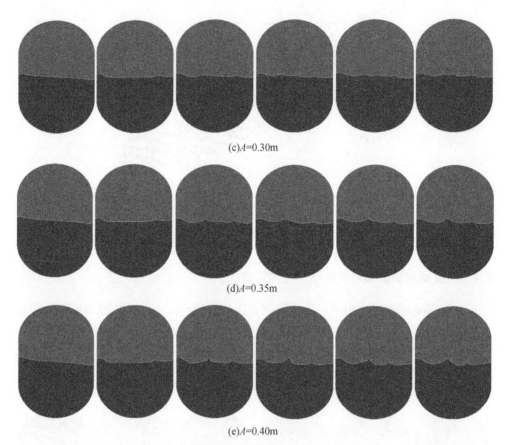

(c)A=0.30m

(d)A=0.35m

(e)A=0.40m

图 5-33　晃动激励振幅对气液相分布的影响

如图 5-33 所示，0.5s 时，在外部晃动激励的驱使下液体朝箱体左侧运动，气液界面向右侧倾斜，气液界面波峰出现在左侧，波谷出现在右侧。1.0s 以后，随着流体往复运动，界面波峰与波谷均朝箱体中心运动。在 9.5s，箱体两侧气液界面出现了部分扰动与界面波动。当流体晃动持续到 19.5s 时，气液界面已形成了 4 个完整波，具体如图 5-33（a）所示。当晃动激励振幅增加到 0.25m 时，气液界面形状与晃动激励振幅为 0.20m 时的界面形状分布大致相同。如图 5-33（b）所示，从 9.5s 开始，气液界面开始出现明显的波动变化。当晃动激励振幅增加到 0.30m 时，气液界面从 1.5s 就开始出现明显的波动变化，并且波动幅度越来越大。对比图 5-33（c）～（e）可知，在相同时刻，对于晃动激励振幅为 0.30m、0.35m 与 0.40m 工况，箱体内部气液界面形状大致相同。三工况界面分布的主要区别在于：当初始晃动激励振幅较大时，气液界面波动强度往往较大；同时，气液面的波动幅度也较大。如图 5-33（e）所示，受流体大幅往复

运动的影响，撞击飞溅的流体开始卷吸部分液体，如图中 4.5s、14.5s 与 19.5s
所示。剧烈的气液界面波动变化促进了高温气相与过冷液相之间的热量交换，并
直接造成箱体压力的大幅降低。

5.4.4　晃动激励振幅对气液界面形状变化的影响

　　为深入了解流体晃动过程气液界面的形状分布，本节设置动态监测点来捕捉
不同时刻气液界面的形状变化。这里，通过监测气相份额为 0.5 的测点来反映气
液界面形状。当外部晃动激励施加后，监测点位置开始出现波动变化，把所有测
点位置依次连接即可获得气液界面的形状分布。另外，为简化对比，本节仅以晃
动激励振幅为 0.20m、0.30m 与 0.40m 三工况为例进行介绍分析，相关的气液
界面形状变化如图 5-34～图 5-36 所示。

　　外部晃动激励迫使箱内流体做来回往复摆动，该现象很好地体现在图 5-34
(a) 中 1.0s 时刻所展示气液界面形状波动变化中。外部晃动激励促使箱内流体
晃动，晃动的流体撞击贮箱壁面，形成反作用力，并驱使流体朝 $-x$ 方向运动，
以至于在 0.1～0.4s 气液界面呈 S 形分布曲线。从 0.5s 开始，液体开始朝箱体
左侧移动，其最大波动位移为 1.1008m，在 $x=1.688$m 处获得；最小波动位移
为 0.9155m，在 $x=1.6106$m 取得。之后，气液界面左侧位移降低，右侧位移升
高，并一直保持波动变化的状态。该过程持续到 0.9s，此时气液界面形状呈 Z 形
曲线分布。在 0.9s，气液界面最低位移在 $x=-1.7190$m 取得，其值为
0.9193m；而最高位移为 1.1327m，在 $x=1.7190$m 处获得。基于上述描述可
知，在外部晃动激励的作用下，箱体内部形成的第一个界面波动在 0～0.9s 时间
段内从 S 形曲线变为 Z 形曲线。之后，气液界面左侧向上运动，右侧向下运动。
在 1.0s 时，气液界面极值点在 $x=1.1398$m 与 $x=-1.6106$m 获得，其值分别为
1.6416m 与 0.9190m，具体如图 5-34 (a) 所示。随着自由界面的动态波动，不
同位移极值点随之形成。在 1.1～2.0s 时间段内，气液界面共形成了 3 个波峰与
3 个波谷，具体如图 5-34 (b) 所示。随着晃动波的传递，液体从波峰波动到波
谷或者从波谷运动到波峰。在这 1.0s 的变化中，左侧流体在 1.4s 再次达到波
峰，其从波谷变化到波峰大概需要 0.5s。同时，箱体右侧的流体具有方向相反的
波动变化曲线，右侧流体的波动位移逐渐降低，气液界面呈 W 形曲线分布。之
后，箱体左侧流体向下运动，并朝箱体右侧流动。在 1.9s，箱体左侧流体再次运
动到最低位移极值点；之后左侧流体位移开始升高。对于图 5-34 (b) 所示的气
液界面形状变化曲线，三个波峰点分别在 $x=1.75$m、$x=0.8827$m 与 $x=$
-1.2699m 获得，相应的极值位移分别为 1.1310m、1.0609m 与 0.9652m；而三
个波谷点的位移分别为 1.0350m、0.9428m 与 0.9143m，对应的横坐标分别为

$x=1.2544\mathrm{m}$、$x=-0.8518\mathrm{m}$ 与 $x=-1.7190\mathrm{m}$。对比图 5-34（a）与（b）可知，在 $1.1\sim2.0\mathrm{s}$，箱体内部气液界面波动已十分剧烈，并伴随着大大小小的起伏波动。这是因为在前 $0.1\mathrm{s}$，外部晃动激励刚施加的一小段时间内，气液界面仍保持十分规律的形状变化；而 $0.1\mathrm{s}$ 以后，箱体内部左侧流体从最高位移点运动到最低位移点，流体波动开始向前传播，如图中 $0.5\sim0.9\mathrm{s}$ 阶段内气液界面分布所示。随着正弦波的传播，气液界面开始形成大大小小的波峰与波谷。另外，由于部分流体滞留在箱体两侧，箱体中心测点的位移在大部分时刻均低于初始水平位置。经过 $4.0\mathrm{s}$ 的流体晃动，气液界面形状变化如图 5-34（c）所示。在箱内流体往复运动的持续影响下，气液界面处波峰波谷随之做往复运动，此时箱体中心测点处不断有流体流过，此处流体竖向位移开始缓慢升高，部分时刻中心测点位移高于初始水平界面高度。再者，由于长时间流体晃动积聚了大量流体晃动动能，此时气液界面出现十分明显的湍流扰动。当横坐标在 $-0.5\sim+1.0\mathrm{m}$ 范围内时，液体向上运动。大约在 $4.9\mathrm{s}$，气液界面最大波峰点在 $x=1.75\mathrm{m}$ 处获得，位移值为 $1.1456\mathrm{m}$；在 $5.0\mathrm{s}$，最低的极值点在 $x=-1.7035\mathrm{m}$ 获得，位移值为 $0.8821\mathrm{m}$。至于在 $9.1\sim10.0\mathrm{s}$、$14.1\sim15.0\mathrm{s}$ 与 $19.1\sim20.0\mathrm{s}$ 三个时间段内气液界面形状分布，具体可参考图 5-34（d）～（f）所示。经过长时间流体晃动，气液界面形状逐渐趋于相对稳定。此时，气液界面形状曲线近似沿低温贮箱对称轴对称分布。随着流体晃动的持续，气液界面仍会出现部分起伏波动与湍流扰动。整体上，气液界面波动位移逐渐降低，波动曲线趋于稳定分布。

以上描述详细地展示了流体晃动过程中箱体内部气液界面形状随时间的动态变化。对于晃动激励振幅为 $0.20\mathrm{m}$ 这一工况，气液界面在初始阶段具有单调的形状分布；整个流体晃动过程中，外部晃动激励促使气液界面波动传播。随着波峰和波谷极值点的降低，界面波动幅度整体上也逐渐降低，气液界面趋于稳定的小幅波动变化。

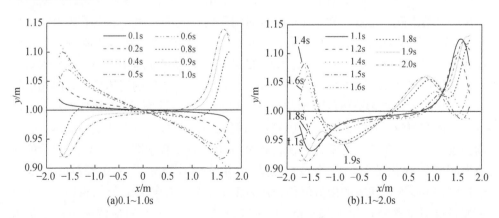

(a)0.1~1.0s　　　　　　　　　　　(b)1.1~2.0s

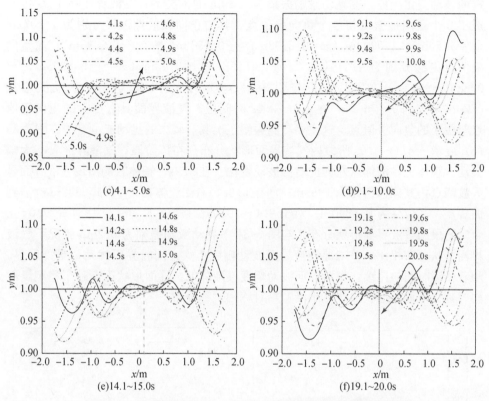

图 5-34　晃动激励振幅为 0.20m 时不同时刻气液界面形状变化

当晃动激励振幅增加到 0.30m 时，气液界面形状变化如图 5-35 所示。对比图 5-34 与图 5-35 可知，两工况气液界面形状分布十分相似。在图 5-35（a）中，流体在外部晃动激励的作用下向箱体左侧移动，气液界面呈坡面形状。在 0.4s，箱体左侧液面达到最高点；之后，左侧流体开始向下运动。大约在 0.9s，左侧液体运动到波谷点。相应地，箱体右侧的流体具有方向相反的运动趋势。该工况气液界面形状分布与图 5-34 中所示界面形状类似。在 0.1～0.4s，气液界面呈 S 形曲线分布；而在 0.5～0.9s，气液界面呈 Z 形曲线分布。随着气液界面波动传递，其最大波峰点与波谷点分别在 1.0s 与 0.4s 获得，相应的极值位移分别为 1.2065m（$x=1.6106$m）与 0.8579m（$x=1.7190$m）。流体晃动持续 1.0s 后，更多的波峰和波谷在气液界面形成。随着晃动波的传递，同一处液体将从波峰运动到波谷或从波谷运动到波峰。在 1.1～2.0s 内，气液界面共形成了 3 个波峰与 3 个波谷，具体如图 5-35（b）所示。该阶段，箱体内部气液界面呈 W 形或 M 形曲线分布。大约在 1.4s，箱体左侧流体再次运动到波峰点。0.5s 后，左侧流体从波谷运动到波峰，完成了整个晃动激励的传播。而箱体右侧的流体具有方向相反的波动变化趋势。在晃动激励振幅为 0.30m 的工况下，气液界面在 1.9s 也形成了 3 个正向极值点与 3 个负向极值点。其中正向极值点位移分别为 1.2071m（$x=1.75m$）、1.0993m（$x=0.8208m$）与 0.9503m（$x=-1.2235m$），而负向极值点位移分别为 1.0441m（$x=1.1615m$）、0.9145m（$x=-0.8363m$）与 0.8856m（$x=-1.7035m$）。与图 5-34（b）对比可知，当晃动激励振幅从 0.20m 增加到 0.30m 时，在 1.1～2.0s 时间段，气液界面具有更大的正向极值点与更小的负向极值点。这主要与高振幅工况具有较大的晃动能量有关。图 5-35（c）展示了 4.1～5.0s 阶段内气液界面形状分布。在该阶段，气液界面具有大幅波动。整体上，液体从左侧向右侧波动变化。在 4.9s，箱体右侧出现气液界面最大波峰点，其位移值为 1.1984m；而在 5.0s，右侧流体在 $x=-1.5332m$ 运动到波谷点，其位移为 0.8390m。对于 9.1～10.0s、14.1～15.0s 与 19.1～20.0s 三个时间段内气液界面形状分布，与图 5-34 中晃动激励振幅为 0.20m 工况下气液界面形状分布相比，该工况气液界面波动幅度更大，同时界面扰动也更加明显。随着晃动时间的持续，气液界面波动幅度逐渐降低，界面形状逐渐趋于稳定，不同时刻气液界面形状曲线几乎沿贮箱对称轴对称分布。

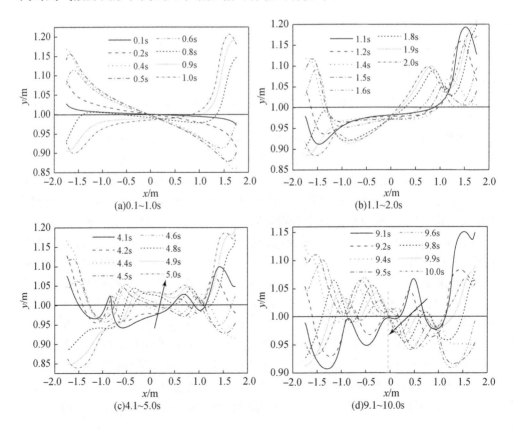

(a)0.1～1.0s

(b)1.1～2.0s

(c)4.1～5.0s

(d)9.1～10.0s

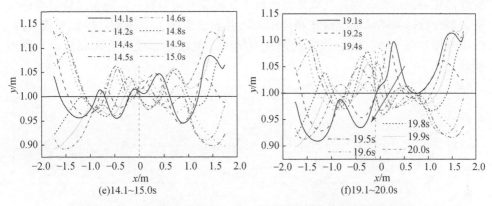

(e)14.1~15.0s　　　　　　　　(f)19.1~20.0s

图 5-35　晃动激励振幅为 0.30m 时不同时刻气液界面形状变化

当晃动激励振幅增加到 0.40m 时，气液界面形状分布如图 5-36 所示。在前 2.0s 内，该工况气液界面波动曲线与晃激励振幅为 0.20m 和 0.30m 两工况界面形状变化相似，主要区别在于该工况具有更大的气液界面位移波动。结合图 5-36（a）与（b）可知，气液界面的波动范围为 0.815~1.301m，该范围高于晃动激励振幅为 0.20m 和 0.30m 两工况的界面波动幅度。图 5-36（b）中，由于该阶段部分流体滞留在箱体两侧，大部分时间箱体中心监测点位移低于初始水平界面对应的位移。该时间段内，中心测点平均位移为 0.9567m。在 4.1~5.0s，气液界面出现了大幅扰动，具体如图 5-36（c）所示。不同于上述位移分布，该阶段液相撞击箱体壁面并引起流体飞溅，以至于气相被液体卷吸。结合 4.5s 时刻气液界面形状曲线与气液相分布可以看出，在 $x=-0.5$m 处形成了气穴。这种现象主要由飞溅的液体在降落工程中卷吸周围气体造成，其在 4.1~4.4s 时间段内明显呈现出来，具体如图中方框标注所示。在 5.0s，液体具有较高的竖向位移，随着液体从高处向下滑落，部分气体被吸入。伴随着液体的卷吸效应，形成了明显的界面湍流扰动，并伴随着气液界面位移的大幅波动变化。当晃动激励持续到 10.0s 时，气液界面形状曲线分布如图 5-36（d）所示。该阶段，气液界面最大位移点出现在 9.6s，在 $x=-0.2013$m 处取得，位移值为 1.2354m。之后，峰值点向箱体右侧移动，界面位移也逐渐降低。在 14.1~15.0s 时间段，流体晃动十分剧烈，液体飞溅卷吸也变得更加频繁。如图 5-36（e）所示，不同时刻气液界面曲线以上形成分离的圈型曲线。该现象在图中 14.5s、14.6s 与 15.0s 时刻清晰地展现出来。当气体从液体中挤压出来后，界面曲线就再没有单独的圈型分布。无论如何，该现象反映了外部晃动激励所造成的箱体内部气液界面剧烈的扰动变化。在该阶段，气液界面最大波峰点在 15.0s 取得，其值为 1.2731m。图 5-36（f）展示了 19.1~20.0s 时间段内气液界面形状分布。从图中可以看出，受外部晃动激励的影响，气液界面出现十分剧烈的动态响应。随着流体波动的传播，部分流体晃动动能积聚在箱体中心，并驱使流体上下波动，以此形成波峰，促进液体卷吸气体。随着气穴的形成与消失，气液界面经历了大幅波动与剧烈扰动。

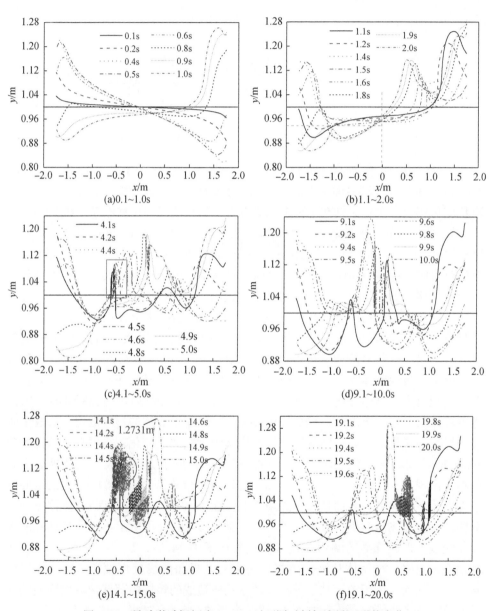

图 5-36　晃动激励振幅为 0.40m 时不同时刻气液界面形状变化

　　从以上描述可以看出，晃动激励振幅对气液界面形状与气液相分布产生了十分明显的影响。当晃动激励振幅低于一定值时，气液界面形状与气液相分布一致；而当晃动激励振幅增加到一定数值后，气液界面开始出现大幅波动变化，并形成明显的界面扰动与湍流脉动。再者，对于晃动激励振幅较大的工况，液体卷吸气体将伴随着气穴的形成与消失。

5.4.5　晃动激励振幅对气液界面面积变化的影响

　　鉴于外部晃动激励导致低温液氧贮箱内部气液界面出现无规则形状变化，本节将研究波动的气液界面面积随晃动激励振幅的变化规律。外部晃动激励促使液氧贮箱内部流体做往复运动，流体晃动使得箱内气液界面面积增加。为清晰地预测气液界面面积变化，本节通过设置监测点收集气液界面平均面积变化。与 5.1 节介绍的一样，这里定义初始水平气液界面的面积为 $A_0 = \pi D l$。当外部晃动激励施加后，气液界面由水平面变成曲面。假设曲面界面长度为 P，那么此时气液界面面积为 $A = P l$，l 为单位长度。这里定义面积比 A/A_0 来反映界面面积的波动变化。

　　图 5-37 展示了气液界面面积比随晃动激励振幅的变化，这里同时考虑了气液界面相变对界面面积的影响。从图中可以看出，气液界面面积始终处于波动变化之中，并且面积比 A/A_0 始终大于 1.0。随着时间的持续，在外部晃动激励的作用下，气液界面面积比先迅速增加，大约从 1.2s 开始波动变化。界面面积比波动幅度不尽相同。当晃动激励振幅为 0.20m 时，A/A_0 在 8.24s 取得最大值

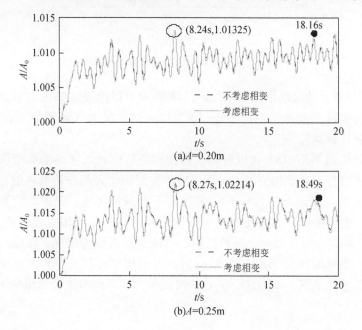

(a)$A=0.20$m

(b)$A=0.25$m

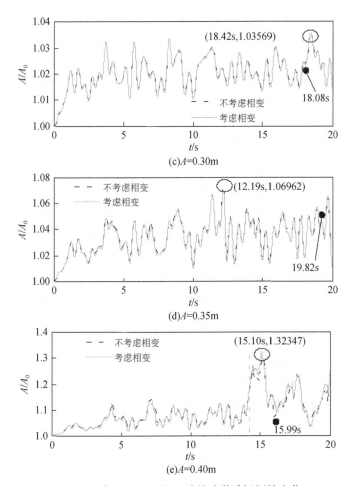

图 5-37　气液界面面积比随晃动激励振幅的变化

1.01325。随着晃动激励振幅的增加，气液界面面积比波动幅度也明显增加。例如，当晃动激励振幅增加到 0.30m 与 0.40m 时，最大气液界面面积比分别为1.03569 与 1.32347。

另外，从图 5-37（a）可以看出，界面相变效应对气液界面面积影响并不十分明显，考虑与不考虑相变两工况下气液界面面积比大部分是重合的。当晃动激励振幅增加到 0.25m 与 0.30m 时，考虑与不考虑相变两工况下气液界面面积比开始出现一定的差异。如图 5-37（b）与（c）所示，界面相变效应从 1.2s 开始变得明显。同时，在 6.0~7.5s 阶段内，气液界面面积比出现了微弱的差异。当晃动激励振幅增加到 0.35m 与 0.40m 时，界面相变对气液界面面积比产生了十分明显的差异。从图 5-37（d）与（e）可以看出，考虑与不考虑相变两工况下气液界面面积比的差异从 3.7s 开始产生。当晃动激励振幅为 0.40m 时，从 14.1s 开始，考虑与不考虑相变两工况下气液界面面积比开始出现明显的差异，具体如图 5-37（e）所示。

　　基于图 5-37，这里对比筛选了不同晃动激励振幅工况下气液界面面积比极值点变化。表 5-7 罗列了不同工况气液界面面积比极值。从表中可以看出，气液界面面积比极值随着晃动激励振幅的增加而增加。在考虑气液界面相变的影响下，当晃动激励振幅从 0.20m 增加到 0.40m 时，气液界面面积比从 1.01325 增加到 1.32347；而在不考虑气液界面相变的影响下，随着晃动激励振幅的增加，气液界面面积比从 1.01330 增加到 1.28858。另外，考虑气液界面相变与不考虑气液界面相变两工况对应的气液界面面积比也随着晃动激励振幅的增加而增加。当晃动激励振幅为 0.20m 时，两工况的差异仅为 0.00005；而当晃动激励振幅增加到 0.40m 时，两工况差异增加到 0.03489。对于极值点出现的时刻，其受流体晃动随机性与不稳定性的影响较大，整体上呈现无规律的变化。

表 5-7　不同工况气液界面面积比极值

激励振幅/m	界面面积比极值			出现时刻/s
	考虑界面相变	不考虑界面相变	差值	
0.20	1.01325	1.01330	0.00005	8.24
0.25	1.02214	1.02225	0.00011	8.27
0.30	1.03569	1.03598	0.00029	18.42
0.35	1.06962	1.07220	0.00258	12.19
0.40	1.32347	1.28858	0.03489	15.10

　　除了监测考虑与不考虑相变两工况所对应的气液界面面积比极值点，这里还对比分析了两工况界面面积比最大差异点变化，相关数据罗列在表 5-8 中。由表可知，两工况界面面积比最大差异随着晃动激励振幅的增加而增加。当晃动激励振幅从 0.20m 增加到 0.40m 时，两工况界面面积比差值从 -0.00006 增加到 0.05932。对比表 5-7 与表 5-8 可知，两工况气液界面面积极值点与最大差值点出现在不同的时刻。当然，这种现象也主要是由流体晃动的随机性与多变性所致。

表 5-8　不同工况界面面积比差异

激励振幅/m	界面面积比最大差异			出现时刻/s
	考虑界面相变	不考虑界面相变	差值	
0.20	1.01325	1.01331	-0.00006	18.16
0.25	1.01702	1.01751	-0.00049	18.49

续表

激励振幅/m	界面面积比最大差异			出现时刻/s
	考虑界面相变	不考虑界面相变	差值	
0.30	1.02397	1.02345	0.00052	18.08
0.35	1.04095	1.03873	0.00222	19.82
0.40	1.13337	1.07405	0.05932	15.99

5.4.6　晃动激励振幅对气液界面波动变化的影响

与其他影响因素工况相似，本节也设置 7 个动态测点用来研究不同晃动激励振幅对气液界面动态波动的影响。动态测点在波动过程中上下移动用来捕捉液位的具体位置。测点初始位置如图 5-38 所示、初始坐标如表 5-9 所示，其中 R 为箱体半径。由于坐标原点处在气液界面以下，气液界面具有 1.0m 的初始高度，所以动态测点均围绕 $y=1.0$m 水平面上下波动变化。

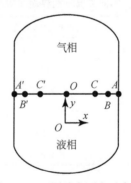

图 5-38　不同动态测点示意图

表 5-9　晃动激励振幅影响研究气液界面动态测点初始坐标

监测点	坐标/m
A	$(R, 1.0)$
A'	$(-R, 1.0)$
B	$(1.50, 1.0)$
B'	$(-1.50, 1.0)$
C	$(R/2, 1.0)$
C'	$(-R/2, 1.0)$
O	$(0, 1.0)$

外部晃动激励导致气液界面围绕初始水平面波动变化。在流体晃动过程中，7 个动态监测点的位移波动变化如图 5-39 所示。当正弦晃动激励施加到低温液氧贮箱后，气液界面随之波动，动态监测点也上下起伏波动变化。图 5-39（a）展示了晃动激励振幅为 0.20m 工况下 7 个动态监测点位移波动变化曲线。从图中很容易看出，由于监测点 A 与 A' 处在箱体两侧壁面上，两测点受外部晃动激励影响最大，也具有最大的波动位移。外部晃动激励施加后，箱内液体朝着 $-x$ 方向运动，以至于监测点 A' 达到了 $+y$ 方向的首个极值点，相应的极值位移为 1.115m；而监测点 A 沿着 $-y$ 方向运动到波谷，其竖向位移为 0.898m，该极值点也是测点 A 在 $-y$ 方向的最大极值点。之后监测点 A' 与 A 分别向下与向上运动，由于对称布置在贮箱壁面，两监测点波动趋势相反。经过 20s 流体晃动，监测点 A' 的最大 $+y$ 向与 $-y$ 向位移分别在 10.38s 与 4.92s 获得，其竖向位移分别为 1.175m 与 0.874m，而监测点 A 的最大竖向位移分别为 1.175m（在 8.83s 获得）与 0.898m（在 0.38s 获得）。受流体晃动随机性与无规则性的影响，两对称监测点具有不同的波动位移。当从箱体壁面移动到距离箱体对称轴 1.5m 处时，监测点 B 与 B' 仍沿着初始水平液面波动变化。此时，两监测点受外部晃动激励的影响仍然较明显，具体可通过两测点位移波动幅度体现出来。对于监测点 B'，其最大的正向与负向位移分别在 3.56s 与 5.07s 获得，位移值为 1.163m 与 0.886m。而对于监测点 B，其最大正负向位移分别为 1.115m 与 0.922m，在 1.06s 与 13.64s 获得。由于监测点 B 与 B' 距离箱体壁面较远，两测点位移的波动幅度与极值位移均小于监测点 A 与 A' 对应的波动幅度与极值位移。处在 $\pm R$ 处的监测点 C 与 C' 具有相对稳定的波动曲线，由于受外部晃动激励的影响较小，它们围绕初始界面近似做反方向等幅波动运动。在 20s 流体晃动过程中，监测点 C 与 C' 的竖向位移在 $0.946 \sim 1.054$m 范围内波动变化。对于处在箱体对称轴上的监测点 O，其受外部晃动激励的影响最小。因此，7 个动态监测点中，监测点 O 的波动位移是最小的，整个晃动过程中，其竖向位移波动范围为 $0.982 \sim 1.006$m。另外，流体往复运动使得部分流体分布在低温燃料贮箱两侧，最终导致箱体对称轴处的流体平均液位高度低于初始液位高度。

当初始晃动激励振幅增加到 0.25m 与 0.30m 时，气液界面动态监测点幅值波动如图 5-39（b）与（c）所示。对比图 5-39（a）、（b）与（c）很容易看出，对于位置相同的动态监测点，相应的界面位移波动曲线基本相同。由于处在贮箱壁面，监测点 A 与 A' 均具有十分剧烈的位移波动变化曲线。再者，外部正弦晃动激励对监测点 B 与 B' 的动态波动影响也十分明显。对于图 5-39（b）与（c）两工况，监测点 B 与 B' 均表现出较大的竖向位移波动。当监测点沿着箱体对称轴移动到±$R/2$处时，外部晃动激励的影响逐渐变小，动态监测点C与C'的波动位移也趋于稳定。当然，最稳定的位移波动曲线当属气液界面中心测点O，该测点具有最小的波动位移。另外，由于初始晃动激励振幅不同，中心测点的竖向位移波动曲线也不同。最明显的是，对于不同晃动工况，不同测点的最大正向极值点与负向极值点出现的时间与极值位移均不一样。不同工况的正负向极值点均标注在图 5-39（b）与（c）中。

当晃动激励振幅增加到 0.35m 时，相应的气液界面动态监测点波动变化曲线如图 5-39（d）所示。从图中很容易看出，该工况气液界面监测点波动曲线与前面三种工况并不完全一样。该工况下，处于低温液氧贮箱壁面的两动态监测点A与A'出现较大的波动变化。当外部晃动激励施加到低温贮箱后，监测点A首先经历了最初的位移增加，而监测点A'朝着$-y$方向运动。两测点围绕着初始静止水平界面向相反的方向运动，并且两测点位移波动曲线近似对称分布。然而，该对称分布大约持续到 7.5s。之后，由于更多的流体滞留在低温贮箱两侧，气液界面流体开始出现大幅位移波动，两动态监测点的位移波动曲线也不再严格按照初始静止界面呈对称分布。气液界面的大幅波动变化从 7.5s 持续到 15.3s。在这段时间内，箱体中心测点O始终处在小幅波动变化中。15.3s 之后，动态监测点A在$+y$方向的位移出现突然增加，并达到该测点在$+y$方向的最大位移值；然后，该测点幅值快速降低，并达到该测点在$-y$方向的最大位移值。监测点A的±y方向的最大极值点分别在 16.61s 与 17.43s 获得，相应的极值位移分别为 2.159m 与 0.533m。而监测点A'的最大极值位移点也出现在流体晃动后期，其中$+y$方向的极值位移为 1.464m，出现在 18.52s；$-y$方向的极值位移为 0.620m，出现在 19.83s。动态监测点B与B'在竖向波动位移上均比监测点A与A'要小，在前 10s 内，两测点均出现小幅波动变化；10.0s 后，外部晃动激励的影响逐渐凸显，两测点波动幅度突然增加，并且呈现出无规则的波动变化。监测点B的最大$+y$方向位移为 1.355m，在 12.11s 获得；最大$-y$方向位移为 0.681m，在 18.48s 取得。而对称布置的监测点B'的最大竖向位移分别为 1.440m 与 0.705m，在 12.66s 与 13.96s 取得。当监测点移动到±$R/2$处时，两测点波动曲线相对稳定，竖向位移在 0.801～1.163m 范围内波动变化。对于测点C与C'，大幅位移波动也出现在 10s 以后。对于中心测点O，其受外部晃动激励影响最小，波动幅度也最小，整个过程都在 0.765～1.127m 范围内变化。

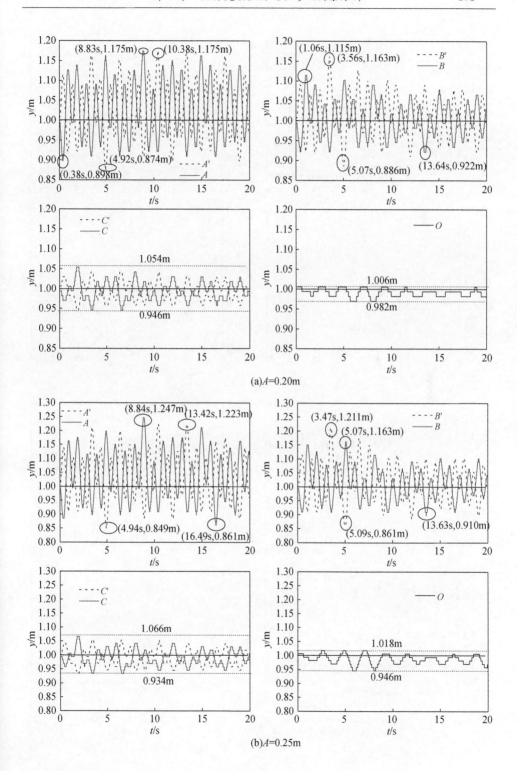

(a)A=0.20m

(b)A=0.25m

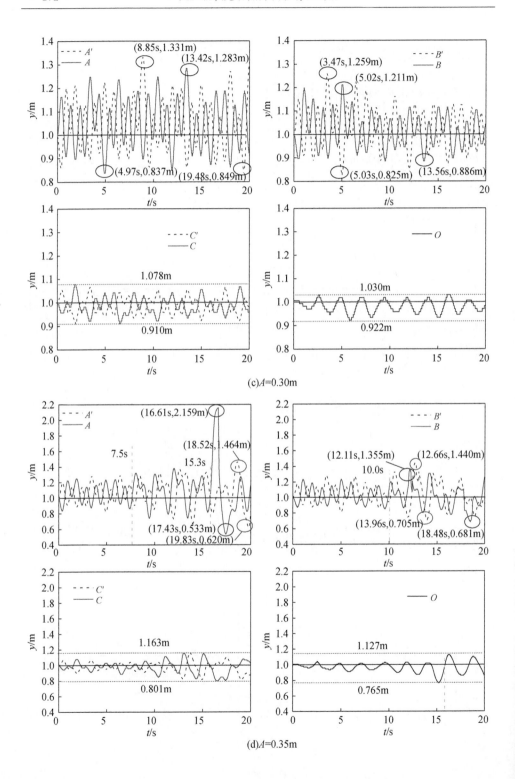

(c)A=0.30m

(d)A=0.35m

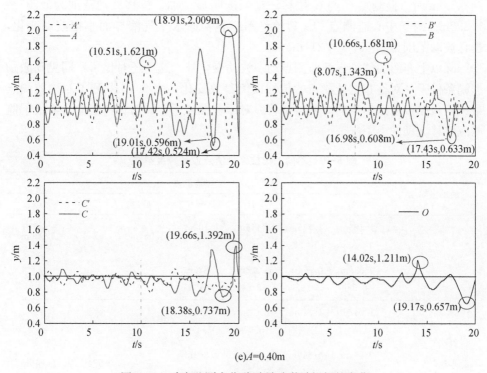

(e)A=0.40m

图 5-39 动态监测点位移随晃动激励振幅的变化

当外部晃动激励振幅增加到 0.40m 时，相应的气液界面动态监测点波动曲线如图 5-39（e）所示。在前 7.5s 内，最靠边的两测点 A 与 A' 位移波动曲线几乎对称分布，这与图 5-39（d）中监测点 A 与 A' 位移波动曲线相似。7.5s 以后，两测点开始出现明显的位移波动。尤其是监测点 A，其较大的两个正向极值点均出现在最后 5.0s 内。对于监测点 A，其最大的正负向极值点分别在 18.91s 与 17.42s 取得，极值位移为 2.009m 与 0.524m。而对于监测点 A'，其极值位移分别为 1.621m 与 0.596m，在 10.51s 与 19.01s 获得。对比图 5-39（d）与（e）可知，当晃动激励振幅为 0.40m 时，监测点 A 的最大位移低于晃动激励振幅为 0.35m 工况中监测点 A 的最大位移，但其波动强度却比其他工况剧烈得多。对于监测点 B 与 B'，在初始的 7.5s 内，两测点具有相对稳定的位移波动变化曲线。之后，两对称测点位移波动幅度开始大幅增加，监测点 B 在 8.07s 与 17.43s 获得 $\pm y$ 方向的最大极值点，极值位移分别为 1.343m 与 0.633m。而监测点 B' 的最大位移为 1.681m 与 0.608m，分别在 10.66s 与 16.98s 获得。对于处在 $\pm R/2$ 处的监测点 C' 与 C，两测点位移在前 10s 内出现小幅波动变化，并且波动曲线几乎对称分布，10s 后，两测点波动幅度开始有所增加。当晃动激励振幅增加到 0.40m 时，监测点 C' 与 C 位移波动强度明显增加，位移波动范围为 0.737～1.392m。对于中心监测点 O，其始终围绕着初始水平气液界面小幅波动变化，位移波动范围为 0.657～1.211m。

　　除以上介绍的气液界面监测点动态波动变化外，这里还对比了不同晃动激励振幅条件下，对称布置监测点的位移极值参数变化。表 5-10 罗列了对称监测点最大正负向极值点出现的时间与位移。对于监测点 C、C' 与 O，这里只给出了监测点位移波动的上下限值。

表 5-10　不同工况位移极值点波动幅度参数

激励振幅/m		动态测点						
		A	A′	B	B′	C	C′	O
0.20	(+)	1.175m, 8.83s	1.175m, 10.38s	1.115m, 1.06s	1.163m, 3.56s	1.054m	—	1.006m
	(−)	0.898m, 0.38s	0.874m, 4.92s	0.922m, 13.64s	0.886m, 5.07s	—	0.946m	0.982m
0.25	(+)	1.247m, 8.84s	1.223m, 13.42s	1.163m, 5.07s	1.211m, 3.47s	1.066m	—	1.018m
	(−)	0.861m, 16.49s	0.849m, 4.94s	0.910m, 13.63s	0.861m, 5.09s	—	0.934m	0.946m
0.30	(+)	1.283m, 13.42s	1.331m, 8.85s	1.211m, 5.02s	1.259m, 3.47s	1.078m	—	1.030m
	(−)	0.837m, 4.97s	0.849m, 19.48s	0.886m, 3.56s	0.825m, 5.03s	—	0.910m	0.922m
0.35	(+)	2.159m, 16.61s	1.464m, 18.52s	1.355m, 12.11s	1.440m, 12.66s	—	1.163m	1.127m
	(−)	0.533m, 17.43s	0.620m, 19.83s	0.681m, 18.48s	0.705m, 13.96s	0.801m	—	0.765m
0.40	(+)	2.009m, 18.91s	1.621m, 10.51s	1.343m, 8.07s	1.681m, 10.66s	1.392m	—	1.211m
	(−)	0.524m, 17.42s	0.596m, 19.01s	0.633m, 17.43s	0.608m, 16.98s	0.737m	—	0.657m

　　图 5-40 对比了动态监测点 A、A'、B 与 B' 的极值位移随晃动激励振幅的变化。外部晃动激励促使箱内流体做往复运动，气液界面的波动变化使得界面测点位移偏离初始水平液位。当监测点液位高于初始水平界面时，该测点处于 $+y$ 区

域，其净位移为正；而当监测点液位低于初始水平界面时，该测点处于 $-y$ 区域，其净位移为负。为简化标记，这里采用＋与—来区分正负向位移。如图 5-40（a）所示，界面监测点正向极值位移随着晃动激励振幅的增加而增加。但是对于监测点 A 与 B，当晃动激励振幅从 0.25m 增加到 0.35m 时，两测点正向极值位移仍呈现单调增加的分布；而当晃动激励振幅增加到 0.40m 后，两测点极值位移有所下降。之所以会出现这种现象，主要是因为外部晃动激励造成箱内流体的大幅撞击与喷溅，引起自由界面波动的不连续性。当晃动激励振幅为 0.40m 时，尽管气液界面也出现大幅波动变化，但其波动幅度并没有晃动激励振幅为 0.35m 时大。当晃动激励振幅增加到 0.40m 时，监测点 A 与 A' 的极值位移虽然不是最大，但两测点位移整体波动剧烈程度却是最强烈的，具体如图 5-39（e）所示。对于监测点 A 与 A'、B 与 B' 的负向位移，其随着晃动激励振幅的增加而增加。同时，靠近低温贮箱壁面的监测点具有较大的位移变化，该现象在晃动激励振幅增加到 0.35m 以后变得更加明显，具体如图 5-40（b）所示。当然，受流体晃动随机性与无规律性的影响，监测点极值位移分布也出现一些不合常规的现象。例如，与监测点 A' 相比，监测点 B' 具有更大的 $-y$ 向位移。

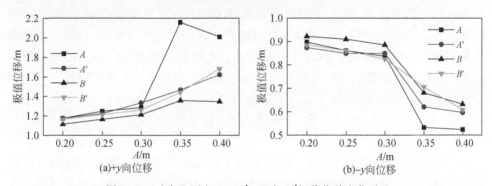

图 5-40　动态监测点 A、A'、B 与 B' 极值位移变化对比

　　由于动态监测点 C、C' 与 O 波动幅度相对较小，图 5-39 只给出了监测点的波动上下限，因此这里也着重对比三个监测点位移波动的上下限值。图 5-41 给出了三个监测点位移波动上下限值对比。与图 5-40 中监测点位移变化类似，随着晃动激励振幅的增加，监测点 C、C' 与 O 位移也相应增加。当晃动激励振幅小于 0.30m 时，中心监测点 O 的波动位移低于监测点 C 与 C' 的波动位移。当晃动激励振幅增加到 0.30m 以上时，由于更多的流体被驱赶到箱体两侧，气液界面呈弯弓形分布，中心测点具有较大的 $-y$ 向位移。因此，当晃动振幅大于 0.30m 时，中心监测点 O 的 $-y$ 方向极值位移比监测点 C 与 C' 还大。

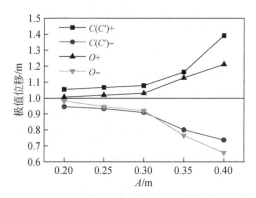

图 5-41　动态监测点 C、C' 与 O 极值位移变化对比

　　结合图 5-40 与图 5-41 可以发现，当晃动激励振幅较大时，界面监测点具有较大的竖向位移极值。同时，处于贮箱两侧的动态监测点具有较大的位移变化。由于不同监测点 $\pm y$ 向极值点受流体晃动与气液界面波动的随机性影响较大，不同位移极值点出现的时间并没有呈现出规律的变化。例如，当晃动激励振幅为 0.20m 时，监测点 B 最大 $+y$ 向极值出现在 1.06s；当晃动激励振幅增加到 0.30m 与 0.40m，监测点 B 最大 $+y$ 向极值出现在 5.02s 及 8.07s；而当晃动激励振幅增加到 0.35m 时，监测点 B 最大 $+y$ 向极值出现在 12.11s。因此，同一监测点的极值点出现的时间没有随晃动激励振幅呈现出单调变化的趋势。

5.5　本 章 小 结

　　本章基于所构建数值模型，详细考虑了外部环境漏热与气液界面相变的影响，数值研究了外部环境漏热、初始液体温度、初始液体充注率以及外部晃动激励振幅对低温液氧贮箱流体晃动热力耦合特性的影响。研究了流体晃动力学参数、流体压力、气液界面动态波动、界面面积变化以及箱内流体温度等参数随时间的变化。所获部分有价值的结论如下：

　　（1）外部环境漏热对低温流体晃动热力耦合过程产生了一定影响，考虑外部环境漏热的工况具有较小的晃动力降低。而外部环境漏热对晃动力矩的影响并不明显。外部环境漏热在一定程度上减缓了流体压降与气相冷凝，相比于不考虑外部环境漏热的工况，考虑外部环境漏热的工况中气液相接触面积比更大，并且外部环境漏热对气液界面面积比变化的影响将随着时间的持续变得更加显著。外部环境漏热促使箱体中线温度始终保持缓慢增加的态势。而当不考虑外部环境漏热的影响时，箱体内部热量仅从气相向下传递到液相，气相区中线温度随时间逐渐降低，而液相区中线温度则缓慢增加，在气液界面处形成局部高温区，靠近箱体底部的液体温度基本保持不变。

（2）流体晃动力随初始液体温度的降低而增加。然而，初始液体温度对晃动力矩的影响却不十分明显。受过冷液体的冷却，中心气相测点压力随时间近似线性降低，而中心液相测点压力波动降低。初始液体温度越大，高温气相被过冷液相冷却的程度越低，以至于气液相监测点压力降低程度变小。初始液相温度对气液界面的动态波动影响不大，不同初始液体温度工况对应的气液界面波动曲线几乎重合。

（3）流体晃动力大小随着初始液体充注率的增加而增加。受流体晃动力的影响，晃动力矩具有与晃动力相似的波动变化曲线，但两参数波动趋势有所不同。晃动力矩在数值上受晃动力影响较大；而在波动趋势上受晃动力矩矢量的模的影响更大。初始液体充注率越高，气液相测点压力降低越大。随着初始液体充注率的增加，界面动态监测点的净位移也随之增加。当然，受流体晃动随机性与多变性的影响，部分监测点在 $\pm y$ 方向上净位移点出现不同寻常的分布现象。另外，气液界面动态监测点极值位移点出现的时刻整体上无规律可循。

（4）晃动力与晃动力矩均随初始晃动激励振幅的增加而增加。同时，晃动力矩波动幅度也随着晃动激励振幅的增加而增加。随着晃动激励振幅的增加，气相压力出现明显的降低。当晃动激励振幅增加到 0.35m 时，晃动阶段后期出现明显的压力波动。另外，晃动激励振幅越大，流体压力大幅波动出现的时间越早。当晃动激励振幅小于 0.30m 时，不同工况气液相分布与界面形状一致，气液界面整体处于波动变化的状态。而当晃动激励振幅增加到 0.40m 时，气液界面波动幅度增加，并且界面扰动与气液相混合变得十分剧烈。在晃动激励的影响下，波动的气液界面面积始终大于初始水平气液界面面积。当考虑气液界面相变效应时，其对气液界面面积比的影响将随着晃动激励振幅的增加而增强。再者，无论是否考虑气液界面相变效应，气液界面面积比极值与最大差值均随着晃动激励振幅的增加而增加。监测点极值位移随着晃动激励振幅的增加而增加。然而，受流体晃动随机性的影响，部分工况的极值位移并没有呈现出规律的分布。

第6章　间歇晃动激励对流体晃动热力耦合特性的影响分析

如前所述,研究人员已就流体晃动开展了大量的实验研究、理论分析与数值模拟研究。前人的研究更多集中在特定的外部正弦激励,这些典型的外部激励常常是连续的,然而很多实际晃动激励却并不是连续周期性变化的。通过文献调研发现,目前仍未见间歇晃动激励对低温燃料贮箱内部流体热力耦合特性的综合研究。考虑到间歇晃动激励与部分实际激励更接近,相关的研究对实际工程也更具有指导意义。因此,本章将聚焦于间歇正弦晃动激励对低温液氧贮箱内部热力耦合特性的影响研究。

通过构建数值模型,研究外部间歇正弦晃动激励作用下低温液氧贮箱内部流体晃动所涉及的热力耦合问题。计算中采用第三类热边界条件详细考虑外部环境漏热的影响,间歇正弦晃动激励通过用户自定义程序植入数值计算模型,考虑了气液界面相变现象,采用滑移网格与 VOF 方法相结合,精确捕捉流体晃动过程气液界面动态波动变化。采用数目为 82264 的计算网格进行数值模拟研究,计算时间步长取 0.001s,研究晃动力、晃动力矩、气液相测点压力、界面相变量、流体温度分布与热分层等参数变化;通过设置动态监测点,分析流体晃动过程气液界面动态波动现象,对比连续晃动激励与间歇晃动激励之间的作用差异。同时,针对不同间歇晃动激励形式,研究其对流体晃动热力耦合过程的影响规律。所做工作可对无规则外部激励下流体晃动抑制与低温燃料箱体压力调控提供参考与借鉴。

6.1　间歇正弦晃动激励

采用图 6-1(a)所示的低温液氧贮箱作为研究对象,箱体尺寸几何参数可参考第 3 章有关介绍。本节采用一间歇正弦激励作为外部晃动激励条件施加到低温液氧贮箱上,间歇晃动激励作用时间为 50s,其具体形式如图 6-1(b)所示。从图中可以看出,不同于外部正弦激励,该间歇晃动激励共包括 5 个工作周期,每个周期由 5s 的工作时间与 5s 的停歇休息时间组成,并且工作阶段与休息阶段交替进行。相关的间歇晃动激励表述如下:

$$y = \begin{cases} A\sin(2\pi f t), & t = 0 \sim 5\text{s}, 10 \sim 15\text{s}, 20 \sim 25\text{s}, 30 \sim 35\text{s}, 40 \sim 45\text{s} \\ 0, & t = 5 \sim 10\text{s}, 15 \sim 20\text{s}, 25 \sim 30\text{s}, 35 \sim 40\text{s}, 45 \sim 50\text{s} \end{cases}$$

(6-1)

$$v = y' = \begin{cases} 2\pi f A\cos(2\pi ft), & t=0\sim5\text{s},10\sim15\text{s},20\sim25\text{s},30\sim35\text{s},40\sim45\text{s} \\ 0, & t=5\sim10\text{s},15\sim20\text{s},25\sim30\text{s},35\sim40\text{s},45\sim50\text{s} \end{cases}$$

$$(6\text{-}2)$$

$$a = y'' = \begin{cases} -4\pi^2 f^2 A\sin(2\pi ft), & t=0\sim5\text{s},10\sim15\text{s},20\sim25\text{s},30\sim35\text{s},40\sim45\text{s} \\ 0, & t=5\sim10\text{s},15\sim20\text{s},25\sim30\text{s},35\sim40\text{s},45\sim50\text{s} \end{cases}$$

$$(6\text{-}3)$$

式中,A 为晃动激励振幅,其值取 0.35m;f 为晃动激励频率,其值取 1.0Hz;t 为激励晃动时间,s;v 与 a 为激励速度与加速度。间歇晃动激励通过用户自定义程序 UDF 加载到数值计算模型中,同时激活滑移网格处理方式来捕捉间歇晃动激励下低温液氧贮箱内部流体气液界面动态波动变化。其他计算设置与第 3 章模型构建部分一致,参见第 3 章模型设置部分。图 6-1(c)给出了连续晃动激励示意图。

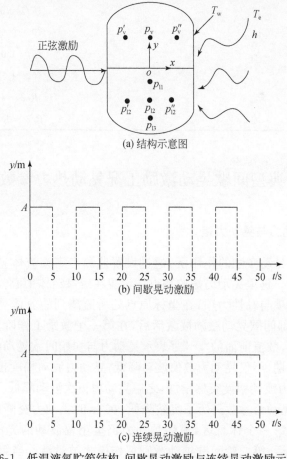

(a) 结构示意图

(b) 间歇晃动激励

(c) 连续晃动激励

图 6-1　低温液氧贮箱结构、间歇晃动激励与连续晃动激励示意图

为监测晃动过程流体压力变化,本节共设置 3 个气相压力监测点与 5 个液相压力监测点,具体如图 6-1(a)所示。坐标原点设在箱体中心位置,不同压力测点坐标如表 6-1 所示。流体晃动力与晃动力矩监测点设置在箱体中心坐标原点处。初始液体充注率为 50%;初始液体温度为 90K;气相温度在 $0m < y < 2.5m$ 高度上线性变化,变化范围为 $90 \sim 100K$;箱体初始压力设为 130kPa;外部环境温度为 300K;外部大气压力为 1.0atm。在自然对流影响下,部分外部环境漏热渗入低温液氧贮箱,对箱内流体热分层发展做出积极贡献。

表 6-1　间歇正弦晃动激励压力测点坐标

测点	坐标/m
p_v	$(0, 1.5)$
p_v'	$(-R/2, 1.5)$
p_v''	$(R/2, 1.5)$
p_{11}	$(0, -0.5)$
p_{12}	$(0, -1.0)$
p_{13}	$(0, -1.5)$
p_{12}'	$(-R/2, -1.5)$
p_{12}''	$(R/2, -1.5)$

6.2　典型间歇晃动激励工况晃动热力参数变化

6.2.1　流体晃动力与晃动力矩

在外部间歇晃动激励的作用下,通过设置监测点观察流体晃动力与晃动力矩随时间的变化。这里晃动力矩监测点均设置在液氧箱体中心,即坐标原点处。晃动力包括压力项与黏性力项,在坐标原点处所监测到的流体晃动力变化如图 6-2 所示。当外部间歇晃动激励被激活后,在第一个激励工作阶段,流体晃动力随时间波动降低,数值前面的"一"号表示晃动力与初始间歇晃动激励方向相反。在第一个晃动周期,不仅晃动力数值波动降低,晃动力波动幅度也逐渐降低。大约在 2.4s,晃动力波动幅度突然增加,之后晃动力再次波动降低。当外部晃动激励停止工作后,晃动力参数经历了突然降低,在 5s 时晃动力突降值约 3.386kN。在间歇晃动激励第一个休息区,流体晃动力仍呈小幅波动的光滑正弦波分布。第一个休息区过后,第二轮间歇晃动激励工作模式被激活。当第二轮间歇晃动激励开始工作后,流体晃动力经历了突然增加,其值从 59.775kN 增加到

63.817kN。另外,从图中还可以看出,在第二轮激励工作阶段内出现了流体的剧烈波动与强烈的界面扰动。出现该不稳定现象的主要原因为:低温液氧贮箱在经历了 5s 晃动与 5s 休息后,晃动波仍在流体中传播,所以晃动动能始终随着时间的持续而积聚。当间歇晃动激励工作模式切换后,会产生明显的晃动反作用力学效应,该效应将产生明显的流体混合与界面波动变化。因此,一旦外部晃动激励被激活后,箱内流体将出现明显的起伏扰动。当第二个晃动工作期结束后,箱体进入第二轮激励休息阶段,此时晃动力经历了微弱的突降。经过 10s 的流体晃动与 5s 的箱体静止,箱内流体已积聚了大量的晃动动能。当低温液氧贮箱进入第二轮休息阶段时,随着残余流体波的传播,流体晃动力大致呈正弦曲线分布,同时波动幅度也逐渐增大。随着时间的持续,流体晃动力将呈现出周期性的波动变化。然而,受流体晃动多变性的影响,每个间歇激励工作周期内,流体晃动力的波动幅度均不同。整体来看,流体晃动力波动幅度随时间逐渐增加,具体如图 6-2 中第 4、第 5 个间歇晃动激励工作区所示。当第 5 轮晃动激励突然停止时,流体晃动力出现了明显的突降,大约降低了 8.667kN。在第 5 个激励休息区内,晃动力仍小幅波动变化。

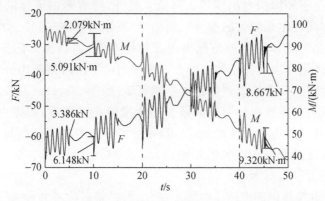

图 6-2　间歇晃动激励对流体晃动力与晃动力矩的影响

　　对于晃动力矩,其由晃动力与晃动力矩矢量的模共同决定。如图 6-2 所示,晃动力矩与晃动力方向相反,但是两参数变化趋势大致相同。当晃动激励作用在低温液氧贮箱时,晃动力矩产生并随时间波动降低。当晃动激励停止时,晃动力矩出现突然降低,并在第一轮激励休息区内呈正弦波分布。当正弦激励再次被激活时,晃动力矩经历了明显的突增,增幅约 5.091kN·m。在第二轮间歇激励工作阶段,当外部晃动激励再次被激活时,晃动力矩经历了突跃,并伴随着大小不等的波幅变化。当流体晃动进入第二轮休息区时,晃动力矩仍出现大幅波动。这主要是由积聚的晃动动能以及残余流体波动共同作用所致。与晃动力波动曲线相似,晃动力矩每个激励周期内的波动幅度均不相同。随着时间的持续,晃动动能在低温液氧贮箱内部积聚得越来越多。当外部晃动激励突然停止时,晃动力矩不可避免地出现突然降低;当外部晃动激励再次被激活时,晃动力矩出现突然升高。也就是说,残余流体波动的能量依然很大,可以造成晃动力矩的大幅突增与突降。随着时间的持续,晃动力矩的波动幅度整体上逐渐增加。在第 5 轮间歇晃动激励工作期结束时,晃动力矩出现了 9.320kN·m 的突然降低。之后,晃动力矩开始小幅波动变化。

6.2.2　气液相压力分布

在间歇晃动激励振幅为 0.35m、激励频率为 1.0Hz 的初始设置下,数值模拟并研究了低温液氧贮箱内部流体压力分布。图 6-3 展示了在间歇正弦晃动激励作用下,箱体内部流体压力分布云图。为方便对比,流体压力均控制在 113～157kPa 范围内。从图中很容易看出,在第一个激励工作区,流体具有较大的压力。随着时间的持续,流体最大压力开始波动降低。这主要是因为在计算初始设置下,气相被过冷液体冷却。随着时间的持续,更多的热量从高温气相传递到低温液相,以至于箱体压力出现较大降低。另外,随着箱内流体的往复运动,同一位置处液体高度出现较大的差异。例如,当流体向箱体左侧运动时,箱体左侧形成高液位,此时流体压力极值点出现在箱体左侧;而当流体向箱体右侧移动时,流体压力极值点出现在箱体右侧。在筛选出的不同时刻压力分布中,晃动阶段流体压力极值点几乎均出现在箱体左侧底部,如 1s、3s、12s、24s、32s 与 42s 所展示的流体压力分布云图。而当间歇晃动激励停止工作后,箱体内部存在残余流体波动,部分流体仍在做往复运动。经过一段时间的流体分布与自适应后,流体压力极值点逐渐稳定在液氧贮箱底部,如图中 6s、18s、28s、36s、48s 与 50s 所对应的流体压力分布所示。

为详细研究箱体内部流体压力波动变化,沿贮箱对称轴共设置了 3 个水平气相压力监测点与 5 个液相压力监测点,不同压力测点坐标如表 6-1 所示。图 6-4 展示了气相与液相中心测点压力随时间波动变化情况。从图中很容易看出,在前 10s 内,气相测点压力几乎线性降低,从 130kPa 降低到 127.889kPa,压降速率为 211.1Pa/s。在第二轮间歇晃动激励工作阶段,气相测点压力仍线性降低,同时压力曲线中出现了微弱的波动变化。当进入第二轮激励休息阶段时,气相测点具有更大的压降,同时波动幅度也更加明显,具体如图 6-4 所示。当间歇晃动激励的第二轮工作模式结束后,气相测点经历了初始的压力降低,压降速率也逐渐变缓,在之后的流体晃动过程中,气相测点压力保持更大的速率持续降低。另外,受外部正弦间歇晃动激励交替切换与箱内流体往复运动的影响,气相测点压力曲线出现了

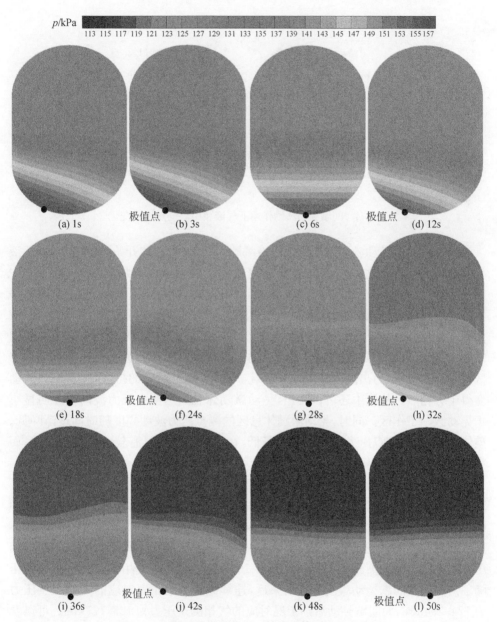

图 6-3　间歇晃动激励作用下箱内流体压力分布云图

微弱的压力波动。在最后的 30s 内，气相测点压力从 125.177kPa 降低到 112.154kPa，对应的压降速率为 434.1Pa/s。

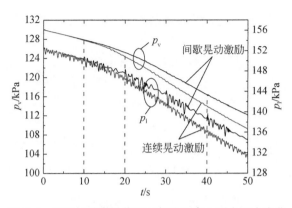

图 6-4　间歇晃动激励作用下气液相中心测点压力变化

当外部间歇晃动激励施加到低温液氧贮箱后,箱内流体开始做往复运动,气液界面也随之波动变化,以至于液相测点也出现波动变化的压力分布。从图 6-4 中很容易看出,外部间歇晃动激励促使液相测点压力波动变化。当外部正弦激励停止后,液相测点具有相对稳定的压力分布曲线。在间歇晃动激励第一个休息区,液体压力呈正弦曲线分布。当切换到第二个激励工作模式后,液相测点经历了最初的压力降低,之后伴随着明显的压力波动。当低温液氧贮箱进入第二轮激励休息区时,液相测点压力出现明显的波动变化。另外,随着时间的持续,测点压力波动变得十分剧烈。从图中还可以看出,晃动激励休息区的测点压力波动幅度明显小于晃动激励工作区。同时,晃动激励休息区的测点压力波动幅度随时间逐渐降低。整体来说,液相测点压力随时间波动降低,在激励工作区具有较大的波动幅值;而在激励休息区,测点压力波动幅度相对较小。

为分析间歇晃动激励对低温液氧贮箱内部流体压力变化的影响,这里对比了间歇晃动激励与连续晃动激励两工况下箱体内部气液相监测点压力变化,具体如图 6-4 所示。对于气相压力测点,在前 10s 内,间歇晃动激励对其数值影响并不大。两工况下,气相测点压力曲线几乎重合。在 10~20s 内,间歇晃动激励对气相压力测点的影响逐渐凸显出来。经历了 10s 的连续晃动,气相测点具有更大的压降。当第二轮间歇晃动激励模式结束后,连续晃动激励工况对应的气相测点压力为 124.294kPa,而间歇晃动激励工况对应的气相测点压力为 125.177kPa。可以看出,间歇晃动激励使得气相测点具有更低的压降,连续晃动激励工况中气相测点压降速率更大。这主要是因为流体晃动促进了气液相间热量传递,加快了高温气相被低温液相的冷却效果。经过 5 个周期的晃动激励,间歇晃动激励与连续晃动激励两工况对应的气相压力终值分别为 112.154kPa 与 109.274kPa。对于液相压力测点,两工况的差异也是从第一轮间歇晃动激励结束后才开始出现的。5s 时,第一轮晃动激励突然停止工作,该操作造成了液相测点压力的明显降低。相比于气相测点,液相测点压力出现更加明显的波动变化。这主要是因为与气相相比,液体具有更大的密度,微弱的扰动即可造成液相压力较大的波动变化。如图6-4所示,在连续晃动激励的作用下,液相测点压力始终处于波动变化中;而在间歇晃动激励的影响下,液相测点压力则经历大幅波动与小幅变化的交替切换。随着晃动时间的持续,两工况液相测点压力差异逐渐增加,两压力曲线也开始出现明显偏离。经过50s流体晃动,连续晃动激励与间歇晃动激励两工况所对应的液相测点最终压力降幅分别为17.915kPa与21.098kPa,两者相差3.183kPa。

在初始计算设置下,低温液氧过冷,气相则局部过热。当外部晃动激励施加在低温贮箱后,流体在箱体内部做往复运动,该过程有效促进了气液相间热质传递,致使气相被冷却,并引起贮箱压力的降低。图6-5展示了三个水平气相测点压力随时间的变化。可以看出,中心气相测点 p_v 压力随时间快速降低。随着晃动激励的施加与停止,各气相测点经历了5轮间歇晃动激励工作阶段。每轮激励工作模式结束时,气相中心测点的压力分别为127.889kPa、125.177kPa、121.092kPa、

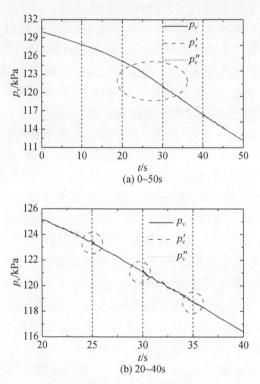

(a) 0~50s

(b) 20~40s

图6-5　间歇晃动激励作用下水平气相测点压力变化

116.401kPa 与 112.154kPa，相应的压降速率为 211.1Pa/s、271.2Pa/s、408.5Pa/s、469.1Pa/s 与 424.7Pa/s。基于上述描述可知，气相测点具有较大的压降速率。第二轮间歇激励工作周期比第一轮间歇激励工作周期的压降速率增加了 60.1Pa/s，而第三轮工作周期比第二轮工作周期的压降速率增加了 137.3Pa/s。另外，从图中还可以看出，15s 以后，也就是在第二轮间歇激励停止后，气相中心测点压力开始出现部分扰动。随着时间的持续，晃动动能一直在积累，气相测点也出现更加明显的压力波动。由于处在低温液氧贮箱对称轴两侧，两水平气相测点 p_v' 与 p_v'' 具有方向相反的压力波动变化曲线。这在图 6-5(b)中清晰地展现出来，该现象主要是受流体往复摇摆运动所致。从图中还可以看出，当间歇晃动激励突然停止时，两侧测点出现了局部的压力突升或突降。这主要是受流体晃动惯性所致。也就是说，当外部晃动激励突然停止后，流体仍保持往复运动的状态，只不过其波动幅度逐渐减小，所以对称布置的气相测点压力在经历了突跃后也出现波动降低。当间歇晃动激励再次被激活时，对称布置的压力测点也会经历压力突跃，具体如图 6-5(b)所示。

图 6-6 展示了外部间歇晃动激励作用下液相测点压力随时间波动变化的曲线。从图 6-6(a)可以看出，三个竖向布置的压力测点 p_{l1}、p_{l2} 与 p_{l3} 具有相似的波动变化曲线。在间歇晃动激励工作阶段，三个竖向测点压力随时间快速波动降低；而当外部间歇晃动激励突然停止后，三个测点压力波动幅度逐渐变缓。这是因为三个竖向压力测点均布置在低温液氧贮箱对称轴上，所以三测点具有相似的压力波动变化曲线。再者，由于相邻两测点间距是相等的，均为 0.5m，相邻两液相测点的压力差值也几乎为定值 $\rho g/2$，此处为 5600.28Pa。当外部间歇晃动激励突然停止后，液体压力波动趋于相对稳定，波动幅度逐渐降低。另外，当外部间歇晃动激励再次被激活后，液相测点出现明显的大幅波动变化。随着时间的持续，晃动动能一直在累积，以至于在后期的晃动激励停止阶段，液相测点压力波动仍十分明显。例如，在第二轮与第四轮晃动激励停止区，液相测点压力波动比其他周期的压力波动更明显。即便如此，受流体黏性与流体晃动阻尼的影响，在晃动激励停止区，液相测点压力波动整体上是逐渐降低的。对于对称布置的液相测点 p_{l2}' 与 p_{l2}''，与气相测点 p_v' 与 p_v'' 类似，两液相测点波动方向相反。这也主要是受测点位置分布所致。与气相测点不同的是，液相测点在晃动激励停止区仍具有明显的压力波动幅度变化。当然，这主要归结于气液相间的密度差异。在液氧初始温度为 90K 的设置下，液氧密度为 1142.1kg/m³，而气氧密度为 5.461kg/m³。由于气相密度较小，对气相与液相施加相同的晃动激励，外部晃动激励对气相压力影响较小；而相同的激励却能引起液体压力的大幅波动变化。即使外部晃动激励突然停止后，受残余流体波动的影响，液相测点仍表现出明显的压力波动。再者，当外部间歇晃动激励突然停

止或突然施加时,对称布置的液相测点出现明显的压力突增或突降,具体如图 6-6(b)中标注所示。受流体晃动多变性与随机性的影响,两对称布置的液相测点 p'_{12} 与 p''_{12} 波动幅度并不完全相同。

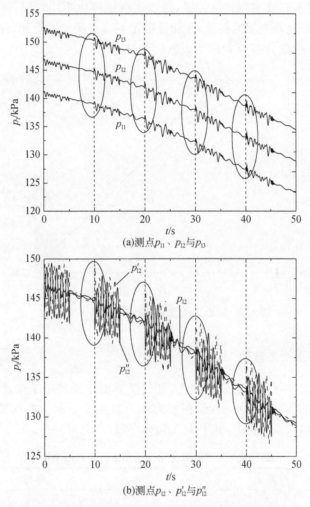

(a)测点 p_{11}、p_{12} 与 p_{13}

(b)测点 p_{12}、p'_{12} 与 p''_{12}

图 6-6　间歇晃动激励作用下不同液相测点压力变化

在过冷液体的冷却下,整个晃动过程中气相均处于被冷凝状态。图 6-7 展示了外部间歇晃动激励作用下气液相质量随时间的变化曲线。从图中可以看出,气相质量从 40.404kg 降低到 36.644kg;而液相质量则从 8704.193kg 增加到 8707.953kg。由于这里所施加外部激励为间歇晃动激励,气相在激励工作区与激励休息区的冷凝量是不同的。以前两轮间歇晃动激励为例,在间歇激励工作过程中,四个阶段(第一轮激励工作阶段、第一轮激励休息阶段、第二轮激励工作阶段与第二轮激励休息阶段）的气相质量分别为 40.311kg、40.129kg、39.905kg 与 39.591kg,相应的气相冷凝量为 0.093kg、0.0182kg、0.224kg 与 0.314kg。通过对比可知,经过 5s 流体晃动,箱内流体晃动加剧,气液相间存在更强烈的流体混合扰动,其大幅促进了气液相间热质传递,所以在激励停止工作阶段,气相仍具有较大的冷凝量。随着晃动时间的持续,气相冷凝量一直在增加。例如,在最后两轮工作周期内,气相冷凝量分别为 1.072kg 与 0.981kg。

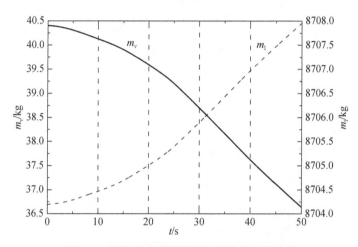

图 6-7　间歇晃动激励作用下气液相质量变化

6.2.3　气液界面动态波动

为研究气液界面的动态波动变化,在气液界面处设置了 7 个动态测点。动态测点在 x 方向的位移保持不变,仅在 y 方向上发生上下起伏波动变化。7 个动态测点初始坐标如表 6-2 所示,其中 R 为箱体半径。

表 6-2　典型间歇晃动激励动态测点初始坐标

测点	坐标/m
A	$(-R,0)$
A'	$(R,0)$
B	$(-1.5,0)$
B'	$(1.5,0)$
C	$(-R/2,0)$
C'	$(R/2,0)$
O'	$(0,0)$

　　外部间歇晃动激励促使箱体内部流体往复运动,相应地,气液界面也随之起伏波动变化。图 6-8 展示了 7 个界面动态监测点随时间的波动变化曲线。在第一轮间歇晃动激励工作区,气液界面出现了剧烈的位移波动。由于处在贮箱两侧壁面,监测点 A 与 A' 受外部晃动激励的影响最大,两测点波动幅度也较大,具体如图 6-8(a)所示。当外部晃动激励施加在低温液氧贮箱后,箱内流体朝着箱体左侧壁面运动,因此监测点 A 首先经历了初始的位移增加;而监测点 A' 则朝着 $-y$ 方向移动,经历了初始的位移降低。之后,监测点 A 位移降低,监测点 A' 向位移增加的方向($+y$ 方向)移动。两测点总是围绕初始水平气液界面呈相反方向波动变化。随着时间的持续,两测点波动幅度逐渐增加。在 50s 的间歇晃动激励作用下,监测点 A 最大的 $-y$ 方向与 $+y$ 方向极值位移点出现在前两轮间歇晃动激励结束后。在 $21\sim25$s 内,监测点 A 的 $\pm y$ 向最大极值位移分别为 0.825m 与 -0.548m,而监测点 A' 的 $\pm y$ 向最大极值位移分别为 0.994m 与 -0.502m。之后,两监测点波动位移逐

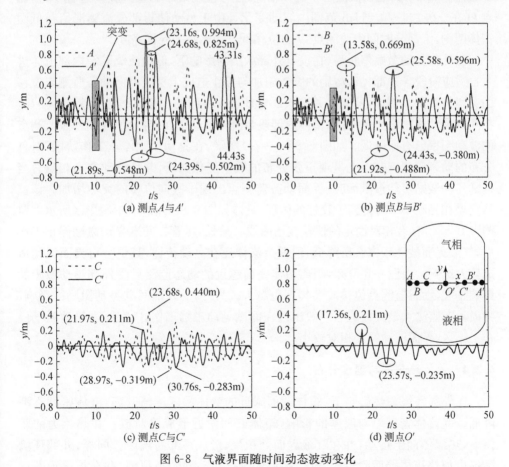

图 6-8　气液界面随时间动态波动变化

渐降低。然而,在晃动激励工作后期,两测点仍出现较大的位移波动。例如,监测点 A' 在 43.31s 与 44.43s 所取得的 $\pm y$ 向极值位移仍较大。监测点 B 与 B' 位移波动曲线与监测点 A 与 A' 位移波动曲线相似。由于距离贮箱对称轴更近,两监测点位移波动幅度比处在贮箱壁面的监测点的位移波动幅度要小。除了监测点 B 的最大正向位移极值点在 13.58s 取得,监测点 B 与 B' 的其他位移极值点均在第三轮间歇晃动激励工作区内取得。经过 50s 流体间歇晃动,监测点 B 的最大 $+y$ 向位移为 0.669m,最大 $-y$ 向位移为 -0.488m;而监测点 B' 的 $\pm y$ 向最大极值位移分别为 0.596m 与 -0.380m。对于处在贮箱 $\pm R/2$ 处的两监测点 C 与 C',其位移波动曲线几乎对称分布在初始水平气液界面两侧,具体如图 6-8(c)所示。由于距离贮箱对称轴比较近,两监测点位移波动相对稳定,并且波动幅度也较小。在 50s 流体间歇晃动过程中,两监测点位移在 $-0.319\sim0.440$m 范围内波动变化。对于中心监测点 O',其处在低温贮箱对称轴上,位移波动最小。整个晃动过程中,监测点 O' 在 $-0.235\sim0.211$m 范围内波动变化。由于晃动使得部分流体滞留在低温箱体两侧,大部分时间内监测点 O' 的位移低于初始水平界面高度。

当外部晃动激励停止后,在没有外部激励的影响下,低温液氧贮箱内部流体进入自适应阶段。外部晃动激励的突然施加与停止造成了气液界面动态监测点位移的突增与突降。例如,监测点 A、A'、B 与 B' 在 15s 时的位移波动变化就十分明显。在间歇晃动激励停止工作区,箱体内部残余流体波动仍在传播,但界面动态监测点的波动频率已有所降低。如图 6-8(a)~(c)所示,在晃动激励停止工作阶段,对称分布的动态监测点基本上呈现正弦分布的波动变化曲线,并且波动方向相反。当外部晃动激励突然被激活时,界面动态监测点出现了竖向位移的突然增加。该位移突增在晃动 10s 时得到了较好的体现,具体如图 6-8(a)和(b)中阴影区所示。监测点 C 与 C' 具有相对稳定的位移波动曲线。另外,尽管在间歇晃动激励停止工作后,气液界面波动频率有所降低,但残余流体还在晃动传递,其仍会对界面波动造成较大影响。由图 6-8 可知,距离箱体壁面越近的动态监测点受外部晃动激励的影响越大,动态监测点位移波动幅度也越大。另外,受外部间歇晃动激励的影响,界面动态监测点最大极值点一般出现在间歇晃动激励工作区;在间歇晃动激励停止工作区,界面波动幅度相对较小。

6.2.4   流体热分层与温度分布

在外部环境漏热影响下,箱体壁面附近的液体温度逐渐升高,液体密度逐渐降低。受流体密度差与温差的影响,箱体壁面附近形成热对流。在热浮力的驱使下,热流体向上运动,并在气液界面处积聚,形成局部高温区。同样,外部环境漏热也加热箱体壁面附近的气体,高温的气体运动到贮箱顶部,并在箱体顶部形成高温区。高温区能量积聚到一定程度后,在温度差的驱动下,热量向下传递,并形成热分层。因此,在热浮力与自然对流的共同作用下,箱内流体热分层逐步形成并发展。图 6-9 展示了间歇晃动激励影响下,箱内流体热分层的发展历程。本节仅选择部分关键时刻来讨论。在第一轮激励工作区,外部晃动激励促使箱体内部流体做往复运动,气液界面的波动变化使得界面处流体等温线也随之波动变化。在图 6-9 中,由外部间歇晃动激励造成的气液界面扰动在第一轮间歇晃动激励工作区并没有明显展示出来。对于液相,高温区出现在气液界面处与紧贴箱体壁面处。这主要是因为两处均从不同热源获得热量。液体低温区出现在液相区中部。该部分流体最初温度为 90K,在流体热传导作用下,其温度缓慢升高。

对于气相区,其最低温度出现在气液界面处,最高温度出现在液氧箱体顶部。随着时间的持续,气相最高温度先升高后降低,之后再次升高并降低。也就是说,气相最高温度处在波动变化中。这是因为在外部环境漏热的渗透下,气相区被加热。虽然部分热量从高温气相传递到低温液相,但传热量小于外部得热量,所以气相最高温度逐渐升高。然而,当气相吸收的热量积聚到一定程度后,其向液相的传热量也随之增加,此时气相最高温度稍有降低。因此,在流体晃动影响下,气相最高温度处在波动变化中。受外部晃动激励的影响,气液界面处流体温度始终波动变化,如 3s 时的 91.024K 等温线与 5s 时的 90.864K 等温线所示。整体上,气相区温度分布良好。在第一轮间歇晃动激励停止工作后,箱内流体仍波动变化,以至于流体温度也出现大幅波动,如 7s 时的 92.609K 等温线与 10s 时的 92.503K 等温线所示。当距离气液界面较远时,气相温度受流体晃动的影响较小,流体温度分布相对稳定。另外,受外部环境漏热的持续渗入以及高温气相的热量传递,液氧温度逐渐升高。在 7s 与 10s 时,液氧最低温度出现在液相区中部,为 90.021K。之后,间歇晃动激励进入第二轮工作模式。该阶段,受流体剧烈晃动与湍流扰动的影响,气相区温度波动十分明显。例如,12s 时的 90.516K 等温线与 15s 时的 91.447K 等温线分布均是由流体晃动所致。再者,流体晃动造成了箱体内部流体温度分布的不对称性。当流体向箱体左侧运动时,箱内流体最高温度出现在箱体右侧;而当流体向箱体右侧运动时,箱内流体最高温度出现在箱体左侧。在 11~15s,远离气液界面区的气相具有规律的温度分布。当第二轮间歇晃动激励停止工作后,流体晃动进入自适应阶段。此时,受残余流体波动的影响,气液界面处仍出现较为明显的温度波动。在 18s,液氧向箱体右侧移动,并出现了局部的低温区,如 91.763K 等温线所示。在低温液体的驱使下,高温气体向箱体左侧移动,最高气相温度也出现在贮箱对称轴左侧。在 20s,液体向低温箱体左侧移动,相应地,高温气相被挤压到右侧。此时,气相区出现明显的温度波动,如 93.524K 与 94.884K 等温线分布;该

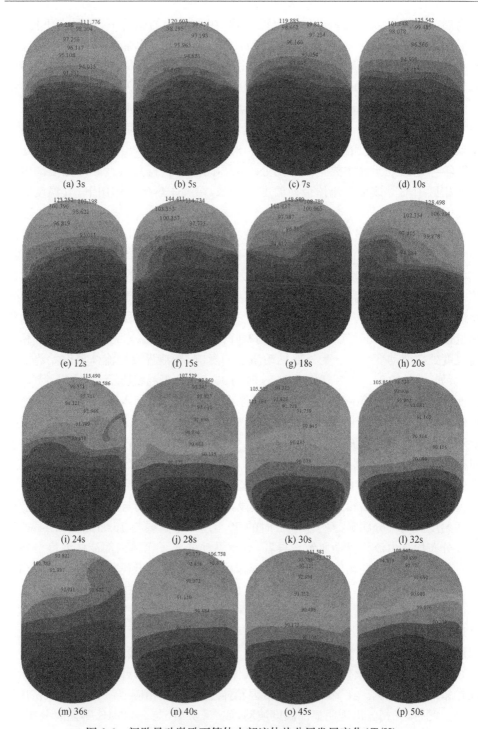

图 6-9　间歇晃动激励下箱体内部流体热分层发展变化（T/K）

时刻最大气相温度出现在箱体右侧。随着时间的持续,间歇晃动激励继续工作,箱内流体温度出现大幅波动变化,如 24s 时的 90.458K 等温线、28s 时的 90.936K 等温线、36s 时的 91.602K 等温线与 45s 时的 91.212K 等温线所示。另外,随着时间的持续,气相最高温度随时间逐渐增加。在前 18s 内,气相最高温度从 111.776K 增加到 148.589K。之后,受气体扰动与流体混合的影响,气相最高温度开始逐渐降低。在 20s 时,气相最高温度为 128.489K。之后,气相温度持续降低。在 20～40s 内,气相最高温度降低了 45.8K。在最后一轮间歇晃动激励工作阶段,气相最高温度又逐渐回升,之后再次波动降低,具体如图 6-9 所示。

　　尽管图 6-9 展示了流体热分层随时间的发展过程,但从图中仍不能详细看出流体温度的动态变化。为此,本节共设置 12 个气相温度测点、3 个气液界面温度测点与 12 个液相温度测点,来研究不同位置处流体温度波动变化。考虑到本节坐标中心设置在箱体中心,水平测点与竖直测点的距离设为 0.50m 与 0.875m,各不同测点的详细坐标如表 6-3 所示,其中 R 为箱体半径。

表 6-3　典型间歇晃动激励温度测点坐标

测点	坐标/m	测点	坐标/m	测点	坐标/m
T_{v1}	$(0,2.0)$	T_{v2}	$(-R/2,2.0)$	T_{v3}	$(R/2,2.0)$
T_{v4}	$(0,1.5)$	T_{v5}	$(-R/2,1.5)$	T_{v6}	$(R/2,1.5)$
T_{v7}	$(0,1.0)$	T_{v8}	$(-R/2,1.0)$	T_{v9}	$(R/2,1.0)$
T_{v10}	$(0,0.5)$	T_{v11}	$(-R/2,0.5)$	T_{v12}	$(R/2,0.5)$
T_{i1}	$(0,0)$	T_{i2}	$(-R/2,0)$	T_{i3}	$(R/2,0)$
T_{l1}	$(0,-0.5)$	T_{l2}	$(-R/2,-0.5)$	T_{l3}	$(R/2,-0.5)$
T_{l4}	$(0,-1.0)$	T_{l5}	$(-R/2,-1.0)$	T_{l6}	$(R/2,-1.0)$
T_{l7}	$(0,-1.5)$	T_{l8}	$(-R/2,-1.5)$	T_{l9}	$(R/2,-1.5)$
T_{l10}	$(0,-2.0)$	T_{l11}	$(-R/2,-2.0)$	T_{l12}	$(R/2,-2.0)$

　　图 6-10～图 6-12 展示了气相测点、气液界面测点与液相测点温度随时间的波动变化。由于气相初始温度在高度方向是线性分布的,本节所设置的相邻气相监测点在高度方向上具有 2K 的温差。处在 $y=2.0$m 的高度,测点 T_{v1}、T_{v2} 与 T_{v3} 具有最高的初始温度 98K。当外部间歇晃动激励施加到低温液氧贮箱后,三个气相测点温度先逐渐降低,如图 6-10(a)所示。这是因为流体晃动促进了高温气相向低温液相传热。大约 5s 后,三个测点温度开始缓慢升高。这是由于外部间歇晃动激

励进入停止工作阶段,此时不受外部晃动激励的影响,部分环境漏热渗入低温液氧贮箱,使得三个测点温度开始逐渐升高。处在低温液氧贮箱对称轴两侧的测点 T_{v2} 与 T_{v3} 温度波动幅度较大,并且波动方向相反。大约在 20.12s,测点 T_{v3} 达到温度极值点,极值温度为 101.188K;而测点 T_{v2} 在 27.27s 达到其极小温度值 90.643K。对于监测点 T_{v1},其温度先是逐渐波动升高,之后波动幅度增大。在前两轮间歇晃动激励工作阶段,该测点一直保持温度升高的态势,从 17.77s 开始,其温度从 98.926K 开始波动降低。对于监测点 T_{v2} 与 T_{v3},两测点在经历了初始的温度升高后开始逐渐降低。对于测点 T_{v2},其在 18.31s 取得极大值 98.486K,之后该测点温度快速降低。相反,T_{v3} 测点温度从 18.35s 的极值点开始快速升高。受流体往复运动的影响,冷气体积聚在箱体左侧,高温气体被挤向箱体右侧,这些都与 T_{v1}、T_{v2} 与 T_{v3} 三个监测点的温度分布有直接关系。监测点 T_{v4}、T_{v5} 与 T_{v6} 处在监测点 T_{v1}、T_{v2} 与 T_{v3} 下部,它们具有相似的温度分布曲线。如图 6-10(b)所示,在第一轮间歇晃动激励工作阶段,监测点 T_{v4}、T_{v5} 与 T_{v6} 均出现最初的温度降低。处在箱体对称轴上的测点 T_{v4} 波动幅度较小,其温度先降低后逐渐升高。进入第二轮间歇晃动激励工作阶段,测点 T_{v4} 出现较大的温度波动幅度,该波动在第二轮激励休息区与第三轮激励工作区变得尤为明显。自第二轮激励休息区开始,测点 T_{v4} 温度大幅波动降低。对于监测点 T_{v5} 与 T_{v6},两测点温度随时间呈相反方向波动变化。监测点 T_{v5} 在 27.78s 取得极小温度点,其值为 90.630K;而监测点 T_{v6} 在 20.10s 获得最大极值温度 96.657K。与监测点 T_{v2} 与 T_{v3} 相似,在第二轮激励停止工作区,测点 T_{v5} 与 T_{v6} 温度出现大幅波动变化。在高度为 $y=1.0$m 处,监测点 T_{v7}、T_{v8} 与 T_{v9} 初始温度为 94K。由于靠近气液界面,三测点温度受界面流体波动影响十分明显。整体上,三测点温度波动趋势与测点 T_{v4}、T_{v5} 与 T_{v6} 温度变化相似。在前 10s 内,三测点温度先缓慢升高,之后在流体晃动的影响下,测点温度开始波动降低。与监测点 T_{v5}、T_{v6} 温度相比,对称布置的测点 T_{v8} 与 T_{v9} 在 10s 后表现出更大的温度波动幅度,具体如图 6-10(c)所示。在 50s 间歇晃动激励的影响下,监测点 T_{v8} 在 27.33s 取得温度极小值 90.346K,而监测点 T_{v9} 在 20.93s 取得最大极值温度 95.075K。对于最后三个气相测点 T_{v10}、T_{v11} 与 T_{v12},由于距离气液界面最近,其受气液界面波动影响最大,分别具有不同的温度波动曲线。例如,在第一轮间歇晃动激励工作阶段,测点 T_{v10} 出现较大的温降;而当第一轮激励停止工作时,三测点均表现出较大的温度波动幅度。大约在 30s 之后,三测点温度波动幅度开始有所降低。两对称测点 T_{v11} 与 T_{v12} 分别在 15.56s 与 20.77s 取得最大温度极值,分别为 93.179K 与 94.051K。总之,由图 6-10 展示的不同气相测点温度波动变化可知,距离气液界面较近的测点温度受流体晃动扰动的影响较大。

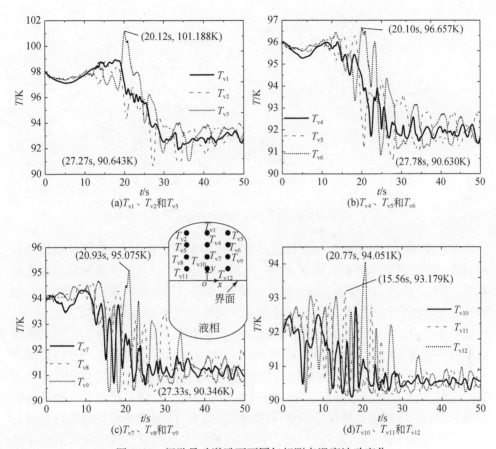

图 6-10 间歇晃动激励下不同气相测点温度波动变化

图 6-11 展示了气液界面处三个测点 T_{i1}、T_{i2} 与 T_{i3} 的温度波动变化曲线。由于处在气液界面,当外部晃动激励施加到低温液氧贮箱后,三测点温度随之波动变化。外部晃动激励停止工作后,部分流体仍处于波动传递状态。如图 6-11 所示,界面处三个测点 T_{i1}、T_{i2} 与 T_{i3} 温度始终处于动态波动变化中。在三个界面测点中,中心测点 T_{i1} 温度波动幅度最小。两侧测点的最大温度极值点分别出现在第二轮与第三轮间歇晃动激励工作阶段。受流体晃动的影响,监测点 T_{i2} 在 15.45s 取得最大温度值,其极值温度为 90.747K;而监测点 T_{i3} 在 23.55s 取得极值温度点,其温度值为 90.512K。而中心测点 T_{i1} 在整个过程中一直保持小幅波动变化,其极值温度点在 48.08s 获得,极值温度为 90.254K。

图 6-12 展示了液相监测点温度波动变化曲线。监测点 T_{l1}、T_{l2} 与 T_{l3} 处在气液界面以下,其温度分布如图 6-12(a) 所示。在第一轮间歇晃动激励工作阶段,三个测点温度均随时间小幅升高。大约从第一轮间歇晃动激励休息区开始,三测点温

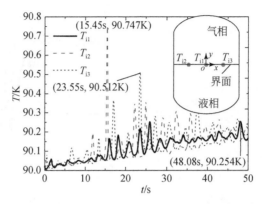

图 6-11　间歇晃动激励下不同气液界面测点温度波动变化

度波动幅度变得十分明显。处在低温贮箱对称轴上的监测点 T_{i1} 温度呈小幅增加的趋势。而处在箱体两侧的测点 T_{i2} 与 T_{i3} 温度波动方向相反，并且波动幅度比测点 T_{i1} 要大。经过 50s 间歇晃动激励的影响，三个测点温度波动幅度在第三轮与第四轮晃动激励工作区具有较大的波动幅度。由于从气液界面处获得了较多热量，这三个测点均具有较大的温度值。经过 50s 流体晃动，监测点 T_{i1}、T_{i2} 与 T_{i3} 的最终温度值分别为 90.097K、90.1130K 与 90.1125K。距离气液界面 1.0m 的监测点 T_{i4}、T_{i5} 与 T_{i6} 的温度分布如图 6-12(b)所示。不同于监测点 T_{i1}、T_{i2} 与 T_{i3}，监测点 T_{i4}、T_{i5} 与 T_{i6} 在初始阶段经历了相对稳定的温度变化。在第一轮间歇晃动激励的影响下，测点 T_{i4} 温度几乎保持不变；而监测点 T_{i5} 与 T_{i6} 温度小幅波动变化。当进入第一轮激励休息区后，监测点 T_{i4}、T_{i5} 与 T_{i6} 温度开始缓慢升高。在残余流体波动的影响下，测点 T_{i5} 与 T_{i6} 温度波动方向相反。由于获得的外部环境漏热较少，监测点 T_{i4} 具有较小的温度值，并且其温度单调缓慢升高。大约从第二轮间歇晃动激励工作阶段开始，测点 T_{i5} 与 T_{i6} 温度开始出现较大的位移波动，并且该趋势一直持续到晃动激励结束。在第五轮间歇晃动激励工作模式结束时，三个测点的最终温度分别为 90.066K、90.074K 与 90.073K。监测点 T_{i7}、T_{i8} 与 T_{i9} 的温度分布如图 6-12(c)所示。中心监测点 T_{i7} 经历了初始的稳定变化，之后其温度逐渐升高。对称分布的测点 T_{i8} 与 T_{i9} 具有方向相反的温度波动变化曲线。在第一轮间歇晃动激励工作区，两测点温度出现小幅波动。当间歇晃动激励停止工作后，两测点温度波动幅度降低，温度曲线出现部分重合。而在第二轮激励工作区，测点温度波动幅度明显增加。另外，当外部晃动激励停止工作后，测点温度仍表现出小幅波动变化。该现象从第三轮间歇晃动激励开始变得十分明显。经过 50s 流体间歇晃动，三个测点的最终温度分别为 90.048K、90.0533K 与 90.0530K。对于处于箱体底部的三个温度测点，其从贮箱底部直接接收外部环境漏热，对称分布的测点 T_{i11} 与 T_{i12}

具有较快的温度升高,两测点温度波动方向相反。在间歇晃动激励工作区,对称分布的两测点温度波动幅度较大;而在晃动激励休息区,两测点温度仍小幅波动变化。对于中心测点 T_{110},其温度在 1.8s 以前保持相对稳定,之后该测点温度随时间快速升高。经过 50s 间歇晃动作用后,三个测点最终温度分别 90.0467K、90.0497K 与 90.0494K。通过与其他液相测点温度对比可知,处于箱体底部的三个液相测点温度并不是最低的,最低流体温度出现在 T_{17}、T_{18} 与 T_{19} 三个测点处。另外,处于箱体对称轴两侧的测点温度往往高于同高度处中心测点的温度值。由图 6-12(c)与(d)可知,间歇晃动激励对低温液氧贮箱底部测点温度的影响十分明显,而对靠近气液界面处的测点温度波动影响并不十分明显。也就是说,当外部间歇晃动激励工作时,箱体底部测点温度波动明显;而当外部间歇晃动激励停止工作时,底部测点温度波动幅度降低。由于气液界面处测点温度受界面波动影响较大,间歇晃动激励对其影响并不明显。即使在晃动激励停止工作后,界面测点仍表现出明显的温度波动变化。

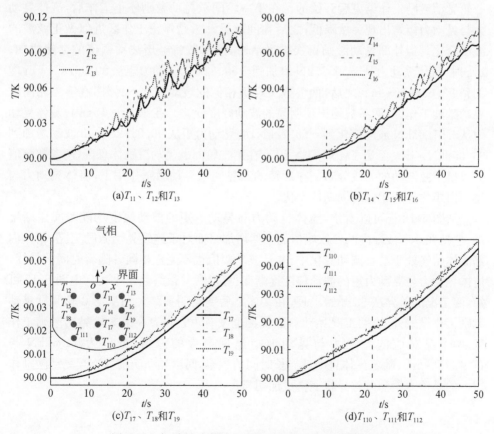

图 6-12　间歇晃动激励下不同液相测点温度波动变化

对比图 6-10 与图 6-12 可知,相比于气相温度测点,液相测点温度波动幅度更小。这主要与气液相比热容有关。由于液相比热容较大,在相同的外部环境漏热量下,液相温度升高较小;而气相比热容较小,在外部环境漏热作用下,其具有较大较明显的温升。相应地,当流体温度较容易变化时,流体晃动波动对其温度扰动的影响也就越大,因此气相区测点表现出温度大幅波动。

6.2.5　间歇晃动激励与连续晃动激励工况对比

1. 晃动力学参数

为清楚反映外部间歇晃动激励对箱体内部流体晃动热力耦合特性的影响,这里对间歇晃动激励与连续晃动激励作用下箱体内部流体晃动力与晃动力矩的变化进行对比分析。如前所述,流体晃动力与晃动力矩虽然方向相反,但两者具有相似的波动曲线。如图 6-13 所示,在第一轮晃动激励工作区,流体晃动力和晃动力矩与激励形式没有关系,两工况下晃动力参数曲线是重合的。两工况的差异是从第一轮晃动激励工作结束后开始的。在第一轮间歇晃动激励停止工作后,流体晃动力与晃动力矩均出现突然降低,之后在间歇晃动激励停止工作区近似做正弦波的波动变化。当外部晃动激励再次被激活时,两参数将经历波动幅值的突然增加。10s 时,流体晃动力从 $-59.77kN$ 增加到 $-63.82kN$,晃动力矩从 $90.937kN \cdot m$ 增加到 $93.658kN \cdot m$。之后,两参数又经历相似的波动变化。另外,在第二轮间歇晃动激励工作区,两参数均出现明显的波动幅度变化。在 $12.5 \sim 15s$ 内,流体晃动力从 $-51.63kN$ 波动变化到 $-63.78kN$,而晃动力矩从 $90.937kN \cdot m$ 波动增加到 $93.658kN \cdot m$。经历了微弱的降低后,在第二轮间歇晃动激励休息区,两参数幅值大致呈正弦波动的曲线分布。在后续的三轮间歇晃动激励作用下,流体晃动力与晃动力矩均经历相似的周期性变化。

从图 6-13 还可以看出,流体晃动力与晃动力矩的波动幅度均随时间逐渐增加,包括在 $30 \sim 45s$ 内两参数幅值的突然增加。而对于连续晃动激励工况,箱体内部流体始终处于动态波动变化中,并且波动幅值也不完全相同。随着时间的持续,流体晃动力与晃动力矩的波动幅度逐渐变得规律,并最终趋于平稳。由图 6-13 可知,两工况的差异从 5s 开始出现,在 20s 之后变得明显。大约从第 3 轮间歇晃动激励工作模式开始,两工况晃动参数就再也没有重合过。在第 5 轮晃动激励工作区,两工况对应的晃动力与晃动力矩出现最大的差值,分别为 $14.62kN$ 与 $17.46kN \cdot m$。随着流体晃动动能长时间的积聚,间歇晃动激励与连续晃动激励作用下的晃动力学参数差异将变得更加明显。

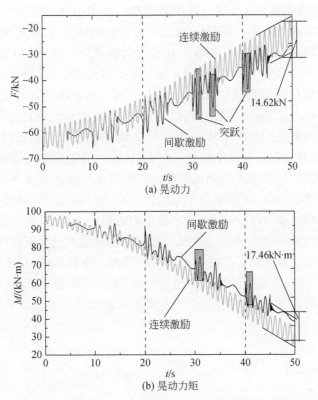

图 6-13 晃动力参数在间歇晃动激励及连续晃动激励工况下的变化对比

2. 热力参数

为深入研究间歇晃动激励与连续晃动激励对低温液氧贮箱内部流体热力性能的影响,这里对比两工况下热力参数变化,主要包括气液相测点压力、气液相极值温度与相间热质传递等参数变化。

图 6-14 展示了气相中心测点与 3 个等间距布置的液相中心测点压力变化对比。在第一轮晃动激励工作周期内,气相测点 p_v 压力近似线性降低,并且连续晃动激励工况与间歇晃动激励工况下气相测点压力变化曲线重合。之后,间歇晃动激励停止工作,气相测点压力降低速度变缓慢;在连续晃动激励作用下,气相测点压力仍迅速降低。从第二轮间歇晃动激励工作开始,由于流体晃动能量积累到一定程度,连续晃动激励作用下气相测点压力出现了明显波动,并且该压力波动持续到晃动激励结束。两工况压力差距也从第二轮间歇激励被激活后开始变得明显。对于间歇晃动激励工况,气相中心测点压力从第二轮间歇激励开始出现周期性变化。最明显的是,该测点压力在激励工作区出现了微弱的压力波动变化,一旦晃动激励停止工作,测点压力近似线性降低。随着时间的持续,气相被液相冷却的程度

增大,气相压降速率从 25s 开始出现明显增加。由于连续晃动激励在更大程度上促进了气液相间热质传递,气相测点压力被冷却得更加明显,压降也更大。也就是说,在连续晃动激励作用下,气相测点具有更大的压降。经过 50s 流体晃动,气相中心测点最终压力分别为 112.154kPa 与 109.275kPa,两工况相差 2.879kPa。

而对于同处在低温液氧贮箱对称轴上的三个液相测点,其压力波动变化如图 6-14(b)所示。与气相压力测点相似,两工况下液相测点压力曲线在前 5s 也是重合的。对于间歇晃动激励工况,当外部晃动激励停止工作后,液相测点压力波动趋于相对稳定,波动幅度也逐渐降低。然而,在连续晃动激励的影响下,液相测点压力基本保持最初的动态波动变化趋势。与连续晃动激励工况不同的是,当间歇晃动激励突然被激活时,液相测点压力出现突跃;而当间歇晃动激励停止工作时,测点压力仍小幅波动一段时间,之后才趋于相对稳定。再者,大部分时间内,间歇晃动激励工况下液相测点的压力均高于连续晃动激励工况下液相测点压力,该现象从第二轮间歇晃动激励开始就已变得十分明显。也就是说,对于间歇晃动激励工况,其液相测点具有更低的压降。通过图 6-14 不难发现,间歇晃动激励有效降低了低温液氧贮箱气液相测点压力,对低温燃料箱体的压力控制具有一定的指导意义。

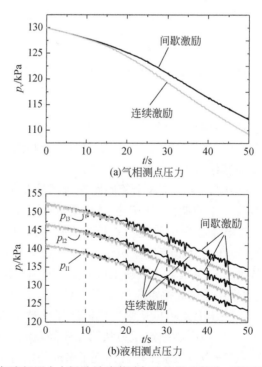

(a)气相测点压力

(b)液相测点压力

图 6-14　气液相压力在间歇晃动激励与连续晃动激励工况下的变化对比

　　图 6-15 展示了间歇晃动激励与连续晃动激励两工况下气相最高温度与液相最低温度的变化对比。从图中很容易看出,随着晃动激励的施加,箱体内部气相最高温度随之波动变化。在间歇晃动激励的影响下,气相最高温度在第一轮晃动激励工作区内快速增加;5s 后,进入小幅波动变化;在第二轮晃动激励突然施加后,气相最高温度又迅速增加,在 15s 时达到 144.411K。然而,气相最高温度极值却并没有在晃动激励工作区获得,而是在第二轮激励休息区(17s 时)取得,为 156.717K。之后,气相最高温度开始逐渐降低,在第二轮间歇晃动激励结束后,气相最高温度进入小幅波动变化阶段,其温度波动范围为 100～105K。在连续晃动激励的影响下,气相最高温度出现了类似的波动变化,其在前 5s 快速升高;在 5～10s 内出现波动变化,之后快速增加,并在 15s 时取得极值 141.730K,随后开始迅速降低。大约从 20s 开始,气相最高温度在 99～104K 内波动变化。通过对比可知,在连续晃动激励的影响下,气相最高温度极值小于间歇晃动激励作用下的气相最高温度极值,并且两工况下气相最高温度极值出现的时刻也不同。对于液相最低温度,其随着时间的持续逐渐升高。同时,从图中还可以看出,晃动激励形式对液相最低温度的影响并不明显,两曲线在很多时候是重合的。大约从 26s 开始,间歇晃动激励工况对应的液相最低温度高于连续晃动激励下的液相最低温度。之所以间歇晃动激励对应的液相最低温度较高,一种可能是在晃动激励停止工作阶段,外部环境漏热通过箱体壁面向箱内流体传递的热量较多。而在连续晃动激励影响下,外部环境漏热在流体晃动的影响下被带到气液界面处,以至于传递到液相中的热量变少。另一种可能是计算误差所致。然而,两工况下液相最低温度差异不大,最大温差仅为 0.0023K。因此,总的来说,晃动激励形式对气相最高温度影响更明显,而对液相最低温度的影响并不明显。

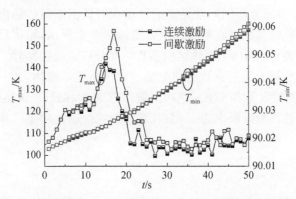

图 6-15　不同激励工况下气相最高温度与液相最低温度变化对比

　　图 6-16 对比了间歇晃动激励与连续晃动激励工况下气相冷凝量随时间的变

化。在经历了前 5s 晃动激励影响后,气相冷凝量开始明显增加。同时,两工况气相冷凝量差异也逐渐增加。例如,在第二轮间歇激励结束时,两工况的气相冷凝量分别为 0.812kg 与 1.002kg,相差 0.190kg;而在第四轮间歇激励结束时,两工况的气相冷凝量分别为 2.777kg 与 3.335kg,相差 0.558kg。经过 50s 流体晃动,两工况的气相冷凝量分别为 3.759kg 与 4.452kg,冷凝量差异也达到最大值 0.693kg。也就是说,连续晃动激励促进了气液相间质量传递,最终使得气相冷凝量多增加了 0.693kg。

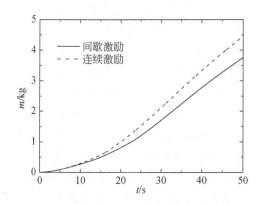

图 6-16　不同激励工况下气相冷凝量变化对比

6.3　不同间歇晃动激励形式

　　6.2 节已针对典型间歇晃动激励作用下低温液氧贮箱内部热力耦合特性进行了详细介绍,本节将研究不同间歇晃动激励形式对低温液氧贮箱内部热力耦合特性的影响。所研究低温液氧贮箱结构示意图如图 3-1 所示,箱体尺寸与计算设置与 6.1 节相同。表 6-4 列出了箱体结构参数与部分初始设置参数。图 6-17 展示了施加在低温液氧贮箱上的正弦波晃动激励。对于圆柱形箱体,其一次谐波频率为 0.51Hz,二次谐波频率为 0.87Hz,三次谐波频率为 1.10Hz。在某些特殊需求下,本节研究中所取外部激励频率为 1.0Hz,其接近三次谐波频率。相应的正弦激励表达式为

$$y = A\sin(\omega t) \tag{6-4}$$

$$\omega = 2\pi f \tag{6-5}$$

式中,A 为晃动激励振幅,取 0.35m;ω 为角速度;f 为晃动频率,取 1.0Hz;t 为晃动时间。

表 6-4　箱体结构参数与初始设置参数

参数	数值
箱体直径 D	3.5m
箱体柱段高度 L	2.0m
箱体封头高度 l	1.5m
初始液体温度	90K
初始气体温度	90~100K 内线性变化
初始箱体压力	130kPa
外部环境温度	300K
外部环境压力	1.0atm

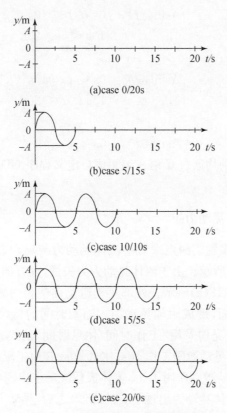

图 6-17　不同间歇晃动激励形式

　　由于 6.2 节仅研究了等周期间歇晃动激励对低温液氧贮箱内部热力耦合特性的影响,本节将研究内容拓展到不同间歇晃动激励形式,研究其对低温液氧贮箱内部流体晃动热力耦合特性的影响规律。图 6-17 展示了 5 种不同的间歇晃动激励形式。其中 6-17(a)为静止工况,该工况用来作为参考,并与其他间歇晃动激励工况对应的参数进行综合比较。在后续的研究中,仅在计算箱体热力参数变化时涉及静止工况箱体内部热力过程。

图 6-17 中展示的各不同工况晃动激励表达式具体如下。

工况(a):

$$y=0, \quad 0\text{s}<t\leqslant 20\text{s} \tag{6-6}$$

工况(b):

$$y=\begin{cases} A\sin(\omega t), & 0\text{s}<t\leqslant 5\text{s} \\ 0, & 5\text{s}<t\leqslant 20\text{s} \end{cases} \tag{6-7}$$

工况(c):

$$y=\begin{cases} A\sin(\omega t), & 0\text{s}<t\leqslant 10\text{s} \\ 0, & 10\text{s}<t\leqslant 20\text{s} \end{cases} \tag{6-8}$$

工况(d):

$$y=\begin{cases} A\sin(\omega t), & 0\text{s}<t\leqslant 15\text{s} \\ 0, & 15\text{s}<t\leqslant 20\text{s} \end{cases} \tag{6-9}$$

工况(e):

$$y=A\sin(\omega t), \quad 0\text{s}<t\leqslant 20\text{s} \tag{6-10}$$

以上外部晃动激励均通过 C 语言编写成自定义程序 UDF,然后加载到数值计算模型中。

6.3.1　流体晃动力与晃动力矩

通过在箱体中心设置监测点来观察流体晃动力与晃动力矩的波动变化,两参数变化曲线如图 6-18 所示。由于流体晃动力为矢量,其方向与初始外部晃动激励方向相反,具体如图 6-18(a)所示。外部晃动激励促使箱内流体做往复运动,运动的流体撞击到箱体壁面,形成附加晃动力。随着时间的持续,流体晃动力逐渐降低。为便于分析,每工况均采用"工作时间/休息时间"的模式来表示。例如,case 10/10s,其意为该工况晃动激励工作 10s、休息 10s,其他工况具有相同的意思。对于 case 5/15s,外部晃动激励作用了 5s,流体大幅波动也出现在前 5s 内。当外部晃动激励停止工作后,流体晃动力出现了突然降低;之后,晃动力几乎呈正弦波分布,并且波动幅度也较小。当外部晃动激励工作时间增加到 10s 时,该工况在前 5s 具有与 case 5/15s 相同的流体晃动力波动曲线。之后,两工况晃动力波动曲线出现较大偏差。在第二轮晃动激励停止工作后,流体晃动力出现了较大的突降;之后晃动力曲线开始小幅波动变化。当晃动激励时间持续到 15s 时,箱体内部积聚了大量的晃动动能。外部晃动激励突然停止工作后,在大量晃动动能影响下,晃动力在 15s 时出现大幅骤降。之后,经过小幅波动变化后,晃动力逐渐趋于相对稳定的正弦波变化。当晃动激励工作时长从 5s 增加到 15s,在晃动激励突然停止时,三工况的晃动力均出现突然降低,突降值分别为 2.073kN、2.870kN 与 3.398kN。可以看出,流体晃动力突降值随着晃动时间的延长而增加。对于 case 20/0s,流体晃动力在整个过程中均处于波动变化中,并且波动幅度不完全相同。经过 20s 流体晃动,晃动力从 41.097kN 波动降低到 34.669kN。

　　图 6-18(b)展示了晃动力矩在不同激励形式下的波动变化曲线。从图中很容易看出,晃动力矩与晃动激励变化方向相反。对于 4 种不同间歇晃动激励形式,晃动力矩均在 0.983~6.439kN·m 范围内波动变化。受流体晃动随机性的影响,晃动力矩波动幅度均不相同。与晃动力波动变化曲线一致,当外部晃动激励工作时,晃动力矩参数也随时间波动变化;而当晃动激励突然停止工作时,在晃动激励启停切换点处,晃动力矩出现了突然降低。当晃动激励时间从 5s 增加到 15s 时,晃动力矩在激励模式切换处的突降值分别为 2.118kN·m、2.491kN·m 与 2.799kN·m。可以看出,晃动力矩突降值也随着晃动时间的增加而增加。一旦晃动激励停止工作后,晃

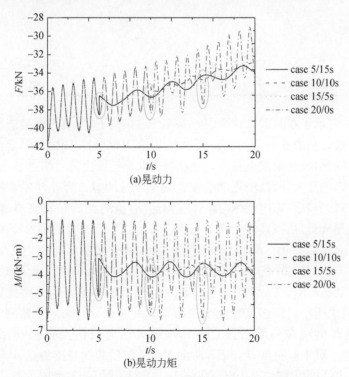

(a)晃动力

(b)晃动力矩

图 6-18　不同激励形式下流体晃动力与晃动力矩变化

动力矩经过短时间小幅波动适应后继续保持一定幅度的波动变化。而对于连续晃动激励工况,晃动力矩始终随时间波动变化,并且每个周期内的晃动力矩波动幅度均不相同。

6.3.2　界面动态波动

同样地,本处共设置 7 个气液界面动态测点来研究低温液氧贮箱内部气液界面动态波动,动态测点初始坐标罗列在表 6-5 中。这里 R 指箱体半径。当外部晃动激励施加在低温液氧贮箱后,箱内流体做往复运动,气液界面上下起伏波动,动态测点偏离初始位移高度。这里,通过监测测点偏离初始水平界面高度的净位移来反映气液界面的动态波动变化。

表 6-5　不同间歇晃动激励气液界面动态测点初始坐标

监测点	坐标/m
A	$(-R,0)$
A'	$(R,0)$
B	$(-1.50,0)$
B'	$(1.50,0)$
C	$(-R/2,0)$
C'	$(R/2,0)$
O'	$(0.0,0)$

图 6-19 展示了在间歇晃动激励 case 5/15s 条件下,气液界面动态监测点位移波动变化曲线。从图 6-19(a)与(b)可以看出,在晃动激励工作阶段,监测点位移出现剧烈波动变化,波动幅度也较大。处在贮箱两侧壁面上的监测点 A 与 A' 受外部晃动激励的影响最大,两监测点动态波动幅度十分明显。当外部晃动激励突然施加到低温液氧贮箱后,箱内液体向箱体左侧运动,监测点 A 位移突然增加,监测点 A' 位移则突然降低,所以监测点 A 净位移为正,监测点 A' 净位移为负,两测点位移曲线呈反方向波动变化。经过 5s 的流体晃动,部分残余流体波仍在气液界面传播。对比前 5s 与后 15s 的波动曲线可以看出,流体波动频率逐渐降低。另外,受残余流体波动的影响,在后 15s 内也出现了监测点位移的大幅波动变化。对于监测点 A,其最大正负向位移点分别出现在 3.39s 与 4.98s;而对于监测点 A',其最大负向极值点出现在初始阶段(0.41s),最大正向极值点在晃动激励工作区(8.35s)获得。对于监测点 B 与 B',两测点位移波动曲线与监测点 A 与 A' 位移波动曲线相似,剧烈的位移波动仍出现在前 5s。不同于图 6-19(a)所示波动曲线,监测点 B 与 B' 的部分极值点出现在外部晃动激励停止后的 15s 内。对于监测点 B,其最

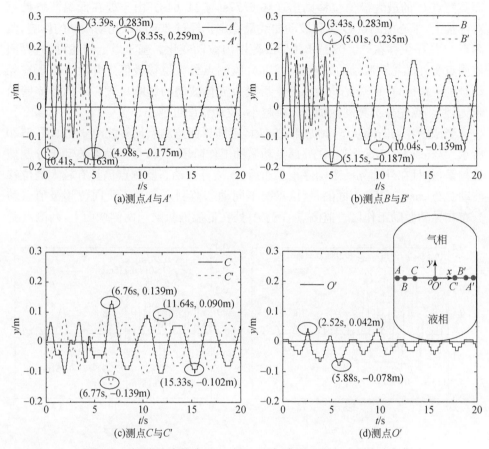

图 6-19　间歇晃动激励 case 5/15s 下气液界面测点动态波动变化

大极值点分别出现在 3.43s 与 5.15s。对比监测点 A 与监测点 B 的最大负向极值位移可以看出,监测点 B 具有较大的负向极值位移,并且出现在晃动激励停止工作后的 5.15s 时刻。之所以出现这种现象,主要是因为外部晃动激励突然停止造成箱内流体猛烈撞击箱体壁面,并引起流体回流飞溅。同样,监测点 B' 的最大正负向极值点均出现在晃动激励停止工作以后,分别在 5.01s 与 10.04s 取得。图 6-19(c)展示了动态监测点 C 与 C' 位移波动变化曲线。从图中很容易看出,两监测点位移波动曲线几乎对称分布在初始水平气液界面两侧。虽然在前 5s 气液界面经历了剧烈的位移波动变化,但界面的大幅波动仍出现在晃动激励停止工作后的 15s 内。这与监测点 A、A'、B 与 B' 四监测点位移分布不同。也就是说,剧烈的流体晃动对监测点 C 与 C' 的位移波动并没有产生明显的影响,反而是残余流体波动引起了两监测点位移的大幅波动变化。对于监测点 C,其最大极值位移出现在 6.76s 与 15.33s;

而监测点 C' 的最大极值位移则出现在 6.77s 与 11.64s。由于处在低温液氧贮箱对称轴上,中心监测点 O' 位移波动曲线最稳定。经过 20s 间歇晃动激励的影响,监测点 O' 的净位移在 $-0.078\sim0.042$m 范围内波动变化。基于以上描述可知,界面监测点受外部晃动激励的影响较大,部分监测点最大位移极值点并没有出现在晃动激励工作区,反而受晃动激励停止后残余流体波动的影响更大。距离箱体壁面越远,监测点受外部晃动激励的影响越小,波动幅度也越小。

当激励晃动时间从 5s 增加到 10s 时,不同界面监测点位移波动变化如图 6-20 所示。与 case 5/15s 相似,在外部晃动激励工作阶段,气液界面动态波动十分剧烈且频繁,并且在外部晃动激励停止工作后,气液界面动态监测点仍具有较大的位移波动。与 case 5/15s 不同的是,该工况不同动态监测点最大正负向位移极值点均分布在晃动激励工作区。监测点 A 与 A' 处在低温液氧贮箱两侧壁面上,两测点受

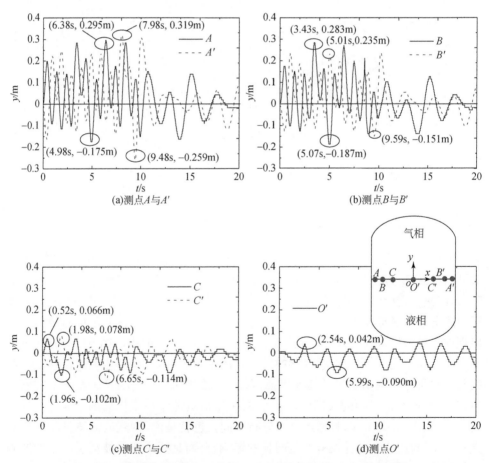

图 6-20　间歇晃动激励 case 10/10s 下气液界面监测点动态波动变化

外部晃动激励的影响最大,均具有较大的位移波动。距离箱体壁面 0.25m 处,监测点 B 与 B′ 受外部晃动激励的影响依然较大。如图 6-20(b)所示,在晃动激励工作区,两动态监测点进行着高密度的上下波动变化;晃动激励停止工作后,两监测点位移波动幅度仍较大。这说明晃动激励停止后,残余流体波动的影响依然十分明显。在距离箱体对称轴 ±R/2 处,监测点 C 与 C′ 具有相对稳定的波动变化曲线。监测点 C 的位移极值点出现在 0.52s 与 1.96s,而监测点 C′ 的位移极值点出现在 1.98s 与 6.65s。由于处于箱体中心,监测点 O′ 具有最稳定的波动变化曲线。整个过程中,外部间歇晃动激励对该监测点动态波动影响并不十分明显。

当晃动激励时间增加到 15s 时,界面动态监测点位移波动如图 6-21 所示。受流体剧烈晃动的影响,监测点 A、A′、B 与 B′ 均表现出大幅波动变化。对比图 6-21 (a)与(b)可知,在前 10s 内,对称布置的监测点位移波动并没有严格按照初始水平界面对称分布,监测点 A′ 与 B′ 的波动位移在时间上出现了滞后。当外部晃动激励

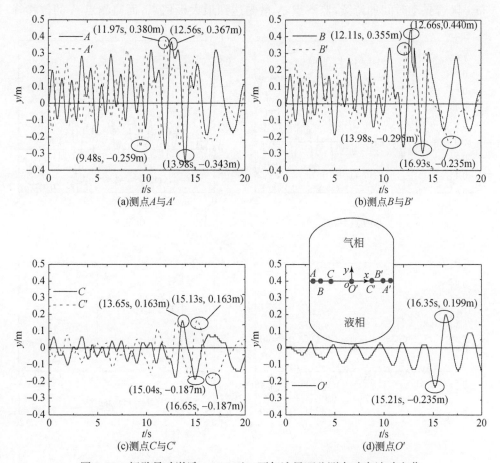

图 6-21　间歇晃动激励 case 15/5s 下气液界面监测点动态波动变化

停止工作后,监测点仍处在明显的位移波动变化中。监测点 A 的最大位移极值分别为 0.367m 与 $-0.343m$;监测点 A' 的最大位移极值为 0.380m 与 $-0.259m$。对于监测点 B,其最大位移极值点在 12.66s 与 13.98s 取得;而监测点 B' 的最大位移极值点在 12.11s 与 16.93s 取得。对于监测点 C 与 C',其最大位移极值点出现在晃动阶段后期,此时箱内流体已积聚了大量的晃动能量,并驱使箱体内部流体大幅波动。两测点的最大极值位移相同,分别为 0.163m 与 $-0.187m$;但两监测点位移波动曲线并不完全沿初始水平界面对称分布。对于处在液氧箱体中心的监测点 O',其最大位移极值点在晃动激励停止后的 5s 内获得,分别为 0.199m 与 $-0.235m$。

不同于以上间歇晃动激励工况,在连续晃动激励的影响下,气液界面动态监测点位移波动变化曲线如图 6-22 所示。经过 20s 流体晃动,监测点 A 与 A' 位移波动幅度均随时间逐渐增加。在前 7.5s,监测点 A 与 A' 位移波动曲线几乎呈对称分布。随着晃动时间的持续,监测点 A' 最先达到最大极值点,而监测点 A 的位移峰

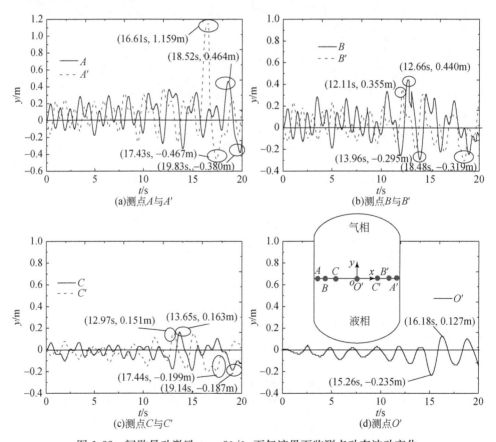

图 6-22　间歇晃动激励 case 20/0s 下气液界面监测点动态波动变化

值出现时间较晚。在连续晃动激励的影响下,箱内流体晃动动能持续积累,并在最后 5s 内对监测点位移波动产生较大影响,两监测点的最大位移极值均在最后 5s 内获得。对于监测点 A',其在 16.61s 出现了位移突增,之后伴随着位移突降,其最大负向位移极值在 17.43s 取得。与监测点 A' 相比,监测点 A 具有较小的正负向位移极值。对于其他监测点,对应的波动位移均随时间增加,并且最大位移极值均出现在最后 10s 内。如图 6-22(b)所示,监测点 B 分别在 12.66s 与 13.96s 取得正负向最大位移极值;而监测点 B' 在 12.11s 获得正向最大位移极值,在 18.48s 获得负向最大位移极值。对于监测点 C 与 C',其位移呈现小幅波动变化,并且近似沿初始水平气液界面对称分布。中心监测点 O' 具有最稳定的位移波动变化曲线,整个过程中,其最大位移极值分别在 16.18s 与 15.26s 获得,位移极值为 0.127m 与 -0.235m。

为更清晰地展示外部晃动激励形式对气液界面动态响应的影响,筛选并对比不同间歇晃动激励工况下气液界面动态监测点极值位移变化,相关极值位移参数罗列在表 6-6 中。

表 6-6 不同晃动激励工况位移极值坐标

激励形式		动态测点						
		A	A'	B	B'	C	C'	O'
case 5/15s	(+)	0.283m, 3.39s	0.259m, 8.35s	0.283m, 3.43s	0.235m, 5.01s	0.139m, 6.76s	0.090m, 11.64s	0.042m, 2.52s
	(−)	−0.175m, 4.98s	−0.163m, 0.41s	−0.187m, 5.15s	−0.139m, 10.04s	−0.102m, 15.33s	−0.139m, 6.77s	−0.078m, 5.88s
case 10/10s	(+)	0.295m, 6.38s	0.319m, 7.98s	0.283m, 3.43s	0.235m, 5.01s	0.066m, 0.52s	0.078m, 1.98s	0.042m, 2.54s
	(−)	−0.175m, 4.98s	−0.259m, 9.48s	−0.187m, 5.07s	−0.151m, 9.59s	−0.102m, 1.96s	−0.114m, 6.65s	−0.090m, 5.99s
case 15/5s	(+)	0.367m, 12.56s	0.380m, 11.97s	0.440m, 12.66s	0.355m, 12.11s	0.163m, 13.65s	0.163m, 15.13s	0.199m, 16.35s
	(−)	−0.343m, 13.98s	−0.259m, 9.48s	−0.295m, 13.98s	−0.235m, 16.93s	−0.187m, 16.65s	−0.187m, 16.65s	−0.235m, 15.21s
case 20/0s	(+)	0.464m, 18.52s	1.159m, 16.61s	0.440m, 12.66s	0.355m, 12.11s	0.163m, 13.65s	0.151m, 12.97s	0.127m, 16.18s
	(−)	−0.380m, 19.83s	−0.467m, 17.43s	−0.295m, 13.96s	−0.319m, 18.48s	−0.187m, 19.14s	−0.199m, 17.44s	−0.235m, 15.26s

　　不同外部间歇晃动激励工况下,7 个界面动态监测点极值位移对比如图 6-23 所示。从图图 6-23(a)中很容易看出,除监测点 C 外,其他监测点正向极值位移基本随外部晃动激励持续时间的增加而增加。监测点 C 的最小位移极值点在 case 10/10s 取得,其他三种工况对应的正向极值位移均高于 case 10/10s 对应的正向位移极值。而对于监测点 B、B' 与 C',其在不同外部晃动激励条件下具有相同的位移极值。在不同的界面动态监测点中,监测点 A 在连续晃动激励下取得最大位移极值。图 6-23(b)展示了不同监测点负向极值位移随晃动激励时间的变化。同样,大部分监测点负向极值位移随着晃动激励时间的增加而增加。监测点 A、B 与 C 在 case 5/15s 与 case 10/10s 两工况中具有相同的位移极值;监测点 A' 在 case 10/10s 与 case 15/5s 中具有相同的位移极值;而监测点 B、C 与 O' 在 case 15/5s 与 case 20/0s 中具有相同的位移极值。当然,图中仍呈现出一些非正常的位移波动变化。例如,监测点 C' 具有最特殊的位移波动曲线,该测点在 case 10/10s 取得最小位移极值。一般来说,随着晃动激励时间的持续,监测点具有较大的位移波动幅度。然而,受流体晃动随机性与无规则性的影响,界面监测点波动变化中不可避免地出现一些不寻常的现象。

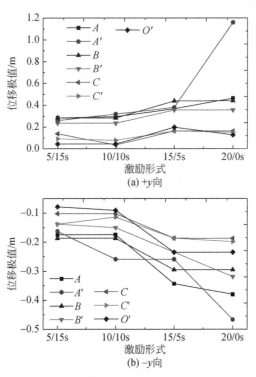

图 6-23　不同激励形式下位移极值变化

基于表 6-6 很容易发现,不同监测点位移极值出现的时间十分随意,整体上无规律可言。对于两侧监测点,其最大位移极值常常在晃动激励工作阶段出现;而对于中间动态监测点,其最大位移极值一般出现在晃动激励停止工作以后的时间段内。

6.3.3　流体压力波动

当外部正弦激励施加在低温液氧贮箱后,箱内流体开始做往复运动,气液界面由最初的水平界面变为波动的曲面,弯曲界面大大增加了气液相接触面积,并促进了气液相间热质传递。根据最初计算设置,液氧具有 2.641K 的过冷度,而气氧区局部过热。外部晃动激励促使高温气相被过冷液体冷却,以至于箱体压力降低。在外部晃动激励的作用下,箱内流体压力开始波动变化。不同间歇晃动激励工况所对应的流体压力分布如图 6-24 所示。

对于 case 0/20s,由于没有外部激励作用在低温液氧箱体上,箱体处于静止状态,气液相间进行缓慢的传热传质过程,气液界面基本没有出现压力波动。在过冷液体的冷却下,箱体压力逐渐降低。这可通过流体压力分布图明显地反映出来。当外部晃动激励开始作用到低温液氧贮箱后,箱内流体出现来回往复运动。相应地,气液界面也开始出现波动变化,部分界面监测点在 y 方向上出现了位移差。由于气液界面不再保持水平状态,部分液相测点位移出现差异,以至于不同位置形成了压力差异,等压线不再是水平线,具体如图 6-24 所示。当流体向箱体左侧运动时,高压区出现在液氧箱左侧底部;而当流体向箱体右侧移动时,高压区出现在箱体右侧底部。当外部晃动激励停止工作后,箱内仍有部分流体波动与小幅界面波动,但箱体最高压力逐渐稳定在箱体底部对称轴上。整体来说,当外部晃动激励停止工作后,流体压力具有相对稳定的分布曲线,如case 5/15s 中 10~20s、case 10/10s 中 15~20s 与 case 15/5s 中 20s 所对应的流体压力分布云图所示。

本节共设置 3 个气相压力监测点与 5 个液相压力监测点来详细反映流体压力变化,不同监测点坐标如表 6-7 所示。这里需要指出的是,当低温液氧贮箱不受外部激励影响时,箱内气液相压力基本上线性变化,不同气相测点压力几乎重合;而等间距布置的液相测点压力几乎为线性降低的平行直线。因此,在对比不同间歇晃动激励对气液相监测点压力变化影响时,这里没有将箱体静止工况考虑在内;而在对比部分中心测点压力变化与流体温度变化时,则考虑了静止工况下相应的热力参数变化。

图 6-24　不同激励工况下气液相流体压力分布云图

(a)case 0/20s；(b)case 5/15s；(c)case 10/10s；(d)case 15/5s；(e)case 20/0s

表 6-7　不同间歇晃动激励压力测点坐标

监测点	坐标/m
p_v	$(0, 1.5)$
p_v'	$(-R/2, 1.5)$
p_v''	$(R/2, 1.5)$
p_{11}	$(0, -0.5)$
p_{12}	$(0, -1.0)$
p_{13}	$(0, -1.5)$
p_{12}'	$(-R/2, -1.0)$
p_{12}''	$(R/2, -1.0)$

图 6-25 展示了在不同晃动激励形式下同一高度处三个气相测点压力波动变化曲线。外部晃动激励促使箱内流体大幅晃动,流体晃动促进了气液相间热质传递,以至于高温气相被冷却。如图 6-25(a)所示,case 5/15s 中气相中心测点压力几乎线性降低。受流体晃动的影响,处在箱体两侧的气相测点压力呈相反方向波动变化。一旦外部晃动激励停止,两侧测点压力曲线波动幅度降低,两压力曲线几乎重合。从图 6-25(b)与(c)所展示的 case 10/10s 与 case 15/5s 两晃动激励工况测点压力分布可知,两侧气相测点在激励工作阶段具有方向相反的压力波动变化曲线;而当晃动激励停止工作后,两侧测点压力几乎线性降低。两工况对应的中心气相测点压力波动较小,压力曲线光滑。当晃动激励时间增加到 20s 时,在前 15s 内,该工况两侧测点具有与 case 15/5s 两侧测点相同的压力分布曲线;而在最后 5s,箱体内部对称分布的两测点压力出现大幅波动变化,而且波动强度比前 15s 更加剧烈,具体如图 6-25(d)所示。

本节选择不同外部晃动激励工况所对应的气相中心压力测点来详细研究间歇晃动激励形式对气相流体压力变化的影响。从图 6-26 可以看出,5 种不同工况下,气相中心测点压力均随时间快速降低。由于不受外部晃动激励的影响,case 0/20s 中气相测点压降速率最缓慢,其值为 135.3Pa/s。另外,该工况气相测点具有近似线性降低的压力变化曲线。而其他工况所对应的气相中心测点压降速率较快,并伴随着部分波动变化。在前 5s,不同晃动激励工况具有相同的压力分布曲线;case 10/10s、case 15/5s 与 case 20/0s 三工况在 5~10s 具有相同的压力分布曲线。经历了 5s 流体晃动与 15s 晃动激励停止后的自适应期,case 5/15s 气相中心测点具有近似线性的压力曲线。该工况气相中心测点压力从 130kPa 降低到

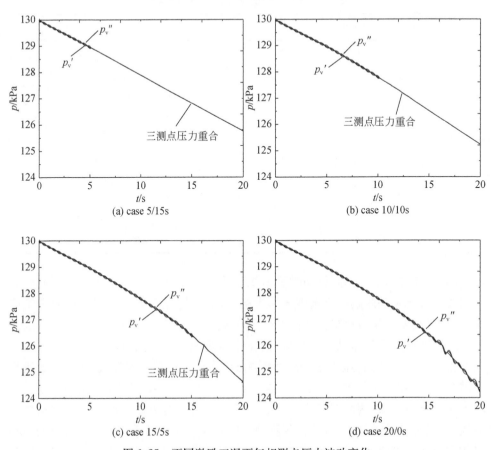

图 6-25　不同激励工况下气相测点压力波动变化

125.75kPa,压降速率约 212.5Pa/s。对于 case 10/10s,经历了 10s 流体晃动,外部晃动激励突然停止后,气相中心测点出现了快速的压力降低。在晃动激励工作期间,该中心测点压力从 130kPa 降低到 127.8kPa;而在晃动激励停止工作区,该测点压力从 127.8kPa 降低到 125.23kPa。两阶段对应的压降速率分别为 220.0Pa/s 与 257.0Pa/s。对于 case 15/5s,气相中心测点具有更大的压降。在晃动激励工作阶段,该工况气相中心测点压力从 130kPa 降低到 126.41kPa,压降速率为 239.47Pa/s;而当外部晃动激励停止后,气相中心测点压力经历了快速降低,并伴随着明显的波动变化。在最后 5s,气相测点压力从 126.41kPa 降低到 124.62kPa。对于 case 20/0s,该测点在前 15s 内具有与 case 15/5s 气相中心测点相同的压力变化曲线。不同的是,在晃动激励工作的最后 5s 内,case 20/0s 气相中心测点压力出现了明显的波动变化,并伴随着较快的压力降低。这是由于流体长时间晃动积聚了大量的晃动能量,造成了箱体内部流体的大幅波动变化,极大强化了气相被液相的冷却效果。综上可知,晃动激励持续时间越长,气相中心测点压降就越大。随着晃动激励时间从 0s 增加到 20s,气相中心测点最终压力从 127.29kPa 降低到 124.28kPa。

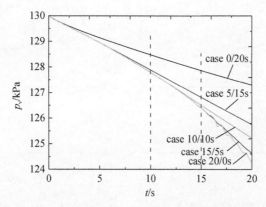

图 6-26　不同激励工况下气相中心测点压力波动变化

　　除了三个气相测点,这里也对比了 4 种晃动激励工况下三个竖向液相压力测点与两个对称分布液相压力测点的参数变化,具体如图 6-27 所示。从图中可以看出,在外部晃动激励工作阶段,不同压力测点均表现出明显的波动变化。一旦外部晃动激励停止,不同监测点压力波动幅度明显降低,并整体上呈小幅波动降低的变化趋势。对于处在箱体对称轴上的三个竖向测点,相邻两个测点的间距相等,均为 0.5m,因此三个竖向测点具有相似的压力波动变化曲线,相邻测点的压力差值为 $\rho_l g/2$。这里,ρ_l 为流体密度,g 为重力加速度。两对称分布的测点具有方向相反的压力波动变化曲线。受流体往复运动的影响,对称测点压力大幅波动变化。当外部晃动激励突然停止时,两侧测点波动幅度出现了突然降低或突然升高,具体如图 6-27(a)~(c)所示。对于 4 种不同间歇晃动激励工况,两侧测点压力波动幅度在 6.11~7.54kPa 内变化;而对于处在箱体对称轴上的三个液相测点,其压力波动幅度小于 0.86kPa。

　　图 6-28 展示了在不同晃动激励条件下,三个液相中心测点(p_{l1}、p_{l2} 与 p_{l3})的压力波动变化曲线。在不受外部晃动激励的影响下,处在液氧贮箱对称轴上的三个液相测点压力均随时间近似线性降低,压降速率约为 134.75Pa/s。当外部晃动激励作用在低温液氧贮箱上时,p_{l1}、p_{l2} 与 p_{l3} 三测点呈现出不同的压力波动变化曲线。在前 5s 内,case 5/15s、case 10/10s、case 15/5s 与 case 20/0s 所对应的压力波动变化曲线是一样的。对于 case 5/15s,经过 5s 流体晃动后,三个竖向测点呈现出相对稳定

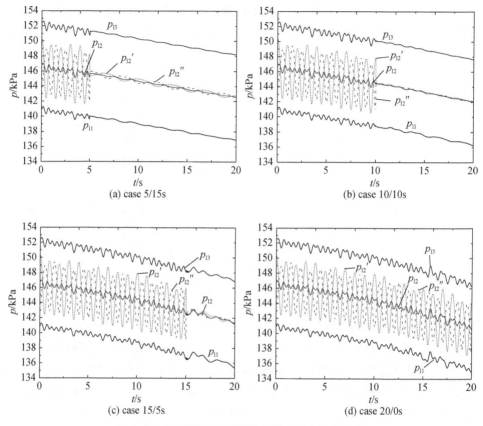

图 6-27　不同激励工况下液相测点压力波动变化

的压力波动曲线。而对于 case 10/10s、case 15/5s 与 case 20/0s,在 5～10s 阶段,三工况压力波动曲线重合。经过 10s 流体晃动后,4 种工况才开始出现明显的压力波动差异。随着晃动时间的持续,气液界面扰动与气液相混合促进了气液相间热质传递,因此 case 15/5s 与 case 20/0s 两工况具有较大的压降。之后,case 15/5s 工况中测点压力在后续的 5s 内出现了微弱波动;而 case 20/0s 工况中测点压力继续保持大幅波动变化。整体上,晃动激励持续时间越长,流体压降越大。例如,4 种晃动激励工况测点 p_{12} 的最终压力分别为 142.547kPa、141.986kPa、141.185kPa 与 140.667kPa。这表明液体测点压力随着晃动时间的增加而降低,测点压降随着晃动时间的增加而增加。

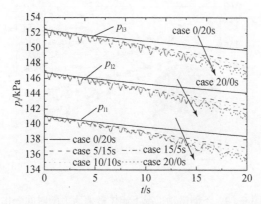

图 6-28　不同激励工况下液相中心测点压力波动变化

图 6-29 展示了不同间歇晃动激励工况下，流体极值压力随时间的波动变化曲线。对于 case 0/20s，由于不受外部晃动激励的影响，箱内流体始终处于静止状态，以至于箱内流体最大压力一直处在箱体对称轴最底部。随着时间的持续，高温气相被低温液氧冷却，箱体压力随之降低，以至于箱内流体压力随时间近似线性降低。经过 20s 静止停放，流体极值压力大约从 157.98kPa 线性降低到 155.27kPa。一旦晃动激励施加到低温液氧贮箱上，箱内流体开始左右摆动，流体极值压力点也随之做往复运动。当外部晃动激励突然施加到低温液氧贮箱上时，箱内流体极值压力出现了突然增加，从 157.98kPa 增加到 159.157kPa；之后极值压力处于动态波动变化中。对于 case 5/15s、case 10/10s 与 case 15/5s 三工况，当外部晃动激励突然停止时，流体极值压力出现突然降低。尽管残余流体波动仍在继续传播，流体液位高度的变化已不十分明显。因此，当晃动激励停止后，流体极值压力近似线性降低或小幅波动降低。通过对 4 种不同间歇晃动激励工况对比分析可知，随着晃动激励持续时间的增长，流体极值压力表现出较大幅度的降低。例如，当外部晃动激励突然停止后，case 5/15s 极值压力从 156.686kPa 降低到 153.701kPa，case 10/10s 极值压力从 155.42kPa 降低到 153.158kPa，而 case 15/5s 极值压力从 153.919kPa 降低到 152.382kPa。当晃动激励时间从 0s 增加到 15s，外部晃动激励突然停止后，不同晃动激励工况对应的流体极值压力降低速率分别为 123.85Pa/s、199Pa/s、226.2Pa/s 与 307.4Pa/s。在外部晃动激励的影响下，case 20/0s 流体极值压力始终处于起伏波动变化中。而在晃动激励后期，该工况流体极值压力小于静止工况流体极值压力，如 13s 以后的压力分布曲线所示。当然，这与该工况气相区被过冷液体大幅冷却有直接关系。

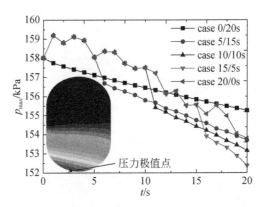

图 6-29　不同激励工况下流体极值压力随时间变化

　　基于以上描述可知,整个过程中高温气相一直被低温液相冷却,箱体压力随时间波动降低,气相区始终处于被冷凝状态。本节监测了不同晃动激励工况气相冷凝量随时间的变化,具体如图 6-30 所示。从图中可以看出,气体冷凝量随时间逐渐增加。当不受外部间歇晃动激励影响时,箱体静止停放 20s,气相冷凝量约0.207kg。对于 4 种不同间歇晃动激励工况,在前 5s 内,气相冷凝量从 0kg 增加到0.092kg。对于 case 5/15s,由于晃动激励只持续了 5s,晃动激励停止后,气相冷凝速率有所降低。然而,其他 3 种晃动工况中气相冷凝速率则保持快速增加的态势。在10s 时,case 10/10s 与 case 15/5s 对应的气相冷凝量为 0.296kg,而 case 5/15s 对应的气相冷凝量仅有 0.274kg。当晃动激励持续到 15s 时,4 种晃动工况对应的气相冷凝量差异逐渐拉开。经过 20s 流体晃动,4 种晃动工况对应的最终气相冷凝量分别为 0.669kg、0.798kg、0.939kg 与 0.994kg。不难看出,气相冷凝量随晃动时间的持续而增加。当然,这与流体晃动促进气液相间热质交换是密不可分的。

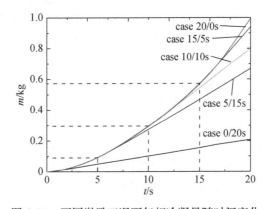

图 6-30　不同激励工况下气相冷凝量随时间变化

6.3.4　流体热分层

在外部环境漏热的影响下,紧贴箱体壁面的低温流体被加热,热流体密度变小,在热浮力与流体温差的驱动下,自然对流在近壁面区域逐渐形成与发展。由于不受外部晃动激励的影响,case 0/20s 中流体热分层在外部漏热的作用下发展良好,气液相区等温线分布均匀规律发展,并且没有明显的温度波动,具体如图 6-31 所示。在热浮力作用下,高温气相向上运动,低温液体向下运动,以至于气相最高温度出现在箱体顶部。在气相区,高度越高,流体温度也越高。也就是说,气相区形成了上部温度高、下部温度低的稳定流体热分层。而对于液相区域,由于直接吸收外部环境漏热,紧贴箱体壁面的流体具有较高的温度。另外,气液界面处液体吸收了大量的高温气相传热,因此气液界面处液体温度较高。液相区最低流体温度出现在液相中部。当外部晃动激励施加在低温液氧箱体后,流体热分层开始变得不规律。受流体晃动的影响,气液界面出现了部分波动与湍流扰动,以至于气液界面处流体等温线出现了起伏变化,如 case 5/15s 工况在 5s 时的 91.087K 等温线、case 10/10s 工况在 5s 时的 90.430K 等温线与在 10s 时的 90.379K 等温线所示。而对于 case 15/5s 与 case 20/0s 两工况,由于晃动激励作用时间较长,气液界面出现明显的界面波动与气液相流体混合,造成了界面流体温度的大幅波动,尤其在 15s 之后,等温线波动变化更加明显。例如,case 15/5s 在 15s 时的 90.968K 等温线、case 20/0s 在 15s 时的 90.286K 等温线与在 20s 时的 90.246K 等温线均呈现出明显的温度波动变化。一旦外部晃动激励停止工作后,气相区出现了相对稳定的流体温度分布。然而,长时间的晃动致使箱内积累了大量晃动能量,即使外部晃动激励停止后,残余流体波动仍可以造成明显的温度波动,如 case 15/5s 在 20s 时的 90.391K 与 91.58K 两条等温线所示。这主要是由于气相密度较小,微弱的扰动即可引起气相质量的不均匀分布,即使是残余流体波动,仍能造成气相温度的大幅波动变化。另外,在短时间内,气相流体最高温度随时间是逐渐增加的;当气相区最高温度增加到一定程度时,其温度开始波动降低,气相极值温度整体上呈现波动变化。

对于液相区,高温区域出现在低温贮箱近壁区域与气液界面处。随着箱内流体做往复运动,液相低温区域也随箱体对称轴来回摇摆。例如,在 1s 时,液体最低温度主要分布在箱体对称轴左侧;而在其他时刻,箱内流体最低温度常常出现在箱体中部,几乎沿箱体对称轴对称分布。在晃动激励停止工作的阶段内,箱内流体出现了相对稳定的温度分布,即流体低温区出现在液相中部,紧贴箱体壁面处则出现了局部高温区。随着时间的持续,低温液体区逐渐变小,并且液体最低温度逐渐升高。

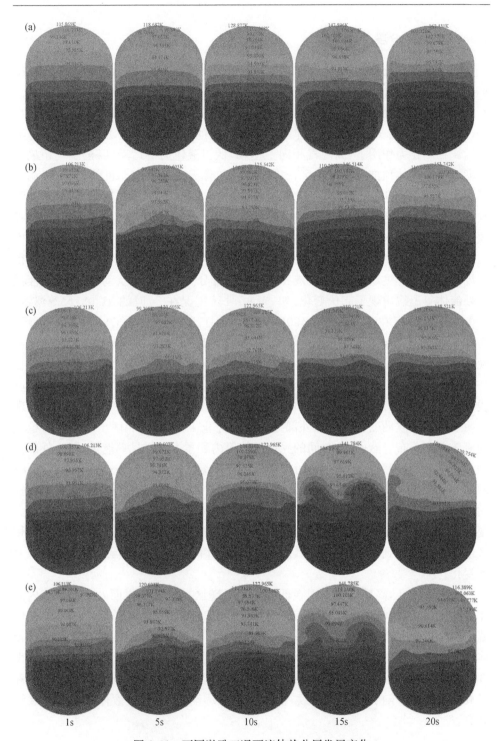

图 6-31　不同激励工况下流体热分层发展变化

(a)case 0/20s; (b)case 5/15s; (c)case 10/10s; (d)case 15/5s; (e)case 20/0s

基于上述描述可知,气相区流体热分层整体发展良好,最终形成箱体顶部温度最高、气液界面处流体温度最低的温度分布格局。而对于液相流体,其基本的温度分布是最低温度出现在液相区中部,而高温区出现在紧贴壁面区与气液界面处。总的来说,外部晃动激励对流体温度分布产生了显著影响。随着晃动时间的持续,气液相流体温度将出现更加明显的起伏波动变化。

除研究流体热分层发展外,本节还监测了低温液氧贮箱对称轴上中线温度变化。只选择晃动激励时间为 0s、10s 与 20s 三种工况进行对比分析。图 6-32～图 6-34 展示了三种工况下箱体中线流体温度波动变化曲线。如前所述,当低温液氧贮箱不受间歇晃动激励的影响时,在外部环境漏热与气液相间传热的作用下,箱内流体热分层发展良好。对于气相区,受热对流的影响,高温气体上浮,低温流体下沉,逐渐形成了上部温度高、下部温度低的温度分布格局。而对于液相区,高温流体在气液界面处积聚。由于直接接受外部环境漏热的加热,箱体底部与紧贴箱体壁面处流体也呈现出较高的温度分布。因此,液相区流体最低温度出现在液相区中部。另外,箱体中线温度随时间逐渐升高,并整体逐步向前推进,具体如图 6-32 所示。

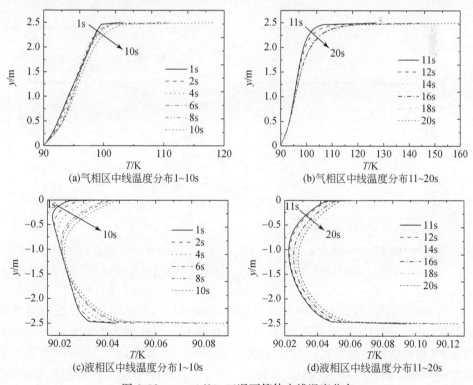

图 6-32　case 0/20s 工况下箱体中线温度分布

对于 case 10/10s,低温液氧箱体中线具有与 case 0/20s 相似的中线流体温度分布。如图 6-33 所示,气相区最高温度仍出现在箱体顶部,气液界面处气相流体温度最低。不同于 case 0/20s,该工况中气液界面处的气相流体温度逐渐降低。这是因为在气液界面处,流体波动增加了气液相间接触面积,以至于高温气相被低温液相冷却程度较大。尽管气液界面处出现了部分气相温度的降低,但处于箱体顶部的气相温度仍随时间逐渐增加。与 case 0/20s 相似,由于液相区从气液界面与箱体壁面获得热量传递,液体最低温度出现在液相区中部。经历了 10s 流体晃动,部分气液相流体得到了较好混合,气液界面处流体获得了更多热量,因此气液界面处液体温度逐渐升高,具体如图 6-33(b)所示。

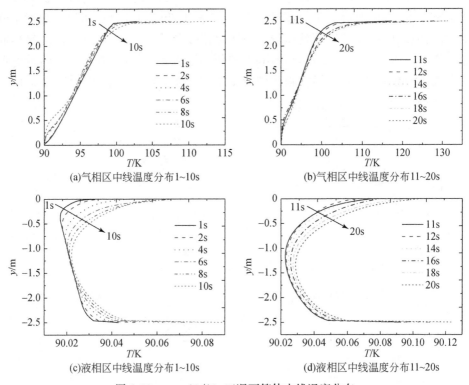

(a)气相区中线温度分布1~10s (b)气相区中线温度分布11~20s

(c)液相区中线温度分布1~10s (d)液相区中线温度分布11~20s

图 6-33 case 10/10s 工况下箱体中线温度分布

与 case 0/20s、case 10/10s 两工况相比,case 20/0s 箱体中线流体温度呈现出明显的不同。经过 20s 流体晃动,箱内气液相得到了良好混合。由于长时间流体晃动,气相被液相冷却得更加充分,以至于随着时间的持续,箱体中线出现了气相温度的局部降低。图 6-34(a)中 $0.5m < y < 1.5m$ 范围出现了明显的温度波动。对于气相区,其最大温度出现在 14s。由于长时间的流体晃动促进了高温气相向低

温液相的热量传递,气液界面处液体获得了更多的气相传热量,因此气液界面处液体表现出明显的温度升高。气液界面液体最高温度也在 14s 获得,其值为 90.184K。另外,在外部间歇晃动激励的影响下,气液界面处液体起伏波动,以至于该处流体温度也出现波动变化,该现象可以通过界面处流体温度往复运动变化反映出来。

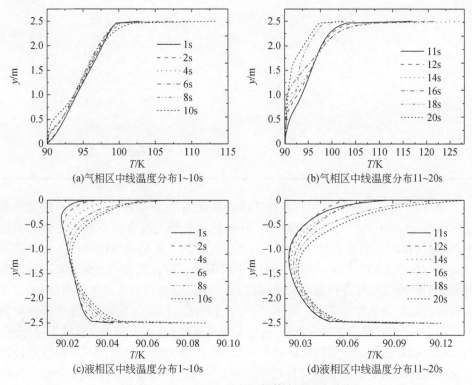

(a)气相区中线温度分布1~10s

(b)气相区中线温度分布11~20s

(c)液相区中线温度分布1~10s

(d)液相区中线温度分布11~20s

图 6-34　case 20/0s 工况下箱体中线温度分布

通过对以上三种工况对比分析可知,外部间歇晃动激励对低温液氧箱体中线流体温度分布产生了一定影响。当不受外部间歇晃动激励影响时,箱内流体热分层缓慢发展,流体温度分布规则,整体上随时间逐步向前推进。而当外部间歇晃动激励施加到低温液氧贮箱上时,流体晃动造成了箱体中线温度分布的不规则性。流体最高温度并没有随着时间的增加而增加,而是在某个晃动时刻获得。另外,气液界面波动造成了该处流体温度的往复波动变化。

6.3.5　流体温度波动变化

本节共筛选 4 个气相测点、4 个液相测点与 1 个气液界面测点来反映流体温度随时间的波动变化。9 个温度测点坐标如表 6-8 所示。另外,本节也监测了不同工况下流体最高温度与最低温度,并进行了对比分析。

表 6-8　不同间歇晃动激励温度测点坐标

测点	坐标/m
T_{v1}	$(0,2.0)$
T_{v2}	$(0,1.5)$
T_{v3}	$(0,1.0)$
T_{v4}	$(0,0.5)$
T_i	$(0,0)$
T_{l1}	$(0,-0.5)$
T_{l2}	$(0,-1.0)$
T_{l3}	$(0,-1.5)$
T_{l4}	$(0,-2.0)$

图 6-35 展示了 4 个气相测点温度波动变化曲线。由于不受外部间歇晃动激励的影响,case 0/20s 气相测点温度与其他晃动激励工况有所不同。在温差驱动下,高温气相向低温液相传热,测点 T_{v1} 与 T_{v2} 经历了最初的温度降低。在外部环境漏热与热浮力的作用下,热量在箱体顶部积聚,测点 T_{v1} 与 T_{v2} 温度又开始逐渐升高。当两测点温度达到最高值时,高温气相向低温液相的传热量有所增加,以至于两测点温度开始缓慢降低。由于 T_{v3} 与 T_{v4} 两测点初始温度较低,在外部环境漏热作用下,两测点温度先缓慢升高,在达到最高温度点后,出现了微弱的温度降低。当外部间歇晃动激励施加到低温液氧箱体后,各测点温度出现了不同程度的波动变化。在外部间歇晃动激励的作用下,case 5/15s 气相测点温度快速降低。外部晃动激励停止后,在环境漏热的影响下,箱内气相测点温度开始缓慢升高。另外,靠近气液界面处的两测点温度波动变化较大。经过 20s 间歇晃动激励的影响,四个气相测点的最终温度分别为 100.094K、96.813K、94.564K 与 91.695K。4 种不同晃动激励工况中,case 5/15s 晃动激励持续时间最短,该工况具有相对稳定的温度变化曲线。对于 case 15/5s,经过 10s 流体晃动,气相测点出现了明显的温度波动变化。这是因为随着流体晃动的持续,箱体内部积聚了更多的晃动能,并迫使流体大幅波动,强化了气液相间的扰动与混合。因此,case 15/5s 中 4 个气相测点均表现出明显的温度波动。例如,经过 15s 流体晃动与 2.5s 晃动激励停止工作期,测点 T_{v1} 温度表现出快速的降低,测点 T_{v2} 也呈现出明显波动降低的温度变化曲线。同时,距离气液界面较近的温度测点波动变化也更加明显,具体如图 6-35 中测点 T_{v3} 与 T_{v4} 温度波动变化曲线所示。在晃动激励后期,液氧箱体中线气

相测点温度波动幅度变得十分剧烈。在前 15s 内,各测点温度曲线与 case 15/5s 温度曲线是重合的。在后 5s 内,晃动激励促使气液相更大程度地混合与扰动,致使高温气相继续被冷却,所以即使在最后 5s,测点 T_{v1} 与 T_{v2} 温度也出现大幅波动降低。由于距离气液界面较近,测点 T_{v3} 温度在 10s 后开始出现大幅波动;而测点 T_{v4} 在 5s 后就出现了温度的大幅波动变化。这是因为距离气液界面较近的测点,其温度变化受界面动态波动影响较大。整体上,随着晃动激励时间的增长,气相具有更大的冷凝量,气相测点也出现明显的温度降低,并伴随着大幅波动变化。

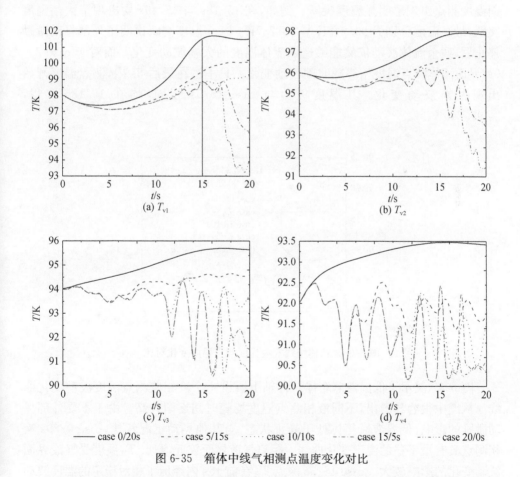

图 6-35　箱体中线气相测点温度变化对比

　　箱体中线气液界面测点温度变化如图 6-36 所示。对于静止工况,气液相间热质传递使气液界面出现气相冷凝或液相蒸发,因此气液界面测点所监测的温度可能是气相温度,也可能是液相温度。随着界面测点处气液相的交替变换,界面测点

温度将随时间波动变化。整体上,对于静止工况,箱内气液相间流体温度在
90.018～90.062K 范围内波动变化。而对于间歇晃动激励工况,气液界面流体温
度呈现出更加明显的波动变化。如图 6-36 所示,case 5/15s 测点温度缓慢升高,同
时还伴随着小幅温度波动变化。当晃动激励时长增加到 10s 时,相应的界面测点
温度波动曲线与 caes 5/15s 几乎相似,只不过该工况气液界面测点温度的波动幅
度有所增加。当外部晃动激励突然停止后,case 10/10s 界面测点出现了明显的温
度波动变化。对于 case 15/5s,其在前 10s 内与 case 10/10s 具有相同的温度分布
曲线,在后 5s 内,测点出现了明显的温度升高。而当外部晃动激励停止后,气液界
面温度测点出现了明显温度突跃。例如,在 15.18s 与 17.49s 均出现了大幅温度
突跃,最高温度分别为 90.245K 与 90.237K。这一温度突跃说明了外部晃动激励
停止后,残余流体波动依然能够造成流体温度的大幅波动变化。而对于 case 20/
0s,界面流体测点温度始终随时间波动变化。只不过在最后 5s 内,测点温度开始
出现大幅波动变化。其温度极值与 case 15/5s 相同,均在 15.18s 取得,
为 90.245K。

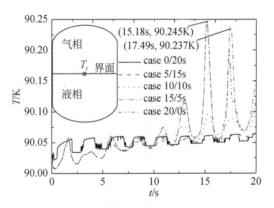

图 6-36　箱体中线气液界面测点温度变化对比

　　图 6-37 展示了低温液氧箱体对称轴上所设 4 个液相监测点温度波动变化曲
线。从图中很容易看出,不同液相测点温度均随时间逐渐升高。由于不受外部晃
动激励的影响,低温液氧箱体处于静止状态,与其他晃动工况相比,case 0/20s 液
相测点具有最平稳的温度变化曲线。距离气液界面较近,测点 T_{l1} 温度受气液界面
波动变化的影响较大。case 15/5s 测点 T_{l1} 在前 15s 内经历了相对稳定的温度波动
变化;而在后 5s 内,该测点出现了明显的温度升高。受长时间流体晃动与气液界
面传热的影响,case 20/0s 测点 T_{l1} 具有最高的流体温度。不同工况下,测点 T_{l2} 与
T_{l1} 温度分布大致相同。晃动激励持续时间越长,测点温度就越高。然而,在晃动

阶段后期,部分测点温度出现了大幅波动变化,具体如图 6-37 中 case 15/5s 与 case 20/0s 所示。对于测点 T_{13},在 4 种晃动工况下,其温度差异不是太大;但晃动工况与静止工况下其温度差异还是十分明显的。由于不受外部晃动激励的影响, case 0/20s 不同测点温度均低于其他晃动工况所对应的测点温度。对于测点 T_{14}, 在 5 种工况下,其温度曲线几乎重合。这也说明当温度测点距离气液界面较远时, 其温度主要由通过箱体壁面的外部环境漏热来决定,而受气液界面波动变化的影响较小。

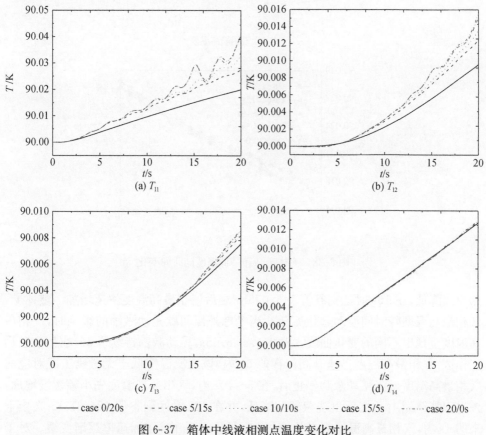

图 6-37　箱体中线液相测点温度变化对比

图 6-38 展示了不同间歇晃动激励工况下气相最高温度与液相最低温度随时间的变化曲线。在不同间歇晃动激励影响下,气相最高温度随时间波动变化。如图 6-38(a)所示,当低温液氧贮箱不受外部间歇晃动激励影响时,气相最高温度在前 5s 内迅速增加,之后温升速率变缓,该过程一直持续到 11s。自此之后,气相最高温度开始迅速升高,在 13s 时达到峰值 153.990K;在后 3s 内,气相最高温度开

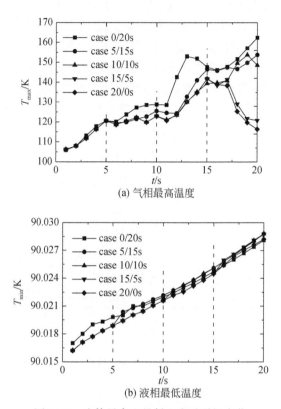

(a) 气相最高温度

(b) 液相最低温度

图 6-38　流体最高和最低温度随时间变化

始快速降低,在 16s 时达到谷值 146.075K;之后气相最高温度快速增加。整体上,气相最高温度随时间波动起伏变化。当考虑外部间歇晃动激励的影响时,气相最高温度呈现出不同的变化曲线。对于 case 5/15s,晃动激励持续了 5s,在晃动激励工作区,气相最高温度迅速升高。在前 5s 内,该工况温度低于无激励工况对应的气相最高温度。当晃动激励停止后,在 5~10s 内,气相最高温度先小幅缓慢增加,该过程持续到 10s;之后出现短暂的降低,并在 12s 时达到谷值 124.373K;在接下来的 4s 内,气相最高温度先是快速增加,在最后 5s 内,增加速率逐渐变缓。对于 case 10/10s,气相最高温度在前 5s 内与 case 5/15s 对应的温度分布重合,在 5~10s 流体晃动阶段,气相最高温度小幅波动变化,并从 11s 开始迅速增加,在 19s 时达到峰值 153.738K。对于 case 15/5s,其气相最高温度在前 10s 内与 case 10/10s 重合,在后 5s 内,两工况温度差异并不是特别明显,从 15s 开始两工况差异逐渐增大。两工况最大的不同是:case 15/5s 气相最高温度在最后 5s 内先波动变化,2s 后开始逐渐降低;而 case 10/10s 气相最高温度则缓慢升高并波动变化。对于 case

20/0s,其气相最高温度变化在前 15s 内与 case 15/5s 相似,在最后 5s 内开始出现一定差异。例如,从 16s 开始,两工况之间的温差越来越明显。case 20/0s 最高气相温度低于 case 15/5s 对应的温度。经过 20s 流体晃动模拟,不同工况对应的气相最高温度终值分别为 162.430K、153.742K、148.520K、120.754K 与 116.389K。

　　图 6-38(b)展示了不同晃动激励工况下液相最低温度随时间的变化曲线。从图中可以看出,液相最低温度随时间逐渐升高。由于不受外部间歇晃动激励的影响,case 0/20s 液相最低温度在前 5s 内具有相对较高的值。然而,由于仅从外部环境获得部分渗透漏热,该工况液体最低温度从 5s 后开始低于晃动工况所对应的值。经过 20s 静止停放,箱内液相最低温度从 90K 增加到 90.02811K。对于 case 5/15s,在晃动激励工作阶段,其液相初始温度相对较低。这是因为晃动流体没有对液相最低温度产生积极影响。当晃动激励停止后,液相最低温度开始有所升高,具体如 5～6s 阶段内液体温升所示。在晃动激励突然停止后,类似的温升现象也出现在 case10/10s(如 10～11s)与 case15/5s(如 15～16s)两工况。经过小幅温升后,液相最低温度开始线性升高。对于以上三种晃动激励工况,经过 20s 间歇晃动激励的影响,液相最低温度分别为 90.02879K、90.02882K 与 90.02876K。由于流体一直处于晃动状态,case 20/0s 液相最低温度近似线性增加,中间没有出现温度跳跃与大幅波动变化。该工况所对应的液相最低温度终值为 90.02822K,低于以上三种流体晃动工况。

6.4　本章小结

　　本章基于所构建流体晃动数值模型,研究了外部间歇晃动激励对低温液氧贮箱内部热力耦合特性的影响,着重分析了间歇晃动激励下流体晃动力、晃动力矩、流体压力、气液界面动态波动与流体热分层等参数变化。部分有价值的结论如下。

　　(1)间歇晃动激励对流体晃动力与晃动力矩产了显著影响。间歇晃动激励迫使两晃动参数出现明显波动变化。当间歇晃动激励停止后,两参数波动曲线相对稳定,并近似呈正弦波分布。受晃动激励启停切换的影响,晃动力与晃动力矩均出现了突增与突降。

　　(2)在晃动激励工作阶段,箱内流体最高压力围绕箱体对称轴做往复运动;而在晃动激励停止区,流体最高压力稳定在箱体底部对称轴上。气相中心测点受外部间歇晃动激励的影响较小,而对称布置的气相测点压力受外部晃动激励影响较大,两测点压力波动方向相反,并且波动幅度较大。对于液相中心测点,其压力在间歇晃动激励工作区波动变化,一旦晃动激励停止,测点压力将经历突然增加或降低;之后测点压力小幅稳定波动降低。整体上,液相测点在晃动激励工作区出现频繁的压力波动变化;而在晃动激励休息区,测点压力波动曲线相对稳定。由于长时间流体晃动促进了气液相间热质传递,与连续晃动激励工况相比,气液相压力测点在间歇晃动激励工况具有更小的压降。

(3)界面动态监测点距离低温液氧贮箱对称轴越远,竖向位移波动就越大。受间歇晃动激励启停的影响,界面动态监测点竖向位移出现了突增与突降。监测点极值位移随晃动时间的增加而增加,并在第三轮间歇晃动激励工作阶段达到了最大位移极值点。之后,不同监测点极值位移开始逐渐降低。另外,即使在晃动激励结束时,撞击的流体喷溅到气液界面仍会引起气液界面的大幅波动变化。

(4)气相区最高温度出现在箱体顶部,最低温度出现在气液界面处。受流体往复运动的影响,气相最高温度点也做往复运动,并随时间波动变化。对于液相测点,靠近箱体壁面与气液界面处的测点具有较高的温度分布。液相最低温度点出现在液相区中部,并且其温度随时间缓慢增加。随着流体晃动的持续,箱体内部流体晃动动能逐渐累积,外部晃动激励停止后,箱内流体仍做来回摇摆运动。间歇晃动激励对处于箱体底部的液相测点温度分布影响较明显,而对处于界面处的气液相测点温度的影响并不显著。由于气相比热容较小,与液相测点相比,气相测点温度波动幅度更大。

(5)在连续晃动激励的影响下,流体晃动力与晃动力矩整体上呈波动降低的变化趋势。在间歇晃动激励的作用下,晃动力与晃动力矩在激励工作区波动强度较大;而在激励停止区,两参数波动频率与波动幅度均降低。不同于连续晃动激励工况,间歇晃动激励工况流体晃动力与晃动力矩在激励启停切换时出现了突增与突降。与连续晃动激励工况相比,间歇晃动激励工况具有更小的气相压降。在连续晃动激励的影响下,液相测点压力始终处于动态波动变化中;而在间歇晃动激励的影响下,液相测点在激励停止区波幅较小,波动曲线相对稳定。通过对比可知,连续晃动激励造成了更大的流体压力降低与更多的气相冷凝量。

(6)随着晃动激励时间的持续,流体晃动力出现更大幅度的降低。在外部晃动激励突然停止后,晃动力矩出现明显的升高,之后保持小幅波动的变化趋势。外部晃动激励持续时间越长,气液界面波动幅度越大。当外部晃动激励突然停止后,受残余流体波动的影响,气液界面仍会出现大幅波动变化。一般地,界面波动位移极值随着晃动时间的持续而增大。流体晃动持续时间越长,测点压力降低越大。受流体来回往复运动的影响,箱体内部流体极值点压力也做往复摇摆运动。一旦外部晃动激励停止,流体极值点压力出现突然降低。同时,流体极值点压力呈现出随时间快速降低的变化趋势。对于静止工况,由于流体极值压力始终出现在箱体中线底部,其压力随时间近似线性降低。经过长时间流体晃动,气相测点具有明显的温度降低。而对于晃动激励持续时间较短的工况,一旦外部晃动激励停止,气相测点开始出现明显的温升,之后再波动变化。而晃动激励持续时间越长,液相测点温升就越大。总体来讲,流体晃动促进了气液相间流体混合,强化了气液相间热量传递。

第 7 章　结论与展望

　　低温流体的低运动黏性决定了其易流动性,而低温流体的低储存温度导致其受热易蒸发。当低温流体晃动过程与低温贮箱内部热力过程相结合时,相关过程将变得十分复杂。低温推进剂晃动过程涉及箱内气液相间非稳态热力学现象与流体阻尼晃动等现象,其对低温运载火箭上面级具有重要影响,尤其在火箭升空、空间运行过程中发动机多次启停切换、航天器轨道变换、姿态调整等不同运行阶段,低温液氧贮箱内流体晃动将引起箱内气液相间的热力学不平衡,严重时将导致低温燃料贮箱气相区突然失压或迅速超压。上述问题均是低温液体火箭发射与航天器运行过程中经常遇到的实际问题,掌握流体晃动对低温推进剂贮箱压力特性的影响对新一代低温上面级火箭的设计具有重要意义。

　　本书首先介绍了有关流体晃动的基本理论与数学描述,分析了 x、y、z 方向流体晃动过程;以矩形箱体内部流体晃动为例分析了晃动方程的特征值、边界条件、固有频率、界面波动形状等参数特性;分析了不同形状液体储罐内部流体晃动数学描述与相应的晃动力参数求解方程,相关工作可加深研究人员对流体晃动基本过程的理论认识。接着,考虑了外部环境漏热的影响与箱体内部气液相间热质交换过程,构建了流体晃动热力耦合数值预测模型,通过与有关流体晃动实验进行对比发现,不同湍流预测模型中,标准 $k\varepsilon$ 湍流模型具有最高的预测精度;数值模拟预测误差可控制在 10% 以内,数值模型预测的气液界面波动形状与实验中拍摄的界面形状吻合较好,充分验证了所构建数值仿真模型的有效性。考虑到数值计算模型中气液界面热质传递影响因子对最终模拟结果具有直接影响,计算设置对计算资源的消耗直接相关等实际情况,基于所选择的基准对照实验,对所构建数值模型中气液界面相变因子与数值模拟计算时间步长进行了优化筛选,以提高计算精度与计算效率。通过多工况对比分析,结果表明,当气液界面相变因子取 $0.1\mathrm{s}^{-1}$ 时,相变模型可较好地预测箱体压力与流体温度变化;当数值计算时间步长取 $0.001\mathrm{s}$ 时,可以达到较好的预测精度与节省计算资源的效果。

　　针对低温液氧贮箱,基于所构建数值预测模型与计算优化设置,详细考虑了外部环境漏热与气液界面相间热质传递的影响,外部正弦激励通过用户自定义程序加载到数值计算模型,采用标准 $k\varepsilon$ 模型,结合 VOF 方法与滑移网格处理,对外部正弦晃动激励作用下低温液氧贮箱内部流体晃动热力耦合过程进行了详细预测。

研究了外部正弦晃动激励下,流体晃动力、晃动力矩、流体压力、测点温度等参数变化与气液界面动态波动响应。结果表明,外部晃动激励对低温液氧贮箱内部流体晃动热力耦合特性具有显著影响。

在典型外部正弦晃动激励下低温液氧贮箱内部流体晃动热力耦合特性的基础上,本书对比总结了外部环境漏热、初始液体温度、初始液体充注率与初始晃动激励振幅等主要因素对流体晃动力与晃动力矩的波动变化、流体压力与流体温度的不均匀分布以及气液界面动态响应的影响规律。考虑到实际工程中外部激励扰动常常是非连续的,为使计算结果更接近真实情况,书中还分析了外部正弦间歇晃动激励形式对低温液氧贮箱内部流体晃动力学参数与热力参数的影响,通过对 4 种不同间歇晃动激励与连续晃动激励作用下各物理参数的变化进行对比分析,总结了间歇晃动激励形式对流体晃动热力耦合特性的影响规律。

7.1　所获主要结论

针对外部正弦晃动激励作用下低温液氧贮箱内部流体晃动热力耦合这一典型工况开展了系统全面的研究,所获主要结论如下:

(1)在外部正弦晃动激励的驱使下,箱内流体做往复运动,箱体所受晃动力随时间波动降低,晃动力矩出现波动幅度不等的变化。两侧力矩测点与中心力矩测点的数值差异随时间逐渐降低。同时,力矩差异$(M_1'-M_1)$与$(M_1''-M_1)$两参数呈现相反方向波动变化,并且两参数变化曲线对称分布。气液相测点力矩参数变化方向相反,两者均随时间波动降低。由于液相具有较大的密度,液相测点力矩比气相测点大很多,并且液相力矩测点波动幅度更大。

(2)在过冷液体的冷却下,低温液氧贮箱压力逐渐降低。受液体来回晃动的影响,处在贮箱对称轴两侧的压力测点呈方向相反的波动变化。处在贮箱对称轴上的压力测点受流体晃动影响较小,其压力随时间近似线性降低。无论是气相测点还是液相测点,两侧分布的压力测点与中心压力测点差值曲线均对称分布。由于液体具有较大的密度,液相测点压力波动幅度比气相测点大很多。对于流体压力极值点,其压力随时间波动降低。

(3)距离气液界面越近,气相测点温度受流体波动影响越大;距离气液界面越远,气相测点温度变化越平稳。气液界面测点温度整体上呈现出波动升高的变化趋势。而对于液相测点,距离气液界面越近,其所获得的界面传热量越多,受界面流体波动越大,相应的温度波动升高也越明显。随着液体高度的降低,流体温升逐渐变小。但对于处在箱体底部的三个液相测点,由于接收到较多的箱体底部壁面传热,均表现出明显的温度升高。整体上,箱内流体温度分层良好,呈现出上部高下部低、外部高中部低的温度分布。受流体晃动影响,气相极值点温度呈现出波动升高的变化曲线;而液相最低点温度在经历了初始的稳定阶段后开始缓慢升高。

(4)在外部正弦晃动激励影响下,随着晃动激励时间的持续,箱内气液界面从最初的水平界面逐渐变成S形、Z形分布。随着晃动能量的积聚,气液界面变得起伏波动,大的波峰波谷逐渐向箱体中部移动。同时,气液界面形状分布大致沿箱体中心线对称分布。

(5)气液界面动态监测点距离贮箱壁面越近,其位移波动受流体晃动的影响越大,动态监测点竖向位移越大;而距离贮箱对称轴越近的测点受外部晃动激励的影响则越小,测点位移波动也越小。另外,对称布置的动态监测点具有方向相反的位移波动变化曲线,并且距离对称轴越近,监测点波动幅度越小,对称测点位移波动曲线近似沿初始水平界面对称分布。

基于所构建数值仿真模型,详细考虑了外部环境漏热、初始液体温度、初始液体充注率、初始晃动激励振幅等因素,研究了不同因素对低温液氧贮箱内部流体热力耦合特性的影响规律。部分重要结论如下:

(1)外部环境漏热减弱了流体晃动力波动降低幅度,但是其对晃动力矩的影响却不明显。外部环境漏热热流在一定程度上减缓了箱体压降与气相冷凝,考虑外部环境漏热的工况气相冷凝量有所降低。外部环境漏热促使气液接触面积小幅增大,其对气液界面面积比变化的影响随着时间的持续变得越来越明显。外部环境漏热促使箱体中线温度始终保持缓慢增加的态势。而当不考虑外部环境漏热的影响时,由于箱体内部热量仅从气相传递到液相,气相区中线温度随时间逐渐降低,而液相区中线温度缓慢增加,在气液界面处形成局部高温区,靠近箱体底部的液体温度则基本保持不变。

(2)流体晃动力随初始液体温度的降低而增加。然而,初始液体温度对晃动力矩的影响却不明显。这主要是因为晃动力矩矢量的模在一定范围内稳定波动变化。因此,晃动力数值决定了晃动力矩的大小,而晃动力矩矢量的模则影响着晃动力矩整体波动趋势。受过冷液相的冷却,气相中心测点压力随时间近似线性降低,液相中心测点压力则波动降低。随着初始液体温度的升高,高温气相被过冷液相冷却的程度降低,以至于气液相监测点压力降低幅度减小。初始液相温度对气液界面动态波动影响不大。

(3)流体晃动力大小随初始液体充注率的增加而增加。晃动力矩具有与晃动力相似的波动变化曲线,但两参数波动趋势有所不同。晃动力矩在数值上受晃动力影响较大,在波动趋势上受晃动力矩矢量的模影响更大。初始液体充注率越高,液体质量越大,所蓄存的冷量就越多,高温气相被过冷液体的冷却程度就越明显,气液相测点压力降低也越大。随着初始液体充注率的增加,气液界面动态监测点的净位移也相应增加。当然,受流体晃动随机性与多变性的影响,部分监测点在 $\pm y$ 方向上的净位移出现不同寻常的分布,并且气液界面动态监测点极值位移出现的时刻整体上无规律可循。

(4)流体晃动力与晃动力矩均随初始晃动激励振幅的增加而增加。随着晃动激励振幅的增加,气相压力开始出现明显的降低,并伴随着大幅压力波动变化。晃动激励振幅越大,测点压力大幅波动出现的时间越早。不同测点压力波动幅度随外部激励振幅的增加而增加。当初始晃动激励振幅小于 0.30m 时,气液相分布与界面形状曲线一致,气液界面整体呈现波动变化的态势。当晃动激励振幅增加到 0.40m 时,气液界面波动幅度增加,并且界面扰动与气液相混合变得十分剧烈。随着晃动激励振幅的增加,气液界面面积比波动幅度也逐渐增加。当考虑气液界面相变效应时,其对气液界面面积比的影响将随着晃动激励振幅的增加而增强。另外,无论是否考虑气液界面相变效应,气液界面面积比极值点与最大差值点均随晃动激励振幅的增加而增加。气液界面竖向位移波动也与晃动激励振幅呈正相关性。整体上,监测点极值位移随晃动激励振幅的增加而增加。

基于所构建数值模型,分析了外部正弦间歇晃动激励对低温液氧贮箱内部流体晃动力学参数与热力参数的影响,总结了不同间歇晃动激励形式对流体晃动热力耦合特性的影响规律。结果表明,间歇晃动激励对流体晃动热力参数产生了显著影响。所获主要结论如下:

(1)在间歇晃动激励作用下,流体晃动力与晃动力矩均出现明显的波动变化,并且两参数波动强度也较大。当间歇晃动激励停止后,两参数波动频率与波动幅度均大幅降低,波动曲线相对稳定,并近似呈正弦波分布。受晃动激励启停切换的影响,晃动力与晃动力矩参数出现突增与突降。与连续晃动激励工况相比,间歇晃动激励工况具有更小的气相压降。

(2)在晃动激励工作阶段,低温液氧贮箱内部流体最高压力围绕箱体对称轴做往复运动;而在晃动激励停止阶段,流体最高压力稳定在箱体底部对称轴上。随着晃动激励的持续,气相测点压降速率逐渐增大。在晃动激励工作区,液相测点具有频繁的压力波动变化曲线;而在激励停止区,压力测点具有相对稳定的波动变化曲线。由于长时间流体晃动促进了气液相间热质传递,与连续晃动激励工况相比,间歇晃动激励工况气液相测点压降更小,气相冷凝量也有所减少。

(3)受间歇晃动激励启停的影响,界面动态监测点竖向位移出现了突增与突降。监测点极值位移随晃动激励时间的增加而增加,并在第三轮间歇晃动激励工作阶段达到最大位移极值点。另外,即使在晃动激励即将停止时,流体撞击箱体壁面引起的液滴喷溅到气液界面仍会引起气液界面的大幅波动变化。

　　(4)受流体往复运动的影响,气相最高温度随时间波动变化。随着流体晃动的持续,箱体内部流体晃动动能逐渐累积。当外部激励停止后,箱内流体仍做来回往复波动,其对气液相流体温度波动产生了积极影响。间歇晃动激励对处于箱体底部的液相测点温度分布影响较明显,但是对处于界面处的气液相测点的影响被流体晃动所引起的温度波动所淹没。

　　(5)当外部间歇晃动激励突然停止时,流体晃动力与晃动力矩均出现突然升高。随着间歇晃动激励的持续,流体晃动力表现出较大幅度的降低。外部晃动激励持续时间越长,气液界面波动幅度就越大。间歇晃动激励停止后,在残余流体波动的影响下,气液界面仍出现大幅波动变化。流体晃动持续时间越长,不同测点压力降低越大。在外部晃动激励的影响下,箱体内部流体极值压力点做往复运动。一旦外部晃动激励停止,流体极值压力将出现突然降低。同时,流体极值压力呈现出随时间快速降低的变化趋势。静止工况流体压力极值点始终处在箱体中线底部,其压力随时间近似线性降低。对于晃动激励持续时间较短的工况,一旦外部晃动激励停止,气相先出现明显的温升,之后再波动变化。晃动激励持续时间越长,液相测点温升就越大。总体来讲,流体晃动促进了气液相间流体混合,强化了气液相间热量传递。

7.2　研究工作展望

　　本书详细整理了流体晃动基本理论与数学描述;考虑了不同计算设置,系统构建了流体晃动热力耦合数值预测模型,将数值仿真预测结果与实验测试数据进行对比,验证了所构建数值模型的有效性与准确性。基于所构建数值预测模型,对外部环境漏热下低温液氧贮箱内部流体晃动热力耦合过程进行了仿真预测,系统分析了外部晃动激励对流体晃动力、晃动力矩、流体压力、流体温度、气液界面形状变化与气液界面动态波动的影响。接着,详细研究了外部环境漏热、初始液体温度、初始液体充注率与初始晃动激励振幅等因素对低温液氧贮箱内部流体晃动热力耦合特性的影响规律。为强化计算仿真对实际工程的指导意义,研究了外部间歇晃动激励作用下低温液氧贮箱内部流体晃动热力耦合特性,对比分析了不同间歇晃动激励形式对流体晃动热力过程的影响规律。通过开展变工况研究,摸清了不同影响因素对低温液氧贮箱内部流体晃动热力过程的基本规律,也有助于加深研究人员对外部晃动激励下箱体内部热力学参数与晃动力学参数影响的基本认识。相关研究工作对低温贮箱防晃设计与低温燃料热管理具有重要意义。

　　虽然作者已就低温液氧贮箱内部流体晃动开展了大量数值仿真模拟研究,取得了部分有价值的结论,但相关研究主要集中在流体晃动热力特性方面,晃动过程流体质心变化与阻尼效应没有详细考虑,并且所构建预测模型为二维数值模型,其与真实的流体晃动过程仍存在一定差异。因此,后续研究工作中仍需开展有关流体晃动热力耦合三维数值模拟方面的综合研究。

另外,尽管前人已对流体晃动开展了大量的实验研究与理论分析,但大部分晃动实验仍以常温测试流体为主,低温流体晃动实验仍较少,可利用的低温流体晃动实验数据也十分缺乏。为加深对低温贮箱内部流体晃动力学特征与热力耦合特性的理解与认识,有必要开展低温流体晃动可视化方面的实验研究。因此,作者后续的研究工作也将侧重于低温流体晃动方面的实验研究。目前已搭建地面低温流体晃动可视化实验平台,具体如图 7-1 所示。

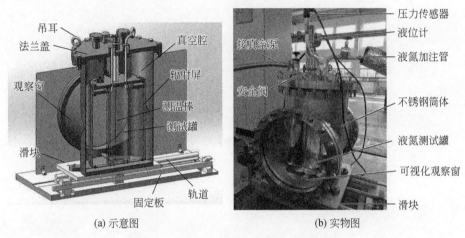

(a) 示意图　(b) 实物图

图 7-1　晃动平台结构示意图与实物图

基于图 7-1 所示的地面低温流体晃动可视化实验装置,将主要开展流体晃动热力耦合特性方面的实验测试研究。首先,开展静止工况低温罐体漏热增压热力过程方面的实验研究,为晃动工况箱体内部热力参数提供对比参照数据。通过改变外部环境漏热、初始流体温度、初始液位高度、初始气相压力等参数,实验测试箱体内部压力、液位高度、流体温度与热分层等参数变化。然后,调整初始参数,使之与静止实验工况设置一致,开展外部晃动激励对低温液氮罐体内部热力特性影响的实验研究。通过改变晃动激励振幅、频率、相位角等参数,实验研究晃动激励参数、晃动模式等因素对低温液氮罐体内部热力性能的影响规律。实验过程中详细记录流体晃动所造成的箱体压降、流体温度、液位高度等参数变化,为后续流体晃动换热三维数值模型构建提供实验验证数据。最后,开展连续流体晃动实验,获得箱体压力从初始降低到快速升高的转折点,实验研究初始参数对流体晃动过程的影响规律。通过与静止工况箱体热力参数对比,系统分析不同激励参数与激励形式对流体晃动换热的影响机理。

　　鉴于流体晃动对低温运载推进系统设计的显著影响,作者在今后的研究中仍将低温流体晃动作为工作重点,致力于低温流体晃动三维数值模型构建与地面低温流体晃动可视化实验方面的研究。

参 考 文 献

[1] Sloan J. Commercial Space Transportation 2014 Year in Review[M]. Washington: Federal Aviation Administration. 2015:18-22.

[2] O'Keefe S. The vision for space exploration[R]. National Aeronautics and Space Administration, Washington D C,2004:5-14.

[3] 刘展,厉彦忠,王磊,等. 低温推进剂长期在轨压力管理技术研究进展[J]. 宇航学报,2014, 35(3):254-261.

[4] 刘展,厉彦忠,王磊. 低温推进剂热分层研究[J]. 宇航学报,2015,36(6):613-623.

[5] Ibrahim R A. Liquid Sloshing Dynamics: Theory and Applications[M]. Cambridge: Cambridge University Press,2005.

[6] Dodge F T. The New 'Dynamic Behavior of Liquids in Moving Containers'[M]. San Antonio:Southwest Research Institute,2000.

[7] Legius H,van den Akker H E A,Narumo T. Measurements on wave propagation and bubble and slug velocities in cocurrent upward two-phase flow[J]. Experimental Thermal and Fluid Science,1997,15(3):267-278.

[8] Park J W,Drew D A,Lahey J. The analysis of void wave propagation in adiabatic monodispersed bubbly two-phase flows using an ensemble-averaged two-fluid model[J]. International Journal of Multiphase Flow,1999,24(7):1205-1244.

[9] Xu J,Chen T. Acoustic wave prediction in flowing steam-water two-phase mixture[J]. International Journal of Heat and Mass Transfer,2000,43(7):1079-1088.

[10] Huang F,Takahashi M,Guo L. Pressure wave propagation in air-water bubbly and slug flow [J]. Progress in Nuclear Energy,2005,47(1-4):648-655.

[11] Li Y Z,Li C,Chen E F,et al. Pressure wave propagation characteristics in a two-phase flow pipeline for liquid-propellant rocket[J]. Aerospace Science and Technology,2011,15(6): 453-464.

[12] Zheng W K,Cai W H,Jiang Y Q. Distribution characteristics of gas-liquid mixture in spiral-wound heat exchanger under sloshing conditions[J]. Cryogenics,2019,99:68-77.

[13] Zheng W K,Jiang Y Q,Cai W H. Distribution characteristics of gas-liquid mixture in plate-fin heat exchangers under sloshing conditions[J]. Experimental Thermal and Fluid Science, 2019,101:115-127.

[14] Han H,Wang S W,He T,et al. Numerical study of the falling film thickness around the tube bundle with different spacings between spray holes and tubes under tilt and sloshing conditions[J]. International Journal of Heat and Mass Transfer,2019,138:184-193.

[15] Li S L, Jiang Y Q, Cai W H, et al. Numerical study on condensation heat transfer and pressure drop characteristics of methane upward flow in a spiral pipe under sloshing condition[J]. International Journal of Heat and Mass Transfer, 2019, 129:310-325.

[16] Dias F, Ghidaglia J M, Le Coq G. On the fluid dynamics models for sloshing[C]. The Seventeenth International Offshore and Polar Engineering Conference, Lisbon, 2007, ISOPEI-07-565.

[17] Eswaran M, Saha U K. Sloshing of liquids in partially filled tanks—a review of experimental investigations[J]. Ocean Systems Engineering, 2011, 1(2):131-155.

[18] Mahajan S M. Review on design optimization of liquid carrier tanker for reduction of sloshing effects[J]. IOSR Journal of Mechanical and Civil Engineering, 2013, 6(3):14-24.

[19] Chaudhari D, Deshmukh D. Review on various roadways tanker cargo for controlling sloshing behavior[J]. IJIRST, 2014, 2:80-85.

[20] Zheng X L, Li X S, Ren Y Y, et al. Transient liquid sloshing in partially-filled tank vehicles [J]. Applied Mechanics and Materials, 2014, 526:133-138.

[21] Zhao S E, Zhao L H. Dynamic simulation of liquid sloshing characteristics for tank trucks in lateral movement[J]. Applied Mathematics & Mechanics, 2014, 35(11):1259-1270.

[22] Malhotra P K, Nimse P, Meekins M. Seismic sloshing in a horizontal liquid storage tank[J]. Structural Engineering International, 2014, 24(4):466-473.

[23] Baltas C, Lestuzzi P, Koller M G. Seismic assessment of horizontal cylindrical reservoirs [M]. Wiesbaden: Springer Vieweg, 2014:461-472.

[24] Diamanti K, Doukas I, Karamanos S A. Seismic analysis and design of industrial pressure vessels[C]. III ECCOMAS Thematic Conference on Computational Methods in Structural Dynamics and Earthquake Engineering, Corfu, 2011.

[25] Hutton R E. An investigation of resonant, nonlinear, nonplanar free surface oscillations of a fluid[R]. NASA Tech Note D-1870, 1963.

[26] Ananthakumar N, Rajesh K. Slosh analysis of launch vehicle using arbitrary Lagrangian Eulerian method- review[C]. Proceedings for the International Conference on Advanced Trends in Engineering and Technology, Bonfring, Coimbatore, 2014:70-73.

[27] Staebler R. The safety chain for carriage of dangerous goods on street, duty or cure[R]. VDI Report No. 1617, Nutzfhrzeug-Tangung, Neu-Ulm, 2001.

[28] Langwieder J G K. Tanker trucks in the current accident scene and potentials for enhanced safety [C]. 7th International Symposium on Heavy Vehicle Weight and Dimensions, Delft, 2002: 141-152.

[29] Arturson G. The Los Alfaques disaster: a boiling-liquid, expanding-vapour explosion[J]. Burns, 1981, 7(4):233-251.

[30] Leishman E M. Analysis of Canadian Train Derailments from 2001 to 2014[D]. Alberta: University of Alberta, 2017.

[31] Shrank M. Trucks involved in fatal accidents codebook 2001[R]. University of Michigan,

Ann Arbor,Transportation Research Institute,Technical Report UMTRI-98-14,2005.

[32] Matteson A. Trucks involved in fatal accidents factbook 2002[R]. University of Michigan, Ann Arbor,Transportation Research Institute,Technical Report UMTRI-99-18,2004.

[33] Jarossi L. Trucks involved in fatal accidents factbook 2003[R]. University of Michigan,Ann Arbor,Transportation Research Institute,Technical Report UMTRI-2007-14,2007.

[34] U. S. Department of Transportation,National Transportation Statistics. Research and Innovative Technology Administration[R]. Bureau of Transportation Statistics,2012.

[35] Yung T W,Ding J,He H,et al. LNG sloshing:Characteristics and scaling laws[C]. The Nineteenth International Offshore and Polar Engineering Conference,Osaka,2009,ISOPE-09-19-4-264.

[36] Khan M S,Lee S,Hasan M,et al. Process knowledge based opportunistic optimization of the N_2-CO_2 expander cycle for the economic development of stranded offshore fields[J]. Journal of Natural Gas Science and Engineering,2014,18:263-273.

[37] White J,Longley H. FLNG technology shows promise for stranded gas fields[J]. Offshore, 2009,69(11):78.

[38] Zhao W H,Yang J M,Hu Z Q,et al. Recent developments on the hydrodynamics of floating liquid natural gas(FLNG)[J]. Ocean Engineering,2011,38(14-15):1555-1567.

[39] Faltinsen O M,Timokha A N. Sloshing[M]. Cambridge:Cambridge University Press,2009.

[40] Knaggs T. New strides in ship size and technology[J]. Gas Ships:Trends and Technology, 2006,2:1-4.

[41] Lee Y,Godderidge B,Tan M,et al. Coupling between ship motion and sloshing using potential flow analysis and rapid sloshing model[C]. The Nineteenth International Offshore and Polar Engineering Conference,Osaka,2009,ISOPE-09-19-4-531.

[42] Taniguchi T,Kawano K. Dynamic coupling of seakeeping and sloshing[C]. The Thirteenth International Offshore and Polar Engineering Conference,Honolulu,2003,ISOPE-I-03-271.

[43] Jones E M. The first lunar landing:Mission time 102:38:20[R]. Apollo-11 Lunar Surface Journal,2008.

[44] Strikwerda T E,Ray J C,Haley D R,et al. NEAR Shoemaker—Major anomaly survival, delayed rendezvous and mission success[R]. Guidance and Control,2001:597-614.

[45] Berglund M D,Bassett C E,Kelso J M,et al. The Boeing Delta IV launch vehicle—Pulse-settling approach for second-stage hydrogen propellant management[J]. Acta Astronautica, 2007,61(1-6):416-424.

[46] Yu J,Zhang H H,Cheng M,et al. Autonomous hazard avoidance control for Chang'E-3 soft landing[J]. Scientia Sinica Technologica,2014,44(6):559-568.

[47] Der J,Stevens C. Liquid propellant tank ullage bubble deformation and breakup in low gravity reorientation[C]. 23rd Joint Propulsion Conference,San Diego,1987.

[48] Eastes T W,Chang Y M,Hirt C W,et al. Zero-gravity slosh analysis[C]. Proceedings of the Second Symposium,Miami,1985:41-48.

[49] Hughes N H. Numerical stability problem encountered modeling large liquid mass in Micro-Gravity[J]. Advances in the Astronautical Sciences,1993,85:2595-2595.

[50] de Souza A G,de Souza L C G. Satellite attitude control system design considering the fuel slosh dynamics[J]. Mathemmatical Problems in Engineering,2014,820586:1-8.

[51] Birkhoff G. Hydrodynamics[M]. Princeton:Princeton University Press,2015.

[52] Jin H,Liu Y,Li H J. Experimental study on sloshing in a tank with an inner horizontal perforated plate[J]. Ocean Engineering,2014,82:75-84.

[53] Godderidge B,Tan M Y,Earl C,et al. Grid resolution for the simulation of sloshing using CFD[C]. 10th Numerical Towing Tank Symposium,Hamburg,2007.

[54] Joshi A Y,Bansal A,Rakshit D. Effects of baffles on sloshing impact pressure of a chamfered tank[J]. Procedia Engineering,2017,173:940-947.

[55] Godderidge B,Turnock S R,Tan M Y. A rapid method for the simulation of sloshing using a mathematical model based on the pendulum equation[J]. Computers & Fluids,2012,57: 163-171.

[56] Sumner I E. Experimental sloshing characteristics and a mechanical analogy of liquid sloshing in a scale-model centaur liquid oxygen tank[R]. National Aeronautical and Space Adminis-tration,1964.

[57] Okhotsimskiĭ D E. Theory of the motion of a body with cavities partly filled with a liquid [R]. NASA Technical Report NASA-TT-F-33,1960.

[58] Waterhouse D D. Resonant sloshing near a critical depth[J]. Journal of fluid mechanics, 1994,281:313-318.

[59] Faltinsen O M,Rognebakke O F,Lukovsky I A,et al. Multidimensional modal analysis of nonlinear sloshing in a rectangular tank with finite water depth[J]. Journal of Fluid Mechanics,2000,407:201-234.

[60] Fries N,Behruzi P,Arndt T,et al. Modelling of fluid motion in spacecraft propellant tanks-sloshing[C]. Space Propulsion 2012 Conference,Bordeaux,2012:89-94.

[61] Ibrahim R A,Pilipchuk V N,Ikeda T. Recent advances in liquid sloshing dynamics[J]. Applled Mathematics Review,2001,54(2):133-199.

[62] Rebouillat S,Liksonov D. Fluid-structure interaction in partially filled liquid containers:a comparative review of numerical approaches[J]. Computers & Fluids, 2010, 39 (5): 739-746.

[63] Di Gialleonardo E,Premoli A,Gallazzi S,et al. Sloshing effects and running safety in railway freight vehicles[J]. Vehicle System Dynamics,2013,51(10):1640-1654.

[64] Graham E W, Rodriguez A M. The characteristics of fuel motion which affect airplane dynamics[J]. Journal of Applied Mechanics,1952,19(3):381-388.

[65] Abramson H N. The dynamic behavior of liquids in moving containers[R]. San Antonio: Southwest Research Institute(US). NASA SP-106,1966:13-78.

[66] Zheng X L,Li X S,Ren Y Y. Equivalent mechanical model for lateral liquid sloshing in

partially filled tank vehicles[J]. Mathematical Problems in Engineering,2012,162825:1-22.

[67] Dai L,Xu L,Setiawan B. A new non-linear approach to analysing the dynamic behaviour of tank vehicles subjected to liquid sloshing[J]. Proceedings of the Institution of Mechanical Engineers,Part K:Journal of Multi-Body Dynamics,2005,219(1):75-86.

[68] Acarman T,Özgüner Ü. Rollover prevention for heavy trucks using frequency shaped sliding mode control[J]. Vehicle System Dynamics,2006,44(10):737-762.

[69] Yan G. Liquid slosh and its influence on braking and roll responses of partly filled tank vehicles[D]. Montreal:Concordia University,2008.

[70] Ranganathan R,Rakheja S,Sankar S. Steady turning stability of partially filled tank vehicles with arbitrary tank geometry[J]. Journal of Dynamic Systems,Measurement,and Control, 1989,111(3):481-489.

[71] Rayleigh J W S. On waves[J]. Philosophical Magazine Series,1876,51:257-279.

[72] Aliabadi S,Johnson A,Abedi J. Comparison of finite element and pendulum models for simulation of sloshing[J]. Computers & Fluids,2003,32(4):535-545.

[73] Schlee K,Gangadharan S,Ristow J,et al. Modeling and parameter estimation of spacecraft fuel slosh mode[C]. Proceedings of the Winter Simulation Conference, Orlando, 2005: 1265-1273.

[74] Ardakani H A,Bridges T J,Turner M R. Resonance in a model for Cooker's sloshing experiment[J]. European Journal of Mechanics—B/Fluids,2012,36:25-38.

[75] Yue B Z,Song X J. Advances in rigid-flexible-liquid-control coupling dynamics of spacecraft [J]. Advances in Mechanics,2013,43(1):163-173.

[76] Miao N,Li J F,Wang T S. Equivalent mechanical model of large-amplitude liquid sloshing under time-dependent lateral excitations in low-gravity conditions[J]. Journal of Sound and Vibration,2017,386:421-432.

[77] Faltinsen O M. A nonlinear theory of sloshing in rectangular tanks[J]. Journal of Ship Research,1974,18(4):224-241.

[78] Faltinsen O M,Timokha A N. An adaptive multimodal approach to nonlinear sloshing in a rectangular tank[J]. Journal of Fluid Mechanics,2001,432:167-200.

[79] Faltinsen O M,Timokha A N. Asymptotic modal approximation of nonlinear resonant sloshing in a rectangular tank with small fluid depth[J]. Journal of Fluid Mechanics,2002,470:319-357.

[80] Kolaei A,Rakheja S,Richard M J. Effects of tank cross-section on dynamic fluid slosh loads and roll stability of a partly-filled tank truck[J]. European Journal of Mechanics—B/Fluids, 2014,46:46-58.

[81] Abramson H N,Chu W H,Kana D D. Some studies of nonlinear lateral sloshing in rigid containers[J]. Journal of Applied Mechanics,1966,33(4):777-784.

[82] Hutton R E. An investigation of nonlinear,nonplanar oscillations of fluid in a cylindrical container(Oscillations of fluid in container subjected to harmonic vibration,examining stable planar,stable nonplanar and unstable motions)[C]. 5th Annual Structures and Materials

Conference, San Diego, 1964, AIAA 1964-1019: 191-193.

[83] Faltinsen O M, Lukovsky I A, Timokha A N. Resonant sloshing in an upright annular tank [J]. Journal of Fluid Mechanics, 2016, 804: 608-645.

[84] Hasheminejad S M, Mohammadi M M, Jarrahi M. Liquid sloshing in partly-filled laterally-excited circular tanks equipped with baffles[J]. Journal of Fluids and Structures, 2014, 44: 97-114.

[85] Kolaei A. Dynamic liquid slosh in moving containers[D]. Montreal: Concordia University, 2014.

[86] Papaspyrou S, Karamanos S A, Valougeorgis D. Response of half-full horizontal cylinders under transverse excitation[J]. Journal of Fluids and Structures, 2004, 19(7): 985-1003.

[87] Hasheminejad S M, Aghabeigi M. Liquid sloshing in half-full horizontal elliptical tanks[J]. Journal of Sound and Vibration, 2009, 324(1-2): 332-349.

[88] Hasheminejad S M, Aghabeigi M. Transient sloshing in half-full horizontal elliptical tanks under lateral excitation[J]. Journal of Sound and Vibration, 2011, 330(14): 3507-3525.

[89] Hasheminejad S M, Aghabeigi M. Sloshing characteristics in half-full horizontal elliptical tanks with vertical baffles[J]. Applied Mathematical Modelling, 2012, 36(1): 57-71.

[90] Budiansky B. Sloshing of liquids in circular canals and spherical tanks[J]. Journal of the Aerospace Sciences, 1960, 27(3): 161-173.

[91] McIver P. Sloshing frequencies for cylindrical and spherical containers filled to an arbitrary depth[J]. Journal of Fluid Mechanics, 1989, 201: 243-257.

[92] Patkas L A, Karamanos S A. Variational solutions for externally induced sloshing in horizontal-cylindrical and spherical vessels[J]. Journal of Engineering Mechanics, 2007, 133(6): 641-655.

[93] Faltinsen O M, Timokha A N. A multimodal method for liquid sloshing in a two-dimensional circular tank[J]. Journal of Fluid Mechanics, 2010, 665: 457-479.

[94] Kolaei A, Rakheja S, Richard M J. Range of applicability of the linear fluid slosh theory for predicting transient lateral slosh and roll stability of tank vehicles[J]. Journal of Sound and Vibration, 2014, 333(1): 263-282.

[95] Faltinsen O M, Timokha A N. Analytically approximate natural sloshing modes and frequencies in two-dimensional tanks[J]. European Journal of Mechanics—B/Fluids, 2014, 47: 176-187.

[96] Hiptmair R, Moiola A, Perugia I, et al. Approximation by harmonic polynomials in star-shaped domains and exponential convergence of Trefftz hp-DGFEM [J]. ESAIM: Mathematical Modelling and Numerical Analysis—Modélisation Mathématique et Analyse Numérique, 2014, 48(3): 727-752.

[97] Kobayashi N, Mieda T, Shibata H, et al. A study of the liquid slosh response in horizontal cylindrical tanks[J]. Journal of Pressure Vessel Technology, 1989, 111(1): 32-38.

[98] McIver P, McIver M. Sloshing frequencies of longitudinal modes for a liquid contained in a trough[J]. Journal of Fluid Mechanics, 1993, 252: 525-541.

[99] Evans D V, Linton C M. Sloshing frequencies[J]. The Quarterly Journal of Mechanics and Applied Mathematics, 1993, 46(1): 71-87.

[100] Papaspyrou S, Valougeorgis D, Karamanos S A. Sloshing effects in half-full horizontal cylindrical vessels under longitudinal excitation[J]. Journal of Applied Mechanics, 2004, 71(2):255-265.

[101] Xu L. Fluid Dynamics in horizontal cylindrical containers and liquid cargo vehicle dynamics [D]. Regina: University of Regina, 2005.

[102] Karamanos S A, Patkas L A, Platyrrachos M A. Sloshing effects on the seismic design of horizontal- cylindrical and spherical industrial vessels [J]. Journal of Pressure Vessel Technology, 2006, 128(3):328-340.

[103] Hasheminejad S M, Soleimani H. An analytical solution for free liquid sloshing in a finite-length horizontal cylindrical container filled to an arbitrary depth [J]. Applied Mathematical Modelling, 2017, 48:338-352.

[104] Magnus W, Oberhettinger F, Soni R P. Formulas and Theorems for the Special Functions of Mathematical Physics[M]. Berlin: Springer-Verlag, 2013.

[105] Klatil J, Drabek P. Vibrations of liquid in partially filled rigid horizontal cylindrical tank caused by horizontal and vertical seismic acceleration[J]. Marianske Lazne, 1989:180-185.

[106] Platyrrachos M A, Karamanos S A. Finite element analysis of sloshing in horizontal-cylindrical industrial vessels under earthquake loading[C]. ASME Pressure Vessels and Piping Conference, Denver, 2005, PVP 2005-71499:63-73.

[107] Kolaei A, Rakheja S, Richard M J. Three-dimensional dynamic liquid slosh in partially-filled horizontal tanks subject to simultaneous longitudinal and lateral excitations[J]. European Journal of Mechanics—B/Fluids, 2015, 53:251-263.

[108] Dodge F T, Kana D D. Moment of inertia and damping of liquids in baffled cylindrical tanks [J]. Journal of Spacecraft and Rockets, 1966, 3(1):153-155.

[109] Kana D D. A model for nonlinear rotary slosh in propellant tanks[J]. Journal of Spacecraft and Rockets, 1987, 24(2):169-177.

[110] Kana D D. Validated spherical pendulum model for rotary liquid slosh[J]. Journal of Spacecraft and Rockets, 1989, 26(3):188-195.

[111] Unruh J F, Kana D D, Dodge F T, et al. Digital data analysis techniques for extraction of slosh model parameters[J]. Journal of Spacecraft and Rockets, 1986, 23(2):171-177.

[112] Warner R W, Caldwell J T. Experimental evaluation of analytical models for the inertias and natural frequencies of fuel sloshing in circular cylindrical tanks [R]. National Aeronautics and Space Administration, Report No. NASA TN D-865, 1961.

[113] Moran M E, McNelis N B, Kudlac M T, et al. Experimental results of hydrogen slosh in a 62 cubic foot (1750 liter) tank[C]. 30th AIAA/ASME/SAE/ASEE Joint Propulsion Conference, Indianapolis, 1994, AIAA 1994-3259:1-10.

[114] Prins J J M. SLOSHSAT FLEVO Facility for liquid experimentation and verification in orbit[R]. National Aerospace Laboratory NLR, 2000.

[115] Barshan B, Baskent D, Barshan B. Comparison of two methods of surface profile extraction

from multiple ultrasonic range measurements[J]. Measurement Science and Technology, 2000,11(6):833-844.

[116] Aoki K,Nakamura T,Igarashi I,et al. Experimental investigation of baffle effectiveness on nonlinear propellant sloshing in RLV [C]. 43rd AIAA/ASME/SAE/ASEE Joint Propulsion Conference & Exhibit,Ohio,2007,AIAA 2007-5556:1-12.

[117] Himeno T, Watanabe T, Nonaka S, et al. Numerical and experimental investigation on sloshing in rocket tanks with damping devices[C]. 43rd AIAA/ASME/SAE/ASEE Joint Propulsion Conference & Exhibit,Ohio,2007,AIAA 2007-5557:1-17.

[118] Lacapere J, Vieille B, Legrand B. Experimental and numerical results of sloshing with cryogenic fluids[J]. Progress in Propulsion Physics,2009,1:267-278.

[119] Das S P,Hopfinger E J. Mass transfer enhancement by gravity waves at a liquid- vapour interface[J]. International Journal of Heat and Mass Transfer,2009,52(5-6):1400-1411.

[120] Arndt T,Dreyer M,Behruzi P,et al. Cryogenic sloshing tests in a pressurized cylindrical reservoir[C]. 45th AIAA/ASME/SAE/ASEE Joint Propulsion Conference & Exhibit, Denver,2009,AIAA 2009-4860:1-10.

[121] van Foreest A. Modeling of cryogenic sloshing including heat and mass transfer[C]. 46th AIAA/ASME/SAE/ASEE Joint Propulsion Conference & Exhibit,Nashville,2010,AIAA 2010-6891:1-20.

[122] van Foreest A,Dreyer M,Arndt T. Moving two- fluid systems using the volume- of- fluid method and single-temperature approximation [J]. AIAA Journal, 2011, 49 (12): 2805-2813.

[123] 顾妍,巨永林. 液化天然气浮式生产储卸装置低温液货卸载参数的定量分析[J]. 上海交通大学学报,2010,44(1):85-89.

[124] Gu Y,Ju Y L,Chen J,et al. Experimental investigation on pressure fluctuation of cryogenic liquid transport in pitching motion[J]. Cryogenics,2012,52(10):530-537.

[125] 顾妍. 海上浮动平台低温液体动态储运的数值模拟与实验研究[D]. 上海:上海交通大学,2012.

[126] Himeno T,Sugimori D,Ishikawa K,et al. Heat exchange and pressure drop enhanced by sloshing[C]. 47th AIAA/ASME/SAE/ASEE Joint Propulsion Conference & Exhibit,San Diego,2011,AIAA 2011-5682:1-40.

[127] Ludwig C,Dreyer M E,Hopfinger E J. Pressure variations in a cryogenic liquid storage tank subjected to periodic excitations[J]. International Journal of Heat and Mass Transfer, 2013,66:223-234.

[128] Ludwig C,Dreyer M E. Investigations on thermodynamic phenomena of the active- pressurization process of a cryogenic propellant tank[J]. Cryogenics,2014,63:1-16.

[129] Brar G S, Singh S. An experimental and CFD analysis of sloshing in a tanker[J]. Procedia Technology,2014,14:490-496.

[130] Konopka M, Noeding P, Klatte J, et al. Analysis of LN₂ filling, draining, stratification and

sloshing experiments[C]. 46th AIAA Fluid Dynamics Conference, Washmgton, 2016, AIAA 2016-4272:1-19.

[131] Storey J M, Kirk D R, Gutierrez H, et al. Experimental, numerical and analytical characterization of slosh dynamics applied to in-space propellant storage and management[C]. 51st AIAA/SAE/ASEE Joint Propulsion Conference, Orlando, 2015, AIAA 2015-4077:1-25.

[132] Storey J M, Poothokaran J, Kirk D R, et al. Experimental, numerical and analytical study of cyrogenic slosh dynamics in a spherical tank[C]. 52nd AIAA/SAE/ASEE Joint Propulsion Conference, Salt Lake City, 2016, AIAA 2016-4584:1-13.

[133] Storey J M. Experimental, numerical and analytical study of cyrogenic slosh dynamics of water and liquid nitrogen in a spherical tank [D]. Melboume: Florida Institue of Technology, 2016.

[134] Storey J M, Kirk D R. Experimental investigation of spherical tank slosh dynamics with water and liquid nitrogen[J]. Journal of Spacecraft and Rockets, 2020, 57(5):930-944.

[135] 朱建鲁, 常学煜, 韩辉, 等. FLNG 绕管式换热器晃动实验分析[J]. 化工学报, 2017, 68(9):3358-3367.

[136] Sun C Z, Li Y X, Zhu J L, et al. Experimental tube-side pressure drop characteristics of FLNG spiral wound heat exchanger under sloshing conditions[J]. Experimental Thermal and Fluid Science, 2017, 88:194-201.

[137] Saito Y, Sawada T. Liquid sloshing in a rotating, laterally oscillating cylindrical container [J]. Universal Journal of Mechanical Engineering, 2017, 5(3):97-101.

[138] Grotle E L, Halse K H, Pedersen E, et al. Non-isothermal sloshing in marine liquefied natural gas fuel tanks [C]. The 26th International Ocean and Polar Engineering Conference, Rhodes, 2016, ISOPE-I-16-441.

[139] Grotle E L, Bihs H, Æsøy V. Experimental and numerical investigation of sloshing under roll excitation at shallow liquid depths[J]. Ocean Engineering, 2017, 138:73-85.

[140] Grotle E L, Æsøy V. Experimental and numerical investigation of sloshing in marine LNG fuel tanks[C]. International Conference on Offshore Mechanics and Arctic Engineering, Trondheim, 2017, OMAE 2017-61554:1-8.

[141] Grotle E L, Æsøy V. Numerical simulations of sloshing and the thermodynamic response due to mixing[J]. Energies, 2017, 10(9):1338.

[142] Grotle E L, Æsøy V. Dynamic modelling of the thermal response enhanced by sloshing in marine LNG fuel tanks[J]. Applied Thermal Engineering, 2018, 135:512-520.

[143] Cavalagli N, Biscarini C, Facci A L, et al. Experimental and numerical analysis of energy dissipation in a sloshing absorber[J]. Journal of Fluids and Structures, 2017, 68:466-481.

[144] Ohashi A, Furuichi Y, Haba D, et al. Experimental and numerical investigation on pressure change in cryogenic sloshing with a ring baffle [C]. 53rd AIAA/SAE/ASEE Joint Propulsion Conference, Atlanta, 2017, AIAA 2017-4760:1-16.

[145] Himeno T, Ohashi A, Anii K, et al. Investigation on phase change and pressure drop

enhanced by violent sloshing of cryogenic fluid[C]. 2018 Joint Propulsion Conference, Ohio,2018,AIAA 2018-4755:1-16.

[146] Li X,Song C,Zhou G,et al. Experimental and numerical studies on sloshing dynamics of PCS water tank of nuclear island building [J]. Science and Technology of Nuclear Installations,2018,5094810:1-13.

[147] Hu Z Q,Wang S Y,Chen G,et al. The effects of LNG-tank sloshing on the global motions of FLNG system[J]. International Journal of Naval Architecture and Ocean Engineering, 2017,9(1):114-125.

[148] Chang H M,Chung M J,Kim M J,et al. Thermodynamic design of methane liquefaction system based on reversed-Brayton cycle[J]. Cryogenics,2009,49(6):226-234.

[149] Chang H M,Lim H S,Choe K H. Effect of multi-stream heat exchanger on performance of natural gas liquefaction with mixed refrigerant[J]. Cryogenics,2012,52(12):642-647.

[150] Jiang W C,Gong J M,Tu S T,et al. Effect of geometric conditions on residual stress of brazed stainless steel plate-fin structure [J]. Nuclear Engineering and Design, 2008, 238(7):1497-1502.

[151] Kuznetsov V V, Shamirzaev A S. Boiling heat transfer for freon R21 in rectangular minichannel[J]. Heat Transfer Engineering,2007,28(8-9):738-745.

[152] Liu Z,Winterton R H S. A general correlation for saturated and subcooled flow boiling in tubes and annuli,based on a nucleate pool boiling equation[J]. InternationalJournal of Heat and Mass Transfer,1991,34(11):2759-2766.

[153] Ranganayakulu C, Seetharamu K N. The combined effects of wall longitudinal heat conduction,inlet fluid flow nonuniformity and temperature nonuniformity in compact tube-fin heat exchangers:a finite element method[J]. International Journal of Heat and Mass Transfer,1999,42(2):263-273.

[154] Lalot S,Florent P,Lang S K,et al. Flow maldistribution in heat exchangers[J]. Applied Thermal Engineering,1999,19(8):847-863.

[155] Zheng W,Wang Y,Cui Q,et al. Sloshing effect on gas-liquid distribution performance at entrance of a plate-fin heat exchanger[J]. Experimental Thermal and Fluid Science,2018, 93:419-430.

[156] Souto-Iglesias A, Botia-Vera E, Martín A, et al. A set of canonical problems in sloshing. Part 0: Experimental setup and data processing[J]. Ocean Engineering, 2011, 38(16): 1823-1830.

[157] Landrini M,Colagrossi A,Greco M,et al. Gridless simulations of splashing processes and near-shore bore propagation[J]. Journal of Fluid Mechanics,2007,591:213.

[158] Liu D M,Lin P Z. Three-dimensional liquid sloshing in a tank with baffles[J]. Ocean Engineering,2009,36(2):202-212.

[159] Ming P J,Duan W Y. Numerical simulation of sloshing in rectangular tank with VOF based on unstructured grids[J]. Journal of Hydrodynamics,2010,22(6):856-864.

［160］晋永华,厉彦忠,王磊,等. 简谐激励下大型低温贮箱防晃设计[J]. 航空动力学报,2015,30(6):1478-1485.

［161］Liu Z,Feng Y Y,Liu Y L,et al. Effect of external heat input on fluid sloshing dynamic performance in a liquid oxygen tank[J]. International Journal of Aeronautical and Space Sciences,2020:21(4):879-888.

［162］Yu K. Level-set RANS method for sloshing and green water simulations[D]. College Station:Texas A&M University,2008.

［163］Chen Y G,Djidjeli K,Price W G. Numerical simulation of liquid sloshing phenomena in partially filled containers[J]. Computers & Fluids,2009,38(4):830-842.

［164］Zhang Y X,Wan D C,Hino T. Comparative study of MPS method and level-set method for sloshing flows[J]. Journal of Hydrodynamics,Ser. B,2014,26(4):577-585.

［165］Wacławczyk T,Koronowicz T. Comparison of CICSAM and HRIC high-resolution schemes for interface capturing[J]. Journal of Theoretical and Applied Mechanics,2008,46(2):325-345.

［166］Harlow F H,Welch J E. Numerical calculation of time-dependent viscous incompressible flow of fluid with free surface[J]. Physics of Fluids,1965,8(12):2182-2189.

［167］Nam B W,Kim Y. Simulation of two-dimensional sloshing flows by SPH method[C]. Proceedings of the Sixteenth International Offshore and Polar Engineering Conference,San Francisco,2006,ISOPE-I-06-399:342-347.

［168］Delorme L,Colagrossi A,Souto-Iglesias A,et al. A set of canonical problems in sloshing,Part I:Pressure field in forced roll—comparison between experimental results and SPH [J]. Ocean Engineering,2009,36(2):168-178.

［169］Hirt C W,Nichols B D. Volume of fluid(VOF)method for the dynamics of free boundaries [J]. Journal of Computational Physics,1981,39(1):201-225.

［170］Osher S,Sethian J A. Fronts propagating with curvature-dependent speed:Algorithms based on Hamilton-Jacobi formulations [J]. Journal of Computational Physics,1988,79(1):12-49.

［171］Sussman M,Smereka P,Osher S. A level set approach for computing solutions to incompressible two-phase flow[J]. Journal of Computational Physics,1994,114(1):146-159.

［172］Kohno H,Tanahashi T. Numerical analysis of moving interfaces using a level set method coupled with adaptive mesh refinement[J]. International Journal for Numerical Methods in Fluids,2004,45(9):921-944.

［173］Kurioka S,Dowling D R. Numerical simulation of free surface flows with the level set method using an extremely high-order accuracy WENO advection scheme[J]. International Journal of Computational Fluid Dynamics,2009,23(3):233-243.

［174］Zhao L H,Mao J,Bai X,et al. Finite element implementation of an improved conservative level set method for two-phase flow[J]. Computers & Fluids,2014,100:138-154.

[175] Ausas R F, Dari E A, Buscaglia G C. A geometric mass-preserving redistancing scheme for the level set function[J]. International Journal for Numerical Methods in Fluids, 2011, 65(8): 989-1010.

[176] Battaglia L, Cruchaga M, Storti M, et al. Numerical modelling of 3D sloshing experiments in rectangular tanks[J]. Applied Mathematical Modelling, 2018, 59: 357-378.

[177] Sussman M, Puckett E G. A coupled level set and volume-of-fluid method for computing 3D and axisymmetric incompressible two-phase flows [J]. Journal of Computational Physics, 2000, 162(2): 301-337.

[178] Wang Z Y, Yang J M, Koo B, et al. A coupled level set and volume-of-fluid method for sharp interface simulation of plunging breaking waves [J]. International Journal of Multiphase Flow, 2009, 35(3): 227-246.

[179] Zhao Y C, Chen H C. Numerical simulation of 3D sloshing flow in partially filled LNG tank using a coupled level-set and volume-of-fluid method[J]. Ocean Engineering, 2015, 104: 10-30.

[180] Oxtoby O F, Malan A G, Heyns J A. A computationally efficient 3D finite-volume scheme for violent liquid-gas sloshing[J]. International Journal for Numerical Methods in Fluids, 2015, 79(6): 306-321.

[181] Chen Y G, Price W G. Numerical simulation of liquid sloshing in a partially filled container with inclusion of compressibility effects[J]. Physics of Fluids, 2009, 21(11): 112105.

[182] Cruchaga M A, Reinoso R S, Storti M A, et al. Finite element computation and experimental validation of sloshing in rectangular tanks [J]. Computational Mechanics, 2013, 52 (6): 1301-1312.

[183] Wu C H, Chen B F, Hung T K. Hydrodynamic forces induced by transient sloshing in a 3D rectangular tank due to oblique horizontal excitation[J]. Computers & Mathematics with Applications, 2013, 65(8): 1163-1186.

[184] Rafiee A, Pistani F, Thiagarajan K. Study of liquid sloshing: numerical and experimental approach[J]. Computational Mechanics, 2011, 47(1): 65-75.

[185] Gimenez J M, González L M. An extended validation of the last generation of particle finite element method for free surface flows[J]. Journal of Computational Physics, 2015, 284: 186-205.

[186] Zhang C W, Li Y J, Meng Q C. Fully nonlinear analysis of second-order sloshing resonance in a three-dimensional tank[J]. Computers & Fluids, 2015, 116: 88-104.

[187] Lucy L B. A numerical approach to the testing of the fission hypothesis [J]. The Astronomical Journal, 1977, 82: 1013-1024.

[188] Monaghan J J. Simulating free surface flows with SPH[J]. Journal of Computational Physics, 1994, 110(2): 399-406.

[189] Cao X Y, Ming F R, Zhang A M. Sloshing in a rectangular tank based on SPH simulation [J]. Applied Ocean Research, 2014, 47: 241-254.

[190] 于强,王天舒. 充液航天器变质量液体大幅晃动的 SPH 分析方法[J]. 宇航学报,2021, 42(1):22-30.

[191] Lee D H,Kim M H,Kwon S H,et al. A parametric sensitivity study on LNG tank sloshing loads by numerical simulations[J]. Ocean Engineering,2007,34(1):3-9.

[192] Godderidge B,Turnock S R,Tan M Y. Evaluation of a rapid method for the simulation of sloshing in rectangular and octagonal containers at intermediate filling levels[J]. Computers & Fluids,2012,57(4):1-24.

[193] Thiagarajan K P, Rakshit D, Repalle N. The air-water sloshing problem: Fundamental analysis and parametric studies on excitation and fill levels[J]. Ocean Engineering,2011, 38(2-3):498-508.

[194] Price W G,Chen Y G. A simulation of free surface waves for incompressible two-phase flows using a curvilinear level set formulation[J]. International Journal for Numerical Methods in Fluids,2006,51(3):305-330.

[195] Yan G, Rakheja S. Straight-line braking dynamic analysis of a partly filled baffled and unbaffled tank truck[J]. Proceedings of the Institution of Mechanical Engineers,Part D: Journal of Automobile Engineering,2009,223(1):11-26.

[196] Craig K, Kingsley T, Dieterich R, et al. Design optimization of the fluid-structure interaction in a fuel tank[C]. 16th AIAA Computational Fluid Dynamics Conference, Orlando,2003,AIAA 2003-3433:1-10.

[197] von Bergheim P,Thiagarajan K P. The air-water sloshing problem:parametric studies on excitation magnitude and frequency[C]. International Conference on Offshore Mechanics and Arctic Engineering,Estoril,2008,OMAE 2008-57556:603-609.

[198] Rhee S H. Unstructured grid based Reynolds-averaged Navier-Stokes method for liquid tank sloshing[J]. Journal of Fluids Engineering,2005,127(3):572-582.

[199] Godderidge B. A phenomenological rapid sloshing model for use as an operator guidance system on liquefied natural gas carriers[D]. Southampton:University of Southampton,2009.

[200] Ueda Y,Hayashida Y,Iguchi M,et al. Self-induced rotary sloshing caused by an upward round jet in a cylindrical container[J]. Journal of Visualization,2007,10(3):317-324.

[201] Liu D M,Lin P Z. A numerical study of three-dimensional liquid sloshing in tanks[J]. Journal of Computational Physics,2008,227(8):3921-3939.

[202] Xue M A,Lin P Z. Numerical study of ring baffle effects on reducing violent liquid sloshing [J]. Computers & Fluids,2011,52:116-129.

[203] Smagorinsky J. General circulation experiments with the primitive equations: I. The basic experiment[J]. Monthly Weather Review,1963,91(3):99-164.

[204] Pirker S, Aigner A, Wimmer G. Experimental and numerical investigation of sloshing resonance phenomena in a spring-mounted rectangular tank[J]. Chemical Engineering Science,2012,68(1):143-150.

[205] 刘东喜. 新型 Spar FPSO 平台储油舱油水界面晃荡及传质传热特性研究[D]. 上海:上海

交通大学,2017.

[206] Moin P. Advances in large eddy simulation methodology for complex flows[J]. International Journal of Heat and Fluid Flow,2002,23(5):710-720.

[207] Liu D X,Tang W Y,Wang J,et al. Hybrid RANS/LES simulation of sloshing flow in a rectangular tank with and without baffles[J]. Ships and Offshore Structures,2017,12(8): 1005-1015.

[208] Liu D X,Tang W Y,Wang J,et al. Modelling of liquid sloshing using CLSVOF method and very large eddy simulation[J]. Ocean Engineering,2017,129:160-176.

[209] Wang L,Jiménez Octavio J R,Wei C,et al. Low order continuum-based liquid sloshing formulation for vehicle system dynamics[J]. Journal of Computational and Nonlinear Dynamics,2015,10(2):021022.

[210] Bai W,Liu X,Koh C G. Numerical study of violent LNG sloshing induced by realistic ship motions using level set method[J]. Ocean Engineering,2015,97:100-113.

[211] Xiao R. Numerical investigation for the moment caused by shallow water sloshing under a transient roll motion[D]. Aalto:Aalto University,2015.

[212] Lee D Y,Cho M H,Choi H L,et al. A study on the micro gravity sloshing modeling of propellant quantity variation[J]. Transportation Research Procedia,2018,29:213-221.

[213] Sykes B S,Malan A G,Gambioli F. Novel nonlinear fuel slosh surrogate reduced-order model for aircraft loads prediction[J]. Journal of Aircraft,2018,55(3):1004-1013.

[214] Raynovskyy I,Timokha A. Steady-state resonant sloshing in an upright cylindrical container performing a circular orbital motion[J]. Mathematical Problems in Engineering, 2018,5487178:1-8.

[215] Antuono M,Lugni C. Global force and moment in rectangular tanks through a modal method for wave sloshing[J]. Journal of Fluids and Structures,2018,77:1-18:1-8.

[216] Elahi R,Passandideh-Fard M,Javanshir A. Simulation of liquid sloshing in 2D containers using the volume of fluid method[J]. Ocean Engineering,2015,96:226-244.

[217] Weber N,Beckstein P,Herreman W,et al. Sloshing instability and electrolyte layer rupture in liquid metal batteries[J]. Physics of Fluids,2017,29(5):054101.

[218] Jin X,Lin P. Viscous effects on liquid sloshing under external excitations[J]. Ocean Engineering,2019,171:695-707.

[219] 刘展,厉彦忠,王磊,等. 在轨运行低温液氢箱体蒸发量计算与增压过程研究[J]. 西安交通大学学报,2015,49(2):135-140.

[220] 刘展,孙培杰,李鹏,等. 地面停放低温液氧贮箱热物理过程研究[J]. 西安交通大学学报,2016,50(9):36-42.

[221] 刘展,孙培杰,李鹏,等. 升空过程中低温液氧贮箱压力变化及热分层研究[J]. 西安交通大学学报,2016,50(11):97-103.

[222] 刘展. 低温推进剂热分层及热力学排气控压性能研究[D]. 西安:西安交通大学,2017.

[223] 陈忠灿. 以R141b为模拟贮存介质的热力学排气系统实验与仿真研究[D]. 上海:上海交

通大学,2017.

[224] Shi J Y, Bi M S, Yang X. Experimental research on thermal stratification of liquefied gas in tanks under external thermal attack[J]. Experimental Thermal and Fluid Science, 2012, 41(9):77-83.

[225] 陈忠灿,李鹏,孙培杰,等. 工作于室温温区的热力学排气模拟与增压测试[J]. 上海交通大学学报,2017,51(8):946-953.

[226] 汪彬,黄永华,吴静怡,等. 充注率及氦气增压对低温贮箱热分层特性影响[J]. 工程热物理学报,2018,39(8):1656-1660.

[227] 陈忠灿,汪彬,李鹏,等. 非均匀热流对热力排气系统自增压及排气损失影响[J]. 哈尔滨工业大学学报,2018,50(8):108-113.

[228] 黄永华,陈忠灿,汪彬,等. 控制策略对贮箱热力排气系统性能的影响[J]. 化工学报, 2017,68(12):4702-4708.

[229] Liu Z, Li Y Z, Xia S Q, et al. Ground experimental investigation of thermodynamic vent system with HCFC123[J]. International Journal of Thermal Sciences, 2017, 122:218-230.

[230] Liu Z, Li Y Z, Lei G, et al. Experimental study on refrigeration performance and fluid thermal stratification of thermodynamic vent[J]. International Journal of Refrigeration, 2018, 88:496-505.

[231] Liu Z, Li Y Z, Zhang S H, et al. Experimental study on thermodynamic vent system with different influence factors[J]. International Journal of Energy Research, 2018, 42(3): 1040-1055.

[232] 刘展,张少华,张晓屿,等. 地面热力学排气系统实验研究[J]. 西安交通大学学报,2017, 51(7):8-15.

[233] 刘展,张晓屿,张少华,等. 热力学排气工作过程中流体热分层实验研究[J]. 宇航学报, 2017,38(7):16-23.

[234] Duan Z, Ren T, Ding G. Suppression effects of micro-fin surface on the explosive boiling of liquefied gas under rapid depressurization[J]. Journal of Hazardous Materials, 2019, 365: 375-385.

[235] 任建华,谢福寿,王磊,等. 热力学排气系统中节流效应及其冷量利用分析[J]. 宇航学报, 2020,41(4):490-498.

[236] 郑雪莲. 基于液体冲击等效机械模型的汽车罐车行驶稳定性研究[D]. 长春:吉林大学,2014.

[237] Fox D W, Kuttler J R. Sloshing frequencies[J]. Journal of Applied Mathematics and Physics, 1983, 34(5):668-696.

[238] Bauer H F. Fluid oscillations in the containers of a space vehicle and their influence upon stability[R]. National Aeronautics and Space Administration, 1964: NASA TR R-187.

[239] 岳宝增,祝乐梅,于丹. 储液罐动力学与控制研究进展[J]. 力学进展,2011,41(1):79-92.

[240] 刘宏达. 快堆堆本体中液体晃动行为的试验研究[D]. 北京:华北电力大学,2019.

[241] Everstine G C. Structural analogies for scalar field problems[J]. International Journal for

Numerical Methods in Engineering,1981,17(3):471-476.

[242] McCarty J L,Leonard H W,Walton W C. Experimental investigation of the natural frequencies of liquids in toroidal tanks[R]. National Aeronautics and Space Administration,1960:NASA TN D-531.

[243] Riley J D, Trembath N W. Sloshing of liquids in spherical tanks[J]. Journal of the Aerospace Sciences,1961,28(3):245-246.

[244] Ehrlich L W,Riley J D,Strang W G,et al. Finite-difference techniques for a boundary problem with an eigenvalue in a boundary condition[J]. Journal of the Society for Industrial and Applied Mathematics,1961,9(1):149-164.

[245] Lawrence H R,Wang C J,Reddy R B. Variational solution of fuel sloshing modes[J]. Journal of Jet Propulsion,1958,28(11):729-736.

[246] Stofan A J. Analytical and Experimental Investigation of Forces and Frequencies Resulting from Liquid Sloshing in a Spherical Tank[R]. National Aeronautics and Space Administration,1962:NASA TN D-1281.

[247] Rattayya J. Sloshing of liquids in axisymmetric ellipsoidal tanks[C]. 2nd Aerospace Sciences Meeting,New York,1965,AIAA 65-114:1-20.

[248] Bauer H F,Eidel W. Liquid oscillations in a prolate spheroidal container[J]. Ingenieur-Archiv,1989,59(5):371-381.

[249] Summer I E. Preliminary experimental investigation of frequencies and forces resulting from liquid sloshing in toroidal tanks[R]. National Aeronautics and Space Administration, 1963:NASA TN D-1709.

[250] Yarymovych M I. Forced large amplitude surface waves[D]. New York:Columbia University,1959.

[251] Kana D D. An experimental study of liquid surface oscillations in longitudinally excited compartmented cylindrical and spherical tanks[R]. National Aeronautics and Space Administration,1966:NASA CR-545.

[252] Kana D D,Dodge F T. Bubble behavior in liquids contained in vertically vibrated tanks[J]. Journal of Spacecraft and Rockets,1966,3(5):760-763.

[253] Miles J W. Parametrically excited solitary waves[J]. Journal of Fluid Mechanics,1984, 148:451-460.

[254] Pozrikidis C,Yon S. Numerical simulation of parametric instability in two and three-dimensional fluid interfaces[C]. Proceeding of 4th Microgravity Fluid Physics & Transport Phenomena Conference,Cleveland,1998:390-393.

[255] 张博. 管路减振的多参数方法研究[D]. 哈尔滨:哈尔滨工程大学,2019.

[256] Launder B E,Spalding D B. The numerical computation of turbulent flows[J]. Computer Methods in Applied Mechanics and Engineering,1974,32(2):269-289.

[257] A N S Y S. Ansys fluent theory guide[R]. ANSYS Inc.,2011.

[258] Shih T H, Hsu A T. An improved k-ε model for near—wall turbulence[R]. NASA,

Lewis Research Center, Center for Modeling of Turbulence and Transition, 1991, 1990: 87-107.

[259] Wilcox D C. Turbulent Modeling for CFD[M]. Lake Arrowhead: DCW Industries, Inc.,1998.

[260] Menter F R. Two- equation eddy- viscosity turbulence models for engineering applications [J]. AIAA Journal,1994,32(8):1598-1605.

[261] 曾峰. 侧风下车桥气动力系数数值模拟及行车安全研究[D]. 长沙:中南大学,2010.

[262] 李文浩. 复合式高速直升机旋翼机身气动干扰特性的 CFD 分析[D]. 南京:南京航空航天大学,2012.

[263] 黄深. 复合式高速直升机旋翼机身尾推干扰流场的研究[D]. 南京:南京航空航天大学,2016.

[264] Bureš L, Sato Y. Direct numerical simulation of evaporation and condensation with the geometric VOF method and sharp-interface phase-change model[J]. International Journal of Heat and Mass Transfer, 2021, 173: 121233.

[265] Brackbill J U, Kothe D B, Zemach C. A continuum method for modeling surface tension [J]. Journal of Computational Physics,1992,100(2):335-354.

[266] Kassemi M, Kartuzova O. Effect of interfacial turbulence and accommodation coefficient on CFD predictions of pressurization and pressure control in cryogenic storage tank[J]. Cryogenics,2016,74:138-153.

[267] Kartuzova O, Kassemi M. Validation of a CFD model predicting the effect of high level lateral acceleration sloshing on the heat transfer and pressure drop in a small- scale tank in normal gravity[C]. Proceedings of the 5th ASME Joint US- European Fluids Engineering Summer Conference,Montreal,2018,FEDSM 2018-83113:1-21.

[268] Liu Z, Li Y Z, Zhou G Q. Study on thermal stratification in liquid hydrogen tank under different gravity levels[J]. International Journal of Hydrogen Energy, 2018, 43 (19): 9369-9378.

[269] Kartuzova O, Kassemi M, Umemura Y, et al. CFD Modeling of phase change and pressure drop during violent sloshing of cryogenic fluid in a small-Scale tank[C]. AIAA Propulsion and Energy Forum, https://doi.org/10.2514/2020-3794/, 2020-8-17.

[270] Carey V P. Liquid- Vapor Phase- Change Phenomena: An Introduction to the Thermophysics of Vaporization and Condensation Processes in Heat Transfer Equipment [M]. Baca Raton,London,New York:CRC Press,2018.

[271] 丁东. 基于风洞试验和 CFD 仿真高速铁路有砟轨道空气动力学特性分析[D]. 北京:北京交通大学,2017.

[272] 刘展,孙培杰,李鹏,等. 微重力下低温液氧贮箱热分层研究[J]. 低温工程,2016,(1):25-31,53.

[273] Faghri A,Zhang Y,Howell J R. Advanced Heat and Mass Transfer(Webbook)[M]. Global Digital Press,2010.

[274] 杨世铭,陶文铨. 传热学[M]. 4 版. 北京:高等教育出版社,2006.

[275] 陶文铨. 数值传热学[M]. 2 版. 西安:西安交通大学出版社,2001.

[276] 刘展,冯雨杨,雷刚,等. 低温液氧贮箱晃动过程热力耦合特性[J]. 化工学报,2018,69(S2):61-67.

[277] 刘展,冯雨杨,厉彦忠. 低温液氧箱体自由界面晃动动态响应[J]. 工程热物理学报,2020,41(5):1087-1094.

[278] NIST, Chemistry, WebBook. NIST Standard Reference Database Number 69[EB/OL]. http://webbook. nist. gov/chemistry/. 2011-11-20.

[279] Sun D L, Xu J L, Wang L. Development of a vapor-liquid phase change model for volume-of-fluid method in FLUENT[J]. International Communications in Heat and Mass Transfer,2012,39(8):1101-1106.

[280] Ganapathy H, Shooshtari A, Choo K, et al. Volume of fluid-based numerical modeling of condensation heat transfer and fluid flow characteristics in microchannels[J]. International Journal of Heat and Mass Transfer,2013,65:62-72.

[281] Sun D L, Xu J L, Chen Q C. Modeling of the evaporation and condensation phase-change problems with FLUENT[J]. Numerical Heat Transfer, Part B: Fundamentals, 2014, 66(4):326-342.

[282] 孙东亮,徐进良,王丽. 求解两相蒸发和冷凝问题的气液相变模型[J]. 西安交通大学学报,2012,46(7):7-11.

[283] Yang Z, Peng X F, Ye P. Numerical and experimental investigation of two phase flow during boiling in a coiled tube[J]. International Journal of Heat and Mass Transfer,2008,51(5-6):1003-1016.

[284] Liu Z, Li Y Z, Jin Y H. Pressurization performance and temperature stratification in cryogenic final stage propellant tank[J]. Applied Thermal Engineering, 2016, 106:211-220.

[285] Liu Z, Li Y Z, Jin Y H, et al. Thermodynamic performance of pre-pressurization in a cryogenic tank[J]. Applied Thermal Engineering,2017,112:801-810.

[286] Saleem A, Farooq S, Karimi I A, et al. A CFD simulation study of boiling mechanism and BOG generation in a full-scale LNG storage tank[J]. Computers & Chemical Engineering,2018,115:112-120.

[287] Liu Z, Li C. Influence of slosh baffles on thermodynamic performance in liquid hydrogen tank[J]. Journal of Hazardous Materials,2018,346:253-262.

[288] Wen J, Gu X, Wang S M, et al. The comparison of condensation heat transfer and frictional pressure drop of R1234ze(E), propane and R134a in a horizontal mini-channel[J]. International Journal of Refrigeration,2018,92:208-224.

[289] Wen J, Gu X, Liu Y C, et al. Effect of surface tension, gravity and turbulence on condensation patterns of R1234ze(E) in horizontal mini/macro-channels[J]. International Journal of Heat and Mass Transfer,2018,125:153-170.

[290] Gu X, Wen J, Wang C, et al. Condensation flow patterns and model assessment for R1234ze (E) in horizontal mini/macro-channels [J]. International Journal of Thermal Sciences, 2018,134:140-159.

[291] Gu X, Wen J, Zhang X, et al. Effect of tube shape on the condensation patterns of R1234ze (E)in horizontal mini-channels[J]. International Journal of Heat and Mass Transfer,2019, 131:121-139.

[292] 袁智敏. 面向钛合金复杂曲面的软性磨粒流加工方法[D]. 杭州:浙江工业大学,2018.

后　记

本书成稿之际，内心感慨万千。博士毕业之后，离开了培养自己多年的导师与母校，来到徐州入职中国矿业大学，进入了一个全新的工作和生活环境，开启了自己独立的科研生涯与工作历程。刚开始的适应阶段总让人感到很多无助与失落，这期间有对崭新工作生活的焦虑与不安、有对未来科研方向的迷茫与彷徨，好在遇到了很多志同道合的新同事，在彼此的鼓励下相互搀扶着前行。

很多时候人都是在逆境中成长，在困难挫折前变得坚强。2011 年的秋天，我独自一人走进了西安交通大学兴庆校园开启了我的研究生生涯；2021 年的夏天，我坐在中国矿业大学办公楼里从事科学研究与教书工作，十年的光阴把我从当年稚嫩的毛头小子磨炼成致力于教书育人的青年教师。回想这十年的人生历程，感谢自己一直以来持之以恒的拼搏与努力、坚持不懈的追求与信念、一往无前的执着与坚守。

六年的博士生涯，感谢导师厉彦忠教授的悉心培养。读博期间，厉老师在我课题开展、论文写作、课题申报、论文答辩等众多关键环节都倾注了大量心血。通过不断锻炼学习，培养了我独立从事科学研究的综合能力，锻炼了我吃苦耐劳、勤奋刻苦的品格。虽已毕业离校，厉老师仍在多种场合提携帮助，让我十分感怀。在此，向恩师表示感谢。另外，我要感谢我的博士后合作导师周国庆教授。在来中国矿业大学之初，周老师给予我及时的鼓励，使我能够静下心来规划今后的科研方向。周老师平时政务繁忙，很多时候都是通过发邮件交流，每次发完邮件，周老师都能及时回复，让我很感动。再者，我要感谢评阅本书的各位专家学者，是你们的宝贵意见拔高了本书的理论水平，丰富了本书的科学内涵，拓宽了本书的受众范围。

最后，我要感谢我的爱人高英女士以及我的家人。感谢高英女士的理解与全力支持，感谢家人的鼓励与倾情付出，让我能够安心工作并顺利完成此书，本书成稿与出版也有你们的一份功劳。

编 后 记

"博士后文库"是汇集自然科学领域博士后研究人员优秀学术成果的系列丛书。"博士后文库"致力于打造专属于博士后学术创新的旗舰品牌，营造博士后百花齐放的学术氛围，提升博士后优秀成果的学术影响力和社会影响力。

"博士后文库"出版资助工作开展以来，得到了全国博士后管委会办公室、中国博士后科学基金会、中国科学院、科学出版社等有关单位领导的大力支持，众多热心博士后事业的专家学者给予积极的建议，工作人员做了大量艰苦细致的工作。在此，我们一并表示感谢！

"博士后文库"编委会